밑바닥부터 만드는
컴파일러 in Go

Writing A Compiler In Go

Writing A Compiler In Go

밑바닥부터 만드는 컴파일러 in Go

초판 1쇄 발행 2021년 8월 17일 **지은이** 토르슈텐 발 **옮긴이** 박재석 **펴낸이** 한기성 **펴낸곳** (주)도서출판인사이트 **편집** 신승준 **본문 디자인** 성은경 **제작·관리** 신승준, 박미경 **용지** 에이페이퍼 **출력·인쇄** 에스제이피앤비 **후가공** 에이스코팅 **제본** 자현제책 **등록번호** 제2002-000049호 **등록일자** 2002년 2월 19일 **주소** 서울특별시 마포구 연남로5길 19-5 **전화** 02-322-5143 **팩스** 02-3143-5579 **블로그** http://blog.insightbook.co.kr **이메일** insight@insightbook.co.kr **ISBN** 978-89-6626-317-2 **세트** 978-89-6626-318-9 책값은 뒤표지에 있습니다. 잘못 만들어진 책은 바꾸어 드립니다.
이 책의 정오표는 http://blog.insightbook.co.kr에서 확인하실 수 있습니다.

밑바닥부터 만드는 **컴파일러**

in Go

COMPILER

토르슈텐 발 지음 | 박재석 옮김

차 례

옮긴이의 글

저는 프로그래머 중에서도 인터프리터나 컴파일러가 어떻게 만들어졌는지 살펴본 사람은 많지 않으리라 생각합니다. 그럴 만한 이유가 있겠지요. 대단히 복잡하고 어려우니까요.

하지만, 동시에 분명히 궁금해하는 사람도 있을 겁니다. 프로그래밍 언어가 어떻게 만들어지고 어떻게 실행되는지, 그 구체적인 모습을 궁금해하는 사람들 말입니다. 이들은 궁금함을 참지 못해 기어코 뚜껑을 열어 보는 사람들이죠. 이 책은 그런 사람들을 위한 책입니다.

한편 이 책은 교과서적인 가르침을 주는 책은 아닙니다. 정규적인 컴퓨터과학 교과과정을 수료한 사람이라면 의문을 가질 수도 있는 부분이 있을지도 모릅니다. 그러나 그렇다고 해서 이 책이 가볍게 쓰였다는 뜻은 결코 아닙니다. 저자는 여러분을 위해 심사숙고해서 여러 문헌과 자료를 탐구하여 실전적인 코드로 정리했고, 테스트도 충분히 되어 있습니다. 만약 여러분이 직접 인터프리터나 컴파일러를 만든 적이 없다면 분명히 이 책에서 얻어갈 것이 있을 겁니다.

책을 읽으며 저자가 안내하는 대로 따라 해보기 바랍니다. 책에 수록된 코드를 보면서 천천히 따라 입력해 보고, 때로는 내 생각대로 먼저 작성한 다음 코드를 확인해도 좋습니다. 만약 Go 언어가 싫다면 자신이 원하는 언어로 만들어보세요. 내용을 이해했고, 당신이 그 언어에 충분히 숙달되어 있다면 아무 문제없이 만들 수 있을 테니까요.

이렇게 멋진 책을 번역할 기회를 주신 인사이트 출판사에 감사의 말을 전합니다. 그리고 부족한 저에게 늘 격려의 말과 용기를 주시는 송준이 선배님께도 감사드립니다. 시간을 내어 검토해준 내 오랜 친구 동훈이에게도 감사의 말을 전합니다. 마지막으로 늘 기다려주고 용기를 북돋아 준 제 아내 김희진에게 진심으로 고맙다는 말을 전합니다.

2021년 여름, 박재석

감사의 말

딸이 태어나고 한 달 뒤부터 책을 쓰기 시작했고, 첫돌이 얼마 지나지 않았을 때쯤 집필을 마쳤습니다. 달리 말하면 제 와이프가 도와주지 않았다면, 이 책은 세상에 존재하지 않았을 것입니다. 작은 아기가 하루가 다르게 커가고 있습니다. 아이가 성장하는 동안 더 많은 관심과 사랑이 필요했을 텐데, 그녀는 제게 책을 쓸 시간과 공간을 마련해주었습니다. 그녀가 꾸준히 도와주었기에, 그리고 흔들리지 않는 믿음을 제게 주었기에 이 책이 세상에 나올 수 있었습니다. 감사합니다.

격려와 열린 마음으로 다시 처음부터 책을 쓰는 데 도움을 준 크리스천에게 감사의 말을 전합니다. 귀중하고 깊이 있는 전문 지식으로 제게 조언을 준 리카도에게도 감사의 말을 전합니다. 그리고 세밀하고 꾸준하게 제 책에 관심을 기울여 준 요기에게도 감사의 말을 전합니다. 그리고 마지막으로 더 좋은 책이 될 수 있도록 도와준 모든 베타(beta) 독자들에게 감사의 말을 전합니다.

Introduction

책 도입부로 삼기에는 다소 무례하게 들릴지 모르지만 약간 거짓말을 보태서 이야기를 시작해보겠다. 이 책의 전편인 《밑바닥부터 만드는 인터프리터 in Go(Writing An Interpreter In Go)》(이하 《인터프리터 in Go》 또는 전편)는 내가 상상했던 것보다 훨씬 많은 인기를 누렸다. 뭐, 앞서 말한 대로 거짓말이다. 그냥 《인터프리터 in Go》가 성공하는 '상상'을 잠시 해봤을 뿐이다. 내가 쓴 책이 베스트셀러 목록 가장 위에 놓여 있고, 각종 찬양과 존경의 미사여구에 둘러싸여 있으며, 훌륭한 이벤트의 연사로 초청되어 낯선 이들 앞에서 사인해주는 상상을 했다. 무려 Monkey 프로그래밍 언어로 책을 썼는데, 누구라도 이런 상상을 하지 않을까? 그런데 정말로 진지하게 말하자면, 나는 정말로 《인터프리터 in Go》가 그렇게 성공할 줄은 몰랐다.

물론 나도, 최소한 몇몇 독자는 《인터프리터 in Go》를 즐겁게 읽으리라 예상했다. 왜냐하면 나 역시도 《인터프리터 in Go》와 같은 책을 바랐지만 찾을 수가 없었기 때문이다. 비록 그런 책을 찾는 데는 성과가 없었지만, 다른 이들 역시 그런 책을 찾고 있다는 사실을 알게 됐다. 다시 말해, 이해하기 쉽고, 다른 코드에 의존하는 바람에 너무 쉽게 쓰여 있지 않으며, 테스트가 잘된 구동할 수 있는 코드를 담고 있는 책이 없었다는 뜻이다. 그래서 내가 만약 이렇게 책을 쓴다면, 최소한 이런 책을 찾던 사람들은 재밌게 읽으리라 생각했다.

그러나 내가 어떤 생각을 했던 실제로 일어난 일을 말하자면, 정말 많은 독자가 《인터프리터 in Go》를 즐겁게 읽었다. 그냥 책을 사서 읽은 수준이 아니라 내게 이메일을 보내서 이런 책을 써줘서 고맙다고 감사의 뜻을 표하기도 했다. 《인터프리터 in Go》를 얼마나 즐겁게 읽었는지 블로그에 글을 쓰기도 했다. 그리고 그 글을 SNS에 공유하였고, 사람들이 '좋아요'를 많이 눌렀다. 코드를 이리저리 실행해보면서 가지고 놀아보고, 그들이 확장한 코드를 GitHub에 올리기까지 했다. 심지어 책 내용 교정에도 많은 도움을 줬다. 내가 잘못 적은 내용을 고쳐 보내줘서 찾을 때마다 미안함을 표하기도 했다. 아마 이들은 자신들이 보내준 제안과 교정에 내가 얼마나 고마워하고 있을지 상상도 못할 것이다.

그리고 다른 책도 써달라는 메일을 한 통 받았는데, 이게 마음속에 잠들어 있던 무언가를 건드렸다. 잠자고 있던 어떤 생각이 의무로 변한 순간이었다. 다시 말해 후속 편을 써야겠다고 다짐했다. 내가 그냥 '두 번째 편'이 아닌 '후속 편'이라고 말한 데는 이유가 있다. 왜냐하면 전편인 《인터프리터 in Go》는 타협의 산물이었기 때문이다.

내가 《인터프리터 in Go》를 쓰기 시작했을 때는 후속 편을 염두에 두고 집필하지 않았다. 그냥 책 한 권만 쓰고 끝내려 했다. 물론 완성될 책이 너무 길어진다는 것을 깨달았을 때 생각이 바뀌긴 했지만 말이다. 나는 사람들이 책이 너무 두꺼워 꺼리게 되는 것을 원치 않았다. 그리고 설령 내가 그런 책을 쓰게 되더라도, 책을 쓰는 데 너무 오랜 시간이 걸려 진작에 포기했을 것이다.

그래서 타협하기로 했다. 먼저 트리 순회 인터프리터를 만들고 다음 단계로 가상 머신으로 바꾸는 게 원래의 계획이었지만, 트리 순회 인터프리터를 만드는 내용만 넣기로 했다. 그렇게 《인터프리터 in Go》라는 책이 탄생했다. 그리고 여러분이 지금 읽고 있는 이 책이 그 후속 편이다. 내가 항상 쓰고 싶었던 내용을 담고 있다.

여기서 후속 편이라는 게 정확히 무슨 뜻일까? 이 책이 전편과 매끄럽게 이어진다는 뜻이다. 같은 방식, 같은 프로그래밍 언어, 같은 도구 함수, 전편에서 끝마친 코드베이스까지 그대로 사용한다.

방법은 간단하다. 전편에서 끝마친 곳부터 다시 Monkey 언어를 만들면 된다. 이 책은 전편을 단순히 이어쓰기만 하는 책이 아니라, Monkey 언어를 계승하고 있다. Monkey 언어는 이제 진화해야 한다. Monkey 언어가 어떤 모습으로 변할지 보기 전에, Monkey 언어가 어땠는지 다시 한번 되돌아볼 필요가 있다.

진화하는 Monkey

과거와 현재

《인터프리터 in Go》에서는 Monkey 프로그래밍 언어용 인터프리터를 만들었다. Monkey는 단 한 가지 목적을 위해 만들어진 언어이다.

> "독자가 맨땅에서부터 직접 Go 언어로 인터프리터를 만드는 것"

Monkey 언어의 공식 구현체는 《인터프리터 in Go》에 포함되어 있다. 그러나 독자들이 직접 다양한 언어로 만들어낸 비공식적 구현체는 대단히 많고, 인터넷에서 쉽게 찾아볼 수 있다.

여러분이 Monkey가 어떻게 생겼는지 잊었을 것 같아, 내가 아래에 Monkey 언어가 가진 기능을 최대한 표현하도록 간추린 코드를 가져왔다.

```
let name = "Monkey";
let age = 1;
let inspirations = ["Scheme", "Lisp", "JavaScript", "Clojure"];
let book = {
    "title": "Writing A Compiler In Go",
    "author": "Thorsten Ball",
    "prequel": "Writing An Interpreter In Go"
};

let printBookName = fn(book) {
    let title = book["title"];
    let author = book["author"];
    puts(author + " - " + title);
};

printBookName(book);
// => prints: "쏠스텐 볼 - 밑바닥부터 만드는 컴파일러 in GO"

let fibonacci = fn(x) {
    if (x == 0) {
        0
    } else {
        if (x == 1) {
            return 1;
        } else {
```

```
            fibonacci(x - 1) + fibonacci(x - 2);
        }
    }
};

let map = fn(arr, f) {
    let iter = fn(arr, accumulated) {
        if (len(arr) == 0) {
            accumulated
        } else {
            iter(rest(arr), push(accumulated, f(first(arr))));
        }
    };

    iter(arr, []);
};

let numbers = [1, 1 + 1, 4 - 1, 2 * 2, 2 + 3, 12 / 2];
map(numbers, fibonacci);
// => returns: [1, 1, 2, 3, 5, 8]
```

기능 목록으로 뽑아보면, 아래와 같다. Monkey가 지원하는 기능이라고 보면 된다.

- 정수(integers)
- 불(booleans)
- 문자열(strings)
- 배열(arrays)
- 해시(hashes)
- 전위/중위/인덱스 연산자(prefix/infix/index operators)
- 조건식(conditionals)
- 전역/지역 바인딩(global/local bindings)
- 일급 함수(first-class functions)
- 반환문(return statements)
- 클로저(closures)

제법 길지 않은가! 우리가 Monkey 인터프리터에 이런 기능을 모두 구현했다니 정말 훌륭하지 않은가? 그리고 심지어 서드파티 툴이나 라이브러리를 사용하지 않고 맨땅에서부터 직접 만들어냈다.

'렉서(lexer)'부터 만들기 시작해서 REPL에 입력된 문자열을 토큰으로 바꿔냈다. 렉서는 `lexer` 패키지에 정의했고, 렉서가 만들어낼 토큰은 `token` 패키지에 정의되어 있다.

렉서 다음으로는 파서(parser)를 구현했다. 토큰을 추상구문트리(AST, Abstract Syntax Tree)로 변환하는 재귀적 하향 파서(프랫 파서)를 만들었다. 추상구문트리에 있는 노드는 `ast` 패키지에 정의했다. 그리고 파서 구현체는 `parser` 패키지에 정의했다.

파서를 거치면, Monkey 프로그램은 메모리상에 트리 형태로 존재하게 된다. 따라서 다음 단계는 그 트리를 평가하는 작업이다. 트리를 평가하기 위해 우리는 '평가기(evaluator)'를 만들었다. 평가기는 `evaluator` 패키지에 정의된 `Eval`이라는 함수의 다른 이름이기도 하다. `Eval` 함수는 재귀적으로 트리를 순회하며 내려간다. `object` 패키지에 정의된 객체 시스템을 활용해서 노드를 평가하고 값을 만든다. 예를 들어 `1 + 2`를 표현하는 추상구문트리 노드는 `object.Integer{Value: 3}`로 변환된다. 이렇게 Monkey 코드가 갖는 생명주기는 완료되고 REPL에 출력된다.

문자열을 토큰으로, 토큰을 트리로, 트리를 `object.Object`로 바꾸는 변환 사슬(chain of transformations)은 우리가 만든 Monkey REPL의 메인 루프에 처음부터 끝까지 잘 표현되어 있다.

```
// repl/repl.go

package repl

func Start(in io.Reader, out io.Writer) {
    scanner := bufio.NewScanner(in)
    env := object.NewEnvironment()

    for {
        fmt.Fprintf(out, PROMPT)
        scanned := scanner.Scan()
        if !scanned {
            return
```

```
        }

        line := scanner.Text()
        l := lexer.New(line)
        p := parser.New(l)

        program := p.ParseProgram()
        if len(p.Errors()) != 0 {
            printParserErrors(out, p.Errors())
            continue
        }

        evaluated := evaluator.Eval(program, env)
        if evaluated != nil {
            io.WriteString(out, evaluated.Inspect())
            io.WriteString(out, "\n")
        }
    }
}
```

여기까지가 전편에서 마무리 지은 Monkey의 모습이다.

그러고 나서 반년 후, 〈잃어버린 챕터: Monkey 매크로 시스템〉[1]이 급부상했고 독자들에게 Monkey에서 Monkey 매크로로 프로그래밍하는 방법을 제시했다. 그러나 이 책에서는 매크로 시스템이 등장하지 않을 예정이다. 사실 매크로가 마치 없었던 것처럼 전편의 끝으로 되돌아갔다. 뭐 나쁘지 않다. 왜냐하면 인터프리터도 꽤 잘 만들었기 때문이다.

Monkey 언어는 우리가 원하는 대로 동작했다. 그리고 구현체는 이해하기도 쉬웠고 확장하기도 쉬웠다. 그러면 자연스레 "잘 동작하는데 왜 바꾸지?"라는 질문이 생길 수 있다. 그냥 Monkey를 있는 그대로 두면 안 되는 걸까?

이유를 말하자면, 우리의 목적은 학습이다. Monkey 언어는 여전히 우리에게 가르쳐줄 것이 많다. 《인터프리터 in Go》의 목표는 우리가 매일 작업하는 프로그래밍 언어 구현체가 무엇인지 더 학습하는 것

1 (옮긴이) 전편이 출간되고 반년 뒤에 추가된 장으로 매크로 시스템을 다룬다. 모든 내용을 무료로 다운로드할 수 있다(참고 〈The Lost Chapter: A Macro System For Monkey〉, *https://interpreterbook.com/lost*).

이었다. 그리고 실제로 학습을 했다. '현실 세계' 프로그래밍 언어들도 Monkey 언어와 비슷한 구현체로부터 시작했다. 우리가 Monkey를 만들면서 습득한 지식이 현실 세계 프로그래밍 언어 구현체와 그 기원을 이해하는 데 도움을 줬다는 뜻이다.

그러나 언어는 성장하고 성숙해진다. 상용 환경 그리고 성능과 언어 기능에 대한 요구 사항이 많아지면서, 그 언어가 가진 아키텍처와 구현이 바뀌기도 한다. 이런 변화를 겪음에 따라 언어 구현체는 Monkey 언어와의 동질성(성능과 상용을 전혀 고려하지 않은 초기 구현체의 모습)을 잃어버리게 된다.

이렇게 성장을 끝낸 언어와 Monkey 언어 간의 격차가 우리 Monkey 구현체가 갖는 가장 큰 단점이 된다. 다시 말해 Monkey 언어 아키텍처를 실제 프로그래밍 언어 아키텍처와 비교하면, 장난감 자동차와 스포츠카를 비교하는 정도의 차이가 난다. 물론, 바퀴가 네 개 달려 있고 좌석이 있어 바퀴를 조작하는 기초적인 방법을 학습하는 데는 도움이 되겠지만, 엔진이 없다는 점은 무시하기 어렵다.

이번 책에서 이런 격차를 좁혀보고자 한다. 우리 장난감 자동차에 엔진 비슷한 걸 달아볼 예정이다.

향후 계획

우리가 전편에서 작성한 트리 순회/즉시 평가 인터프리터를, 바이트코드 컴파일러와 바이트코드를 실행하는 가상 머신으로 바꿔보려 한다.

이런 아키텍처는 만들어볼 대상으로 아주 재밌기도 하지만, 가장 흔한 인터프리터 아키텍처이기도 하다. Ruby, Lua, Python, Perl, Guile, 그리고 JavaScript 구현체 중 몇몇과 그 밖에 여러 프로그래밍 언어가 바이트코드를 사용하는 아키텍처로 만들어져 있다. 심지어 그 유명한 자바 가상 머신(Java Virtual Machine)도 바이트코드를 평가하도록 만들어져 있다. 바이트코드 컴파일러와 바이트코드 가상 머신은 정말 쉽게 찾아볼 수 있으며, 이렇게 많은 데에는 그럴 만한 이유가 있다.

컴파일러에서 바이트코드를 만들어서 가상 머신에게 전달하는, 즉 새로운 추상화 계층을 도입함으로써 시스템을 더욱 모듈화하는 장점과는 별개로, 바이트코드 아키텍처가 핵심적으로 지향하는 바는 성능이다. 다시 말해 바이트코드 인터프리터는 빠르다.

성능을 이야기하는데 수치를 빼놓을 수는 없다. 이 책을 마무리할 때쯤에는 전편에서 작성한 구현체보다 세 배나 빠른 구현체를 만들게 된다. 결과만 미리 확인해보자.

```
$ ./fibonacci -engine=eval
engine=eval, result=9227465, duration=27.204277379s

$ ./fibonacci -engine=vm
engine=vm, result=9227465, duration=8.876222455s
```

보다시피 세 배나 더 빠르다. 저수준에서 복잡한 최적화를 거치지 않았음에도 말이다. 훌륭하지 않은가? 지금쯤이면 우리 모두 코드를 써 내려갈 준비가 됐으리라. 그러면 본격적으로 시작하기에 앞서 책에 있는 코드를 실제로 따라 하기 위해 필요한 몇 가지 사전 지식을 설명하고자 한다.

책 활용법

전편과 마찬가지로 이 책에서도 지시사항은 그리 많지 않다. 처음부터 끝까지 주의 깊게 읽으며 제시된 코드를 읽고 가볍게 따라 한다면, 주어진 내용을 거의 다 활용할 수 있다.

이 책은 '실용적으로' 쓰여 있다. 코드를 작성하고 뭔가를 실제로 만들어낸다. 만약 여러분이 프로그래밍 언어 구성에 대한 이론을 탐구하길 원한다면 그냥 일반적인 대학 전공책을 읽는 게 더 나은 선택일지도 모른다. 그런데 그렇다고 해서 이 책에서 배울 수 있는 게 없다는 뜻은 아니다. 나는 여러분을 안내하면서 각 요소가 무엇이며, 요소끼리 어떻게 맞물려 나가는지 최대한 설명한다. 다만 컴파일러를 다루는 일반 대학 전공책과 같은 방식으로 다루지 않을 뿐이다. 그리고 그게 내가 의도한 바이기도 하다.

전편과 마찬가지로 이번 책에도 code라는 폴더를 제공한다. 아래의 링크에서 내려받으면 된다.

https://compilerbook.com/wacig_code_1.2.zip[2]

code 폴더의 하위 폴더에는 각 장에서 우리가 작성할 코드가 작성되어 있다. 각각의 코드는 각 장을 끝났을 때의 모습이라고 생각하면 된다. 따라서 만약 여러분이 중간에 막히더라도 코드를 보면서 도움을 받으면 된다.

코드 폴더의 하위 폴더에는 각 장별 폴더 이외에도 00이라는 폴더를 볼 수 있을 텐데, 이 폴더는 전편에서는 없던 폴더이다. 이 책은 백지에서 출발하지 않는다. 전편에서 작성한 코드를 바탕으로 시작한다. 즉, 00 폴더는 이번 편에 작성된 어떤 장과 대응되는 게 아니라, 전편에서 완성한 코드베이스를 담고 있다는 뜻이다. 그리고 전편 마지막 코드베이스를 기준으로 하므로, 나중에 추가된 장에서 다루는 매크로 시스템은 포함하지 않았다. 만약 여러분이 매크로를 정말 좋아한다면, 매크로를 확장해 넣는 게 그리 어렵지는 않을 것이다.

각각의 폴더에 포함된 코드가 책에서 초점을 맞추고 있는 내용이라고 보면 된다. 대부분의 코드는 직접 다루겠지만, 가끔 위치만 언급하고 실제로 지면에서 싣지 않을 수도 있다. 왜냐하면 대부분 앞서 본 내용을 그저 반복할 뿐인데 지면을 너무 많이 차지하기 때문이다.

code 폴더 얘기는 이쯤 하기로 하고, 우리가 사용하게 될 툴(tool)에 관해 이야기해보자. 좋은 소식이 있다면 우리는 그렇게 많은 도구를 쓰지 않는다. 정확히 말하자면, 코드 편집기와 Go 언어가 설치되어 있으면 충분하다. Go 버전은 최소한 1.10 이상은 사용해야 한다. 왜냐하면 1.10이 내가 코드를 작성할 때 사용한 Go 언어 버전이고, Go 1.8과 1.9에 새로 도입된 기능을 몇 개 써보려는 의도도 있기 때문이다.

2 (옮긴이) 저자가 제공하는 사이트로 url을 입력하면 바로 다운로드할 수 있다.

그리고 만약 여러분이 1.13 버전 이상을 사용하지 않는다면, direnv[3]를 사용해서 code 폴더를 여는 걸 권장한다. direnv는 .envrc 파일을 통해 셸 환경을 바꿔주기 때문이다. cd 명령어로 어떤 폴더에 들어갔을 때, direnv는 해당 폴더가 .envrc 파일을 포함하고 있다면 이 파일을 실행한다. 각각의 code 폴더 아래 포함된 각 하위 폴더에는 .envrc 파일이 포함되어 있어서 GOPATH를 해당 하위 폴더에 맞게 설정해준다. 따라서 여러분은 단순히 하위 폴더에 cd 명령으로 들어가서 코드를 실행하면 된다.

그러나 여러분이 1.13 버전 이상을 사용하고 있다면 GOPATH를 설정하지 않아도 된다. 왜냐하면 code 폴더가 go.mod 파일을 포함하고 있어서 go 명령어로 별도의 설정 없이 쉽게 실행할 수 있다.

이제 이 책에서 여러분이 직접 코드로 작성해야 할 내용에 대해서는 모두 다룬 듯하다. 그러니 이제부터 여러분은 책을 읽고 코드를 따라가면서, 무엇보다 즐기기를 바란다!

3 (옮긴이) direnv는 기존 셸에, 현재 디렉터리의 환경변수를 로드/언로드하기 위해 사용하는 프로그램이다. direnv는 .envrc 파일을 현재 디렉터리와 부모 디렉터리에서 찾아서 만약 파일이 존재한다면, .envrc의 내용을 셸에 로드하도록 만든 프로그램이다.

옮긴이의 덧붙임

이 책은 어느 정도 프로그래밍에 대한 배경지식을 전제하고 있습니다. 저자는 Go를 처음 접하는 사람일지라도 책의 코드를 이해하는 데 문제가 없을 것이라고 말하고 있습니다. 맞는 말이지만 다른 언어 사용자에게는 어느 정도 걸림돌이 있을 것이란 생각이 듭니다. 특히 최초 환경 설정과 Go로 코드를 작성하는 과정에서 최대한 어려움이 없기를 바라는 마음에서 내용을 조금 덧붙입니다.

Go 언어 설치

공식 설치 페이지(https://golang.org/doc/install)를 방문하여 운영체제에 맞게 Go 언어를 설치합니다.

개발 환경

저는 Visual Studio Code와 Google Go 팀에서 개발한 The VS Code Go Extension 플러그인을 설치하고 Go 코드를 작성했습니다. 이것 하나로 부족함 없이 시작할 수 있습니다.

단, 저장 시에 자동으로 `import`가 업데이트되고 규격화가 일어나는데, 이때 `monkey/token`이 아닌 `go/token`이라든가, `monkey/ast`가 아닌 `go/ast`로 의도치 않게 업데이트될 수 있으니 주의하기 바랍니다.

그 밖에 상세 내용은 Go 언어 공식 블로그의 글 Gopls on by default in the VS Code Go extension(https://blog.golang.org/gopls-vscode-go)을 참조하기 바랍니다.

코드 작성

처음에는 빈 프로젝트 디렉터리에서 시작할 텐데, 코드를 작성하기에 앞서 프로젝트 디렉터리 안에서 `go mod init monkey`를 셸에서 입력해 monkey 모듈을 선언하기 바랍니다. `go mod init`은 현재 디렉터리에 새로운 `go.mod` 파일을 생성하고, 현재 디렉터리에 루트를 둔 새 모듈을 만듭니다.

줄이며...

그 밖에 문법적 특징에 대해서는 굳이 설명하지 않겠습니다. 제가 여기서 짧게 다루는 것보다 직접 읽어서 익히는 편이 더 나을 것이라 판단됩니다.

그리고 당장 앞부분만 봐도 알겠지만 이 책은 테스트 주도 개발(Test Driven Development, TDD)에 입각해서 쓰인 책입니다. 때문에 TDD 맥락에서 설명하고 있는 내용이 자주 등장합니다. 그렇지만 어려운 내용은 없으며, 설령 여러분이 TDD를 잘 모르거나 익숙지 않더라도 아래 한 문장만 기억하면 됩니다.

> "실패하는 테스트를 먼저 작성하고, 테스트를 통과하게 만들며, 점진적으로 리팩터링한다."

제 생각에 준비는 끝난 것 같습니다. 저와 마찬가지로 여러분도 이 책을 읽고 따라 하면서 즐거운 시간을 갖기 바랍니다.

1장

Writing A Compiler In Go

컴파일러와 가상 머신

많은 프로그래머가 '컴파일러'라는 단어에 어느 정도 위압감을 느낀다. 설령 위압감은 아니더라도 컴파일러와 컴파일러가 하는 일에서 불가사의하고 신비로운 분위기를 느낀다는 사실은 부정하기 어렵다. 컴파일러는 살아있는 인간이라면 누구도 읽고 쓸 수 없을 것 같은 '머신 코드(machine code)'를 만들어낸다. 또한 컴파일러는 최적화라는 마법을 부릴 수 있어, 어떤 이유에선지 코드가 더 빠르게 실행되도록 만든다. 컴파일러는 실행에 오랜 시간이 소요되기도 하는데, 몇 분 또는 몇십 분이 걸릴 때도 있다. 소문에 따르면 몇 시간이 걸릴 때도 있다고 한다. 이렇게 오래 걸린다면, 컴파일러는 틀림없이 뭔가 특별한 일을 하고 있지 않을까?

소문에 따르면, 컴파일러는 엄청나게 크고, 엄청나게 복잡하다. 사실 컴파일러는 여태까지 만들어진 소프트웨어 중에서도 가장 복잡한 소프트웨어 프로젝트로 꼽힌다. 숫자로 증명할 수도 있다. 예를 들어, LLVM[1]과 Clang[2] 프로젝트는 코드가 약 300만 줄짜리 프로젝트이다.

1 (옮긴이) LLVM 프로젝트는 재사용이 가능한 모듈화된 컴파일러 툴 체인이다. 이름과는 다르게 가상 머신하고는 관계가 거의 없다. 원래는 Low Level Virtual Machine을 줄여서 LLVM이라고 썼으나, 프로젝트가 커지면서 혼선이 생기지 않게 공식적으로 약어가 아니라고 공표했다. 따라서 LLVM은 약자가 아니라 그 자체로 프로젝트 이름이다(참고 *https://llvm.org/*).

2 (옮긴이) Clang(클랭): LLVM의 서브 프로젝트이자 프런트엔드다.

GNU Compiler Collection(GCC)[3]는 훨씬 더 큰 프로젝트이고, 코드가 무려 1500만 줄로 짜여 있다.

이런 엄청난 숫자를 보고도 코드 편집기를 열어서 "하나 만들어보지, 뭘!"이라고 말할 수 있는 사람은 그리 많지 않다. 그들도 컴파일러가 얼마나 큰 프로젝트인지 본다면, 반나절 만에 컴파일러를 만들 것이란 생각이 자연스레 사라질 것이다.

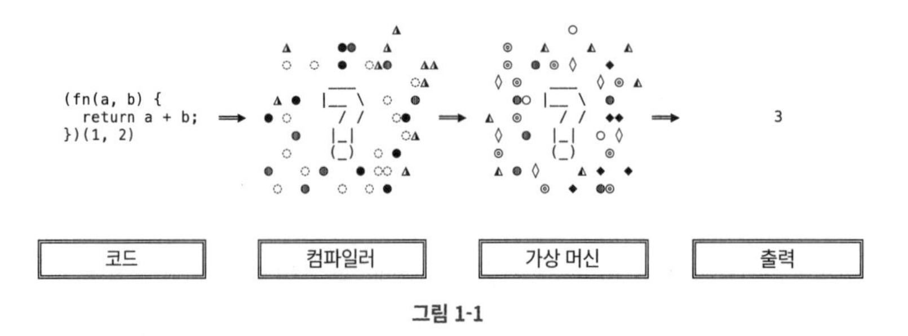

그림 1-1

프로그래머들이 가상 머신(Virtual Machines)에 대해 갖는 느낌 역시 비슷하다. 가상 머신은 소프트웨어 개발의 낮은 층인 어둡고 깊숙한 곳에서 배회하는, 빛이 있는 곳에서는 보기 힘들고 이해하기도 어려운 미지의 생물 같은 느낌을 준다. 가상 머신을 둘러싼 소문과 추측 역시 무성하긴 마찬가지다. 어떤 사람은 가상 머신이 컴파일러와 깊은 관계가 있다고 하고, 어떤 사람은 우리가 사용하는 프로그래밍 언어가 사실은 가상 머신이라고 주장한다. 또 어떤 사람은 가상 머신이 있어야 운영체제 위에서 다른 운영체제를 구동할 수 있다고 말한다.

모든 소문이 사실이라고 한들, 그다지 유용한 정보는 아닌 듯하다.

내가 말하고 싶은 것은 이렇다. 핵심을 말하자면, 컴파일러와 가상 머신 모두 추상 개념(패턴)일 뿐이다. 즉 '웹 서버(web server)', '인터프리터(interpreter)'와 같이 크기나 복잡도에 따라 다양한 구현체가 있는 개념일 뿐이다. 따라서. GCC같이 큰 프로젝트를 보고 기가 죽어 컴파일

3 (옮긴이) GCC: GNU Compiler Collection은 원래는 GNU 운영체제용으로 만들어진 컴파일러이다. C, C++, Objective-C, Fortran, Ada, Go, D가 사용할 컴파일러 프런트엔드를 담고 있으며, 앞서 언급한 언어 라이브러리도 포함한다(참고 *https://gcc.gnu.org/*).

러를 못 만들겠다고 말한다면, GitHub 같은 웹사이트를 보고 웹사이트 역시 만들 수 없다고 말해야 한다.

물론, 가상 머신을 사용할 컴파일러를 만드는 게 쉬운 일은 아니다. 그러나 악명이 높기는 해도, 만들지 못할 정도는 결코 아니다. 컴파일러와 가상 머신이 본질적으로 무엇인지 그 핵심 개념을 더 깊이 이해하게 되면, 여러분은 정말로 반나절 만에 컴파일러를 만들 수 있다.

더 깊이 이해하기 위한 첫 단계로, 가장 먼저 '컴파일한다(compiling)'는 게 무엇을 의미하는지 알아보자.

컴파일러

"컴파일러의 이름을 적어보시오."

위와 같은 문제가 나왔다면, 아마도 여러분은 망설이지 않고, GCC, Clang, Go 컴파일러 같은 이름을 적었을 것이다. 뭐가 됐든, 그 이름은 프로그래밍 언어를 위한 컴파일러일 것이다. 그리고 프로그래밍 언어를 위한 컴파일러는 보통 실행 프로그램(executables)을 만든다. 나라고 별다른 답을 갖고 있지 않다. 왜냐하면 우리 모두 '컴파일러'라는 단어를 프로그래밍 언어 컴파일러와 연관 지어 생각하기 때문이다.

한편, 컴파일러는 크기와 종류도 아주 다양할 뿐만 아니라, 컴파일할 대상이 프로그래밍 언어에 국한되지 않으며, 정규식(regular expressions), 데이터베이스 쿼리, 심지어 HTML 템플릿까지도 컴파일한다. 우리는 모두 일상에서 별생각 없이 이미 컴파일러를 한두 개쯤 사용하고 있다. 이렇게 컴파일러가 넓게 사용되는 이유는, 컴파일러라는 단어가 생각보다 훨씬 광의적이기 때문이다. 아래는 위키피디아가 정의하는 컴파일러이다.

> 컴파일러는 소스 프로그래밍 언어로 작성된 컴퓨터 코드를 목적 프로그래밍 언어로 변환하는 컴퓨터 소프트웨어이다. 컴파일러는 번역기(translator)의 한 유형으로 주로 컴퓨터 같은 디지털 장치를 지원하는 데

쓰인다. 컴파일러라는 이름은 고수준 프로그래밍 언어로 쓰인 소스코드를 저수준 프로그래밍 언어(어셈블리어, 목적 코드, 머신 코드)로 바꿔서 실행 프로그램을 만들어내는 프로그램을 가리키는 데 쓰인다.

컴파일러가 번역기(translator)라는 말은 너무 불명확하다. 고수준 언어를 번역해서 실행 프로그램으로 만드는 컴파일러가 특수한 유형의 컴파일러라는 말인가? 전혀 직관적이지 않다. 실행 프로그램을 만들어내는 작업이 원래 '컴파일러의 일'이지 않은가? GCC, Clang, Go 컴파일러가 하는 것처럼 말이다. 그렇다면, 위키피디아의 정의는 '실행 프로그램을 만들어낸다'는 정의가 첫 번째 줄에 와야 하지 않을까? 어떻게 이렇게까지 본질에서 벗어나 있을까?

이런 의문에 대한 해법은 다른 방향에서 풀어내야 한다. 컴퓨터가 직접 인식하는 언어로 된 소스코드가 아니라면 어떻게 실행할 수 있을까? 그래서, "네이티브 코드로 컴파일한다"라는 말은 "머신 코드(machine code)로 컴파일한다"라는 말과 같다. 실행 프로그램을 만든다는 것은 정말로 '소스코드를 번역'하는 다양한 방법 중 하나일 뿐이다.

알다시피, 컴파일러는 근본적으로 번역(translation)을 다룬다. 왜냐하면 컴파일러가 번역하는 방식이 곧 '프로그래밍 언어를 어떻게 구현하는지' 정의하기 때문이다.

위 문장이 말하는 바를 곱씹어보자. 프로그래밍은 컴퓨터에 명령을 내리는 행위이다. 프로그래머들은 컴퓨터가 이해할 수 있는 명령어(instructions)를 프로그래밍 언어로 작성한다.

다른 언어를 사용하면 의미가 없다. 프로그래밍 언어를 구현한다는 말은 컴퓨터가 이해할 수 있도록 만든다는 뜻이다. 컴퓨터가 이해하게 만드는 데는 두 가지 방법이 있다. 컴퓨터를 위한 언어로 즉시(on-the-fly) 해석(interpret)하거나, 컴퓨터가 이미 이해하고 있는 또 다른 언어로 번역(translate)하면 된다.

우리말을 할 줄 모르는 외국인 친구를 도와준다고 상상해보자. 우리는 우리말을 듣고 머릿속에서 외국어로 번역하고, 번역한 그대로를 친구에게 전달한다. 번역한 내용을 종이에 적어서 줄 수도 있다. 외국인 친구는 번역한 내용을 읽고 자기식대로 이해하면 된다. 이 이야기에서는 우리가 인터프리터 혹은 컴파일러 같은 역할을 한 것이 된다.

위 이야기는 마치 인터프리터와 컴파일러가 대비되는 것처럼 들릴 수 있다. 그러나 인터프리터와 컴파일러는 접근하는 방식이 다를 뿐이지, 결과물을 만드는 방식에서는 공통점이 아주 많다. 둘 다 프런트엔드(frontend)를 가지는데, 프런트엔드에서는 소스 언어로 작성된 소스코드를 읽어 들여 특정 데이터 구조로 변환한다. 또한, 인터프리터와 컴파일러 프런트엔드 양쪽 모두 렉서(lexer)와 파서(parser)로 구성되고, 렉서, 파서는 함께 추상구문트리(Abstract Syntax Tree, 이하 AST)를 만든다. 따라서 앞 단계(front part)에서는 둘의 유사점이 아주 많다. 한편, 프런트엔드를 거치고 나면, 둘 다 AST를 순회하게 되는데, 여기서부터 컴파일러와 인터프리터가 하는 일이 달라진다.

우린 이미 인터프리터를 만들어봤기에[4], AST를 순회한다는 게 결국은 AST를 평가(evaluation)하는 일이라는 것을 잘 알고 있다. 그러고 나서 인터프리터는 AST에 부호화된 명령어를 실행한다. AST에서 어떤 노드가 소스 언어 명령문(statement)인 `puts("Hello World!")`라면, 인터프리터는 노드를 평가할 때, "`Hello World!`"라는 문장을 출력할 것이다.

한편, 컴파일러라면 아무것도 출력하지 않을 것이다. 컴파일러는 목적 언어(target language)로 된 소스코드를 만든다. 만들어진 소스코드는 소스 언어 `puts("Hello World!")`로 표현된 개체에 대응하는 목적 언어 개체를 갖고 있다. 그러고 나서 결과 코드를 컴퓨터가 실행하고, `"Hello World"`가 스크린에 나타난다.

이제부터 상황이 아주 재밌게 흘러간다. 컴파일러는 어떤 목적 언어로 소스코드를 만들까? 컴퓨터가 이해하는 언어가 무엇일까? 그럼, 컴파일러는 어떻게 컴퓨터가 이해하는 언어로 코드를 생성할까? 문자열

4 (옮긴이) 전편 《인터프리터 in Go》에서 우리는 인터프리터를 만들었다. 최종 완성된 인터프리터는 코드 폴더의 00 폴더에 있다. 이 책에서 컴파일러를 작성하는 데 큰 문제는 없지만, 인터프리터의 작동 원리를 이해하고자 한다면 전편을 꼭 참고하길 바란다.

로 만들어야 할까? 아니면 이진 형식(binary format)으로 만들어낼까? 파일로 만들어야 할까? 아니면 메모리에? 정작 제일 중요한 질문이 빠져있다. "목적 언어로 만들어내는 대상이 무엇일까?" 만약 목적 언어가 `puts`에 대응하는 개체를 갖고 있지 않다면, 컴파일러는 대신에 무엇을 만들어야 할까?

일반화해서 얘기하자면, 앞서 언급한 모든 질문에 단 한 문장으로 답할 수 있다. 일반화하기 어려운 소프트웨어 개발 분야에서 거의 모든 상황에 답할 수 있는 보편적 진리를 담은 문장이다. "상황에 따라 따르다."

실망스러운 답을 줘서 정말 미안하지만, 변수가 매우 많고 요구 사항도 다양하다. 예를 들면, 소스 언어, 목적 언어가 구동될 머신 아키텍처, 결과물을 바로 실행할지 아니면 컴파일할지, 번역(interpret)할지, 출력 결과가 얼마나 빠르게 구동되는지, 컴파일러가 얼마나 빨리 일을 끝내는지, 생성된 소스코드가 가질 크기는 얼마나 되어야 할지, 컴파일러에 허용되는 메모리는 얼마나 되는지, 결과 프로그램에 허용되는 메모리는 얼마나 될지 등등. 나열한 모든 것에 따라서 만들어야 할 대상이 달라진다.

컴파일러는 너무나도 다양하기 때문에, "컴파일러 아키텍처는 이렇다!"라고 보편적으로 정의하기 어렵다. 그러므로 상세한 내용은 잠시 미뤄두고 여러 컴파일러가 공유하는 아키텍처를 생각해보면서 윤곽을 잡아보자.

[그림 1-2]는 머신 코드로 번역된 소스코드가 갖는 생명 주기(life cycle)를 보여준다. 어떤 일이 일어나는지 설명해보겠다.

먼저 렉서가 소스코드를 토큰화(tokenize)하고 파서는 토큰을 파싱한다. 렉서와 파서는 인터프리터를 작성하면서 꽤 익숙해졌을 것이다. 렉서와 파서를 프런트엔드(frontend)라고 부른다. 프런트엔드를 거치고 나면, 텍스트였던 소스코드는 AST로 변환된다.

프런트엔드 다음에는 '옵티마이저(optimizer, 이것 역시 컴파일러라 부르기도 한다)'라는 컴포넌트가 AST를 또 다른 내부 표현(internal representation, 이하 IR)으로 변환한다. 옵티마이저가 만들어낸 IR은 다양한 형식을 갖는다. 형태가 다른 구문 트리(syntax tree)일 수도 있고, 이진 형식이거나 단순히 텍스트 형식일 수도 있다. 옵티마이저가 별도

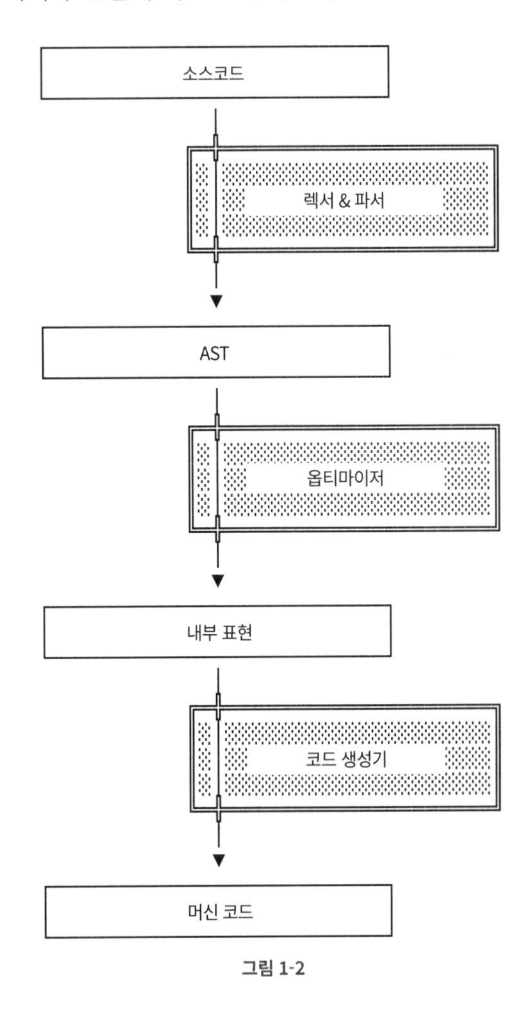

그림 1-2

로 IR을 만들어내는 이유는 다양하다. 그러나 가장 중요한 이유는 별도로 만들어낸 IR이 (기존 AST보다) 최적화 및 목적 언어로 변환하는 과정에 더 안성맞춤이기 때문이다.

옵티마이저가 만들어낸 새로운 IR은 예컨대 아래와 같은 최적화 과정을 거치게 된다.

- 불필요한 코드 제거[5]
- 단순한 산술 연산을 미리 계산
- 반복문 몸체에 있을 필요가 없는 코드를 밖으로 빼기[6]

위에서 열거한 내용 외에도 수많은 최적화 기법을 활용할 수 있다.

마지막으로 '코드 제너레이터(code generator)'가 목적 언어로 된 코드를 만든다. 코드 제너레이터는 백엔드(backend)라고 부르기도 한다. 코드 제너레이터에서 실제 컴파일이 일어난다. 마침내 코드가 파일 시스템에 접근한다. 파일로 결과물을 만들고, 그 결과물을 실행하면 컴퓨터가 원본 소스코드의 지시대로 명령을 수행하는 것을 볼 수 있게 된다.

컴파일러가 어떻게 동작하는지 최대한 간단하게 설명해보았다. 이렇게 간단하게 설명한 내용조차 수천 가지로 변형이 가능하다. 예를 들어, 옵티마이저가 IR을 여러 '패스(pass)'[7]에 걸쳐서 처리할 수 있다. 자세히 설명하자면, 옵티마이저가 IR을 여러 차례 순회하면서 순회마다 다른 형태로 최적화할 수 있다. 예를 들어 특정 패스(pass)에서는 데드 코드(dead code)를 제거하고, 다른 패스(pass)에서는 함수 호출을 인라이닝(inlining)[8]할 수 있다. 혹은 IR을 최적화하지 않고 목적 언어로 된 소스코드만 최적화할 수도 있다. AST만 최적화하기도 하고, AST, IR 모두를 최적화할 수도 있다. 때로는 AST 말고는 다른 IR이 애초부터 없을 수도 있다. 머신 코드를 출력하지 않고, 어셈블리어나 다른 고수준 언어를 결과물로 만들 수도 있다. 아니면 백엔드를 여러 개 구현해 아키텍처별로 머신 코드를 별도로 생성할 수도 있다. 언급한 모든 것을 어떻게 사용하느냐에 따라 달라진다.

또한, 컴파일러는 명령행 도구(command line tool)일 필요가 없다. `gcc`나 `go` 컴파일러같이, 소스코드를 읽어서 파일로 코드를 만들어내는

5 (옮긴이) dead-code elimination, DCE: 컴파일 결과에 영향을 주지 못하는 코드를 소거하는 최적화 기법

6 (옮긴이) code motion: 루프가 몇 번 반복되어도 루프 시작 전과 동일한 표현식이나 문장을 loop-invariant라고 하는데, loop-invariant를 루프 바깥으로 옮기는 최적화를 말한다.

7 (옮긴이) pass(패스): 컴파일러에서 여러 단계(phase)를 그룹화한 단위

8 (옮긴이) inlining(인라이닝): 함수 호출부를 함수 몸체로 변환하는 최적화 과정

형태일 수 있다. 컴파일러는 AST를 받아 단순히 문자열을 반환하는 함수일 수도 있다. 이것 역시 컴파일러라고 말할 수 있다. 컴파일러는 수백 줄로 작성할 수도, 수백만 줄로 작성할 수도 있다.

컴파일러가 이렇게 다양하지만, 모든 코드가 공통으로 공유하는 가장 기초적인 착안점은 변환(translation)이다. 컴파일러는 한 언어로 소스코드를 받아서 또 다른 언어로 소스코드를 만든다. 이후에 일어날 일은 상황에 따라 다르지만, 대부분 목적 언어에 따라 달라진다. 목적 언어가 갖춰야할 기능과 구동될 머신에 따라 컴파일러의 설계가 결정된다.

만약에 목적 언어를 골라야 할 필요가 없다면 어떨까? 그냥 목적 언어를 하나 새로 만든다면 어떨까? 새로 만들고 끝내는 게 아니라 새로 만들 언어를 실행할 머신도 만들어보는 것은 어떨까?

가상 머신과 실제 머신

'가상 머신(virtual machine)'이라는 단어를 들으면 VMWare나 VirtualBox 같은 소프트웨어를 떠올리게 마련이다. 이런 프로그램은 컴퓨터를 흉내 낸다. 디스크 드라이브, 하드 드라이브, 그래픽 카드 역시 모방해 만들어졌다. 모방해서 만들어낸 컴퓨터 안에서, (호스트 운영체제와) 다른 운영체제를 구동할 수 있게 해준다. 이런 소프트웨어를 가리켜 가상 머신이라고 한다. 그러나 우리가 이제부터 얘기할 가상 머신은 전혀 다른 유형의 가상 머신이다.

우리가 얘기할 (나중에는 만들어볼) 가상 머신은 프로그래밍 언어를 구현하기 위해 사용된다. 가상 머신은 함수 몇 개로 만들기도 하고, 때로는 가상 머신이 다른 모듈을 만드는 데 사용되기도 한다. 클래스와 객체 컬렉션 형태일 때도 있다. 가상 머신 역시 형태를 꼭 집어 말하기 어렵다. 그러나 형태는 중요치 않다. 우리가 만들 가상 머신이 기존 머신을 모방하지 않는다는 게 중요하다. 우리가 만들 가상 머신은, 어떤 것을 흉내 내는 머신이 아니라 자체가 (소프트웨어로 만든) 머신(machine)이다.

'가상(virtual)'이란 수식어가 붙는 이유는 머신이 하드웨어가 아닌 소프트웨어로 만들어져 있기 때문이다. 즉, 완전히 추상적인 개체이다. '머신(machine)'이란 단어가 가상 머신이 하는 일을 설명해준다. 가상 머신이라는 소프트웨어는 마치 기계처럼 동작한다. 그리고 여기서 기계(machine)가 지칭하는 대상은 일반적인 기계가 아니다. 하드웨어 관점에서 가상 머신과 대응되는 기계, 즉 '컴퓨터(computer)'가 하는 행위를 모방한다.

가상 머신이 컴퓨터를 모방하므로, 가상 머신을 이해하고 만들려면 실제 컴퓨터가 어떻게 동작하는지 알아야 한다.

실제 머신

"그래서 컴퓨터는 어떻게 동작하나요?"

어려운 질문이지만, A4 용지 한 장 분량으로 5분 안에 읽을 수 있게 정리할 수 있다. 여러분이 얼마나 책을 빨리 읽을지도 모르겠고, 그렇다고 종이에 직접 그림을 그려가며 설명할 수도 없는 노릇이니 그냥 설명해 보겠다.

우리 주변의 거의 모든 컴퓨터는 폰 노이만 아키텍처(Von Neumann architecture)[9]로 만들어졌다. 폰 노이만 아키텍처는 놀라울 만큼 적은 요소만으로 완전하게 동작하는 컴퓨터를 만드는 법을 기술한다.

폰 노이만 모델에서 컴퓨터는 핵심적인 장치 두 개로 나뉜다. 두 개의 핵심 장치는 산술 논리 장치(arithmetic logic unit, ALU)와 다중 프로세서 레지스터(multiple processor registers)로 이루어진 '처리 장치(processing unit)'와 명령어 레지스터(instruction register)와 프로그램 카운터(program counter)로 이루어진 '제어 장치(control unit)'로 구

9 (옮긴이) 폰 노이만 아키텍처(von Neuman architecture): 1945년 에드박 보고서 초안(First Draft of a Report on the EDVAC)에서 존 폰 노이만(John Von Neumann)을 포함한 여러 사람의 설명에 기반한 컴퓨터 아키텍처이다(참고 *https://en.wikipedia.org/wiki/Von_Neumann_architecture*).

성된다. 둘을 합쳐서 '중앙 처리 장치(central processing unit)', 줄여서 'CPU'라 부른다. 그리고 컴퓨터는 메모리(RAM), 대용량 저장 장치(하드 디스크 등), 입출력 장치(키보드와 모니터 같은 디스플레이 장치)도 포함하는 개념이다.

[그림 1-3]은 CPU, 메모리, 저장 장치, 입출력 장치로 컴퓨터가 무엇인지 간단하게 묘사해본 그림이다.

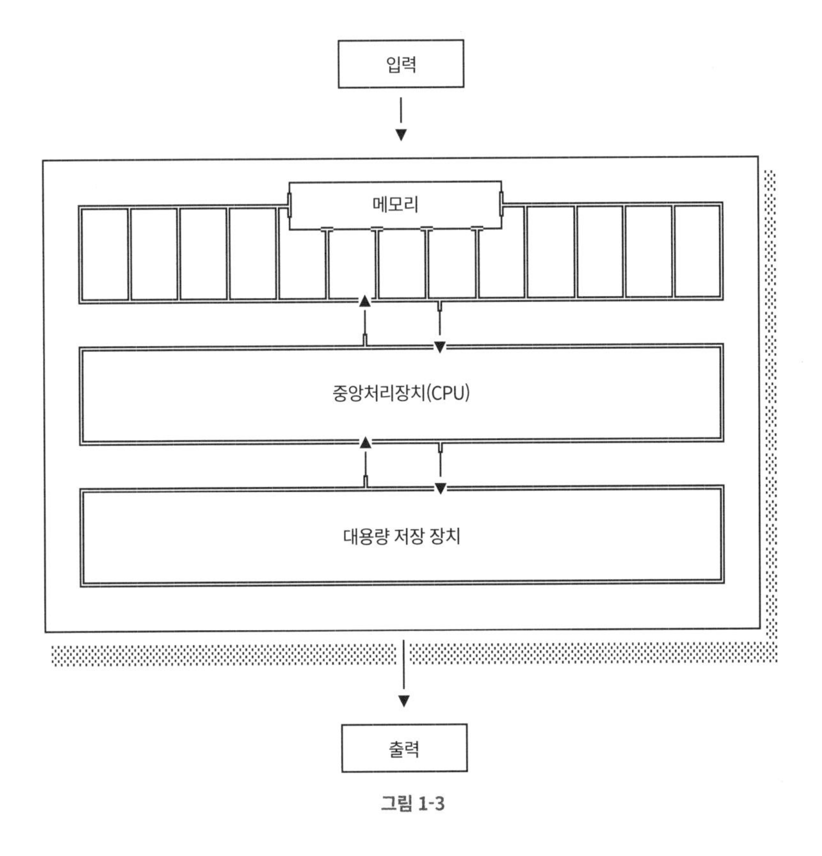

그림 1-3

컴퓨터를 켜면 CPU는 아래와 같이 동작한다.

1. 메모리에서 명령어를 인출(fetch)한다.
   프로그램 카운터가 CPU에게 다음 명령어가 메모리상에서 어디에 있는지 알려준다.

2. 명령어를 부호화(decode)한다.
   다음에 수행할 동작을 알아내기 위함이다.
3. 명령어를 실행한다.
   명령어를 실행한다는 말은, 레지스터가 기록하고 있는 내용을 변경한다는 뜻일 수도 있고, 레지스터에 있는 데이터를 메모리로 이전한다는 뜻일 수도 있다. 그 밖에도 메모리에서 메모리로 데이터를 이동시킬 수도, 출력물을 만들 수도, 입력을 읽어 들일 수도 있다.

…그리고 다시 1로 '되돌아(goto)'간다.

위 세 단계를 '인출-복호화-실행 주기(fetch-decode-execute cycle)'라고 말하며, 명령 주기(instruction cycle)라고도 한다. 아래와 같은 문장에서 사용되는 사이클(cycle)이 곧 명령어 주기를 말한다.

> "컴퓨터 클록 속도는 초당 사이클(cycle) 반복 횟수로 표현한다. 예를 들어 500MHz 같으면 초당 500만 번 사이클이 돈다는 뜻이다."

> "여기서 CPU 사이클이 낭비되고 있어."

컴퓨터가 어떻게 동작하는지 꽤 간략하면서도 쉽게 이해되도록 설명한 것 같다. 그러나 우리는 좀 더 단순하게 만들 필요가 있다. 이 책에서는 대용량 저장 장치 같은 구성 요소를 고려하지 않을 것이고, 입출력(I/O)이 어떻게 동작하는지 정도만 맛보기로 다루려 한다. 우리는 CPU와 메모리가 어떻게 상호작용하는지에 관심을 두어야 한다. 따라서 우리 관심사에 더 집중하기로 하고, 하드디스크나 디스플레이 장치 같은 요소들이 어떻게 동작하는지는 신경 쓰지 말자.

CPU는 메모리 주소를 어떻게 알아낼까? 달리 말하면, CPU는 메모리에 접근할 때, 어디에 저장하고 어디에서 꺼내올지 어떻게 알아낼까? 이 질문에 답하는 것부터 시작해서 CPU와 메모리가 어떻게 상호작용하는지 알아보자.

첫 번째 힌트는 CPU가 명령어(instruction)를 인출하는 방법에서 찾아

보자. 프로그램 카운터(program counter)는 다음으로 인출할 명령어를 파악하고 있는데, '카운터(counter)'는 단어의 의미 그대로 사용된다. 컴퓨터는 단순하게 카운터가 가진 숫자값으로 메모리 주소를 찾아간다. 정말 단순하지 않은가?

사실 나는 "메모리는 큰 배열 정도로 생각하면 된다"라고 쓰고 싶었다. 그러나 똑똑하신 분들께서 두꺼운 전공책으로 머리를 내려치며 "메모리가 어떻게 배열하고 같을 수가 있나, 이 덜떨어진 친구야"라고 말할까 봐 두려운 나머지 차마 그러진 못했다. 그러나 한편으로 그러고 싶은 마음이 드는 이유는, 우리 프로그래머들이 배열 요소에 접근할 수단으로 숫자를 인덱스로 사용하듯이, CPU도 메모리에 저장된 데이터에 접근하기 위해 숫자를 주소로 사용하기 때문이다.

컴퓨터 메모리는 배열과 달라서, '배열 요소(array elements)' 대신 '워드(words)'[10]라는 단위로 구분한다. 워드는 주소를 지정할 수 있는 가장 작은 영역이면서 접근 가능한 가장 작은 단위이다. 워드가 가질 수 있는 크기는 다양하지만, CPU 타입에 가장 많은 영향을 받는다. 모두가 표준으로 사용하는 워드 크기는 32비트와 64비트이다.

워드 크기가 8비트, 메모리 크기가 13바이트인 컴퓨터가 있다고 가정해보자. 메모리에서 워드 하나는 ASCII 문자 하나를 담을 수 있으므로, `Hello, World!`라는 문자열을 메모리에 저장한다면 [그림 1-4]와 같은 모습이 된다.

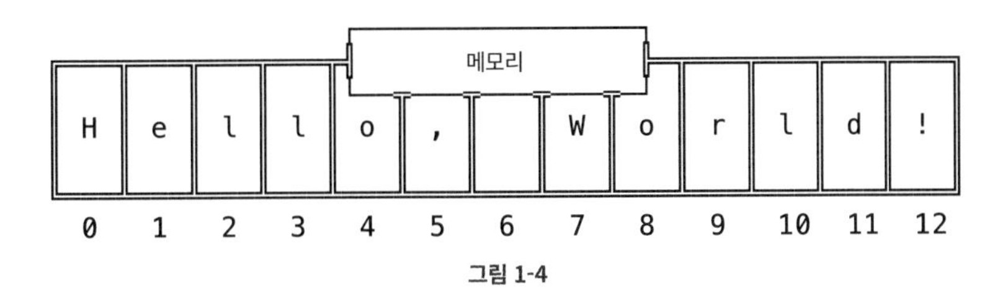

그림 1-4

10 (옮긴이) '단어(word)'라는 일반 명사와 구분하고, 메모리상에서 사용되는 단위라는 의미를 강조하기 위해 이후에는 워드로 표현하려 한다.

글자 `H`는 메모리 주소 0을 갖는다. `e`는 1을 갖는다. 첫 번째 `l`은 2를 갖고, `W`는 7을 가지며 나머지도 같은 방식으로 생각하면 된다. 그렇다면, `Hello, World!`에 포함된 각 글자를, 0에서 12라는 주소로 접근할 수 있다. "이봐 CPU, 주소 4에 있는 워드를 인출해 줘!"라고 명령을 내린다면, CPU는 글자 `o`를 인출한다. 꽤 직관적이다. 여러분이 지금 어떤 생각을 하고 있을지 짐작이 된다. 이렇게 숫자값(메모리 주소)을 가져와서 메모리 어딘가에 저장해두었다면 '포인터(pointer)'를 만들었다는 뜻이다.

지금까지 얘기한 내용이 메모리에 저장된 데이터를 찾는 방법이며, CPU가 데이터를 인출하고 저장하는 위치를 알아내는 방법이다. 한편 언제나 현실은 그리 녹록지 않다.

앞서 말한 대로, 워드의 크기는 컴퓨터에 따라 다르다. 8비트일 때도 있고 16비트, 24비트, 32비트, 64비트일 때도 있다. 때때로 CPU가 사용하는 워드 크기는 주소 크기와 무관할 때도 있다. 그리고 어떤 컴퓨터는 완전히 다른 방식으로 동작하는데, 여태껏 설명한 '워드 어드레싱(word-addressing)'이 아닌 '바이트 어드레싱(byte-addressing)'[11] 방식을 사용한다.

만약 여러분이 워드 어드레싱(word-addressing)을 사용하고, 바이트 하나에 주소를 부여하고 싶다면(드물지 않게 이런 방식을 채택한다), 단어 하나가 갖는 크기를 처리할 뿐만 아니라 오프셋(offset)까지 고려해야 한다. 따라서 이는 꽤 수고가 드는 일이며, 최적화를 수반하는 작업이다.

CPU가 메모리를 저장하고 데이터를 가져오는 방법을 간단하게 설명했는데, 이런 설명은 사실 아이들이 듣는 동화 수준의 설명이라고 생각하면 된다. 개념 수준에서는 꽤 맞는 얘기고 학습에는 도움이 될지 모른다. 그러나 최근 컴퓨터 기준에서 메모리 접근(memory access)이라

11 바이트 어드레싱(byte-addressing): 개별 바이트에 대한 접근을 지원하는 하드웨어 아키텍처를 말한다. 이런 컴퓨터를 바이트 머신(byte machine)이라고도 부른다. 이는 워드 어드레싱 아키텍처, 즉 워드 머신(word machine)이 워드(word)라 불리는 더 큰 단위의 데이터로 접근하는 방식과 대조된다(참고 *https://en.wikipedia.org/wiki/Byte_addressing*).

는 개념은 대단히 추상화되어 있다. 메모리에 접근하려면 보안과 최적화를 담당하는 수많은 추상화 계층을 거쳐야 한다. 메모리는 더 이상 옛날처럼 접근할 수 있는 대상이 아니며, 원하는 위치에 쉽게 접근할 수도 없다. 가상 메모리(virtual memory)와 보안 정책(security rules)이 메모리에 마구잡이로 접근하지 못하도록 만들었다.

메모리 이야기는 이쯤에서 그만하기로 하자. 더 옆길로 샐 수도 없는 노릇이고, 가상 메모리의 내부 동작이 어떤 것인지에 대한 얘기까지 할 수는 없다. 여러분은 메모리의 내부 동작을 알기 위해 이 책을 읽고 있는 게 아니다. 내가 이런 이야기를 꺼낸 이유는 여러분에게 요즘 CPU에서 일어나는 메모리 접근은 단순히 주소를 넘기는 행위 말고도 수많은 동작이 있다는 것을 알려주기 위해서였다. 한편 보안 정책처럼 엄격하게 제한을 두는 장치도 있지만, 최근 몇십 년간 메모리를 좀 더 자유롭게 사용하는 방법도 꽤 많이 등장했다.

폰 노이만 아키텍처는 컴퓨터 메모리에 데이터뿐만 아니라 '프로그램'도 담을 수 있다는 개념을 제시했다. 여기서 말하는 프로그램은 프로그램을 만들어내는 CPU 명령어 집합을 말한다. 코드와 데이터를 같이 쓴다고 하면 프로그래머들은 그다지 좋아하지 않을 것이다. 그리고 몇 세대 이전 프로그래머들 역시 비슷하게 느꼈으리라. 왜냐하면 코드와 데이터를 같이 사용하지 못하도록 하는 여러 관습을 정립해왔기 때문이다.

프로그램 역시 다른 데이터와 마찬가지로 메모리에 저장되지만, 대개 데이터와 같은 위치에 저장되지 않는다. 특정 메모리 영역은 데이터만 저장하게끔 만들어져 있다. 그것은 관습 때문만이 아니라 운영체제, CPU, 그 밖의 컴퓨터 아키텍처 모두 특정 메모리 영역만 사용하도록 규정하고 있기 때문이다.

'텍스트 파일 안에 담긴 내용'이나 'HTTP 응답처럼 순수한 데이터(dumb data)'가 저장되는 메모리 영역이 있고, 프로그램을 만드는 명령어를 저장하고 접근하기 위한 메모리 영역이 따로 있다. 후자에서 말하는 메모리 영역에 접근할 때, CPU는 더 쉽고 빠르게 명령어를 인출할 수 있다. 또 다른 메모리 영역에는 프로그램이 사용하는 정적 데이터(static data)를 담고 있다. 또한 나중에 프로그램이 실행되었을 때 사용하도록 비워두고 초기화하지 않은 예약된 메모리 영역도 존재한다. 또한 운영체제 커널에서 사용될 명령어 역시 특정 메모리 영역만 사용한다.

프로그램과 순수 데이터(dumb data)가 다른 메모리 영역에 저장된다고 하더라도, 어쨌든 둘 다 메모리에 저장된다는 사실에 주목하자. "데이터와 프로그램 모두 메모리에 저장된다"라는 말은, 마치 둘이 별개로 구분되어야 한다는 말로 들린다. 프로그램을 이루는 명령어 역시 데이터일 뿐인데 말이다. '메모리에 있는 명령어'는 CPU가 메모리에서 인출해 복호화하고, 적절한 명령어인지 확인하고, 실행까지 마쳐야 비로소 '명령어'가 된다. 만약 CPU가 유효하지 않은 명령어를 복호화하려 한다면, 결과는 CPU 설계에 따라 달라진다. 예를 들면 어떤 이벤트를 유발(trigger)하고 나서, 프로그램이 복구할 여건을 만들어주거나 그냥 멈춰버릴 수도 있다.

우리는 이런 특정 메모리 영역을 하나 집중해서 보려 한다. 바로 '스택(stack)'을 갖는 메모리 영역이다. 스택, 누구나 한 번쯤은 들어봤을 이름이다. '스택 오버플로(stack overflow)'[12]가 가장 유명하고, '스택 트레이스(stack trace)'[13]도 제법 유명한 친구이다.

그래서 스택이란 무엇일까? 스택은 후입선출(LIFO) 방식으로 관리되는 메모리 영역이다. 우리가 푸시(push) 또는 팝(pop)을 함에 따라 데이터가 늘어나고 줄어든다. 마치 스택 자료구조와 아주 유사하다. 그러나 일반적인 자료구조와는 달리 '메모리 영역 스택'은 목적이 아주 분명하다. 바로 '콜 스택(call stack)'[14]을 구현하기 위해 만들어졌다.

12 (옮긴이) 스택 오버플로(stack overflow)는 콜 스택 포인터가 스택의 크기를 넘어섰을 때 발생한다. 어떤 프로그램이 콜 스택에서 사용 가능한 크기보다 더 많은 공간을 점유하려고 했을 때, 스택이 오버플로됐다고 말하며 일반적으로 프로그램 충돌이 발생한다.

13 (옮긴이) 스택 트레이스(stack trace)는 프로그램 실행 도중 특정 시간에 활성화된 스택 프레임의 정보이다.

14 콜 스택(call stack): 스택 자료구조로 프로그램의 활성 서브루틴 정보를 저장한다. 이런 종류의 스택을 실행 스택(execution stack), 프로그램 스택, 런타임 스택, 머신 스택 혹은 그냥 줄여서 스택(the stack)이라고도 부른다. 대부분의 소프트웨어가 올바르게 작동하려면 콜 스택 관리가 아주 중요함에도, 세부 정보는 일반적으로 숨겨져 있고 고수준 프로그래밍 언어로 자동화되어 있다. 많은 컴퓨터 아키텍처에서 스택을 조작할 수 있는 특수한 명령어를 제공한다(참고 *https://en.wikipedia.org/wiki/Call_stack*).

너무 혼란스럽지 않은가? 이 짧은 문단에서 스택이란 단어가 너무도 다양하게 쓰였다. '스택', '메모리 영역 스택', '스택 데이터 구조', '콜 스택'과 같은 단어들은 그다지 자기 설명적(self-explanatory)이지 않다. 이런 단어들이 특별한 구분 없이 쓰이니 너무 혼란스럽다. 한편, 다행스럽게도 왜 그런 이름이 붙었는지 파고들면 구분이 한결 쉬워진다. 따라서 하나씩 차례대로 이유를 찾아보기로 하자.

CPU가 LIFO 방식으로 데이터를 저장하고, 접근하는 메모리 영역이 존재한다고 했다. LIFO 방식으로 처리하는 이유는 특수한 목적으로 고안된 스택인 콜 스택(call stack)을 구현하기 위해서다.

왜 CPU는 콜 스택이라는 게 필요할까? CPU(혹은 CPU가 의도한 대로 동작하길 원하는 사용자)가 프로그램을 실행하려면 특정 정보를 계속해서 파악하고 있어야 하기 때문이다. 그리고 이 정보를 알아야 하는 순간이 왔을 때, 콜 스택이 도움이 된다. 도대체 어떤 정보이기에 지속해서 알아내야 할까?

제일 중요한 정보는 다음과 같다. 현재 어떤 함수가 실행되고 있고, 현재의 함수 실행이 끝나면 다음에 실행할 명령어가 무엇인지에 대한 정보이다. 후자, 다시 말해서 현재의 함수 실행이 끝난 뒤 인출해야 할 명령어를 특별히 '반환 주소(return address)'라고 한다. CPU는 현재 함수를 실행한 뒤에 반환 주소로 되돌아(return)간다. 만약 이 정보가 없다면 CPU는 프로그램 카운터(program counter) 값을 하나 올리고 메모리에서 다음 높은 값에 있는 명령어를 실행한다. 만약 반환 주소로 동작해야 할 명령어가 이런 식으로 동작하면, 원치 않는 결과가 생길 수 있다. 명령어는 메모리에서 실행 순서대로 나란히 놓이지 않는다. Go 코드에서 모든 `return` 문이 사라진다고 상상한다면, 왜 CPU가 반환 주소(return address)를 파악하고 있어야 하는지 가늠이 될 것이다. 한편, 콜 스택(call stack)은 함수 실행과 관련된 데이터, 다시 말해 함수 지역(local) 데이터를 저장할 때도 도움을 준다. 즉, 함수 호출 인수(arguments)나 함수 안에서만 사용되는 지역 변수(local variables)를 저장하는 데 도움이 된다.

이론적으로 반환 주소, 호출 인수, 지역 변수에 접근할 수 있는 적당한 메모리 위치이기만 하다면, 어디든 저장해도 괜찮아 보인다. 그러나 앞서 언급한 대로 스택이 이런 일을 처리하기에 가장 완벽한데, 함수 호출은 중첩해서 일어날 수 있기 때문이다. 함수에 진입하면, 앞서 말한 데이터가 스택에 쌓이게 된다. 그리고 현재 함수를 실행하는 동안, 바깥쪽 호출 함수에 속한 지역 데이터(local data)에는 접근할 필요가 없다. 말하자면 스택 윗부분에만 접근할 수 있으면 충분하다. 그리고 현재 함수가 반환되면 지역 데이터를 스택에서 뺀다(pop). 더는 쓸모가 없기 때문이다. 이제 바깥쪽 함수가 스택 가장 위(top)에 있게 되고 그 함수에 속한 지역 변수에 접근할 수 있게 된다.

이런 이유로 콜 스택(call stack)이 필요하며, 콜 스택을 스택(stack)으로 구현한 이유이기도 하다. 그럼 이제 마지막 질문은 왜 스택이라는 악명 높은 이름을 갖게 되었을까? 왜 그냥 스택도 아니고 하필 콜 스택일까?[15] 그것은 메모리에서 해당 영역을 콜 스택으로 구현하는 것이 관습처럼 너무도 견고하게 널리 퍼져 있는 규칙이 되었고, 나아가 하드웨어도 이것을 채택했기 때문이다. 어떤 CPU는 순수하게 스택에 데이터를 넣고 빼는(pushing and popping) 명령어만 별도로 지원한다. 이런 머신에서 구동되는 프로그램은 '콜 스택을 위해 준비된 메모리 영역을, 이런 메커니즘을 위한 스택'으로 사용한다. 별다른 방법이 없다. 이것이 단순히 스택이 아니라 콜 스택(call stack)인 이유이다.

한편 콜 스택은 그저 추상적인 개념일 뿐이라는 것을 명심하자. 특정 메모리 영역에 귀속된 특정한 구현체가 아니다. 콜 스택을 다른 메모리 영역에 구현할 수도 있다. 대신 이 경우 하드웨어나 운영체제의 도움을 받을 수 없다. 사실 지금부터 만들어볼 구현체가 이런 방식으로 만들어진다. 우리가 만들 콜 스택은 가상 콜 스택(virtual call stack)이다. 한편 만들기 전에 물리적(physical) 개념에서 가상적(virtual) 개념으로 전환해야 하며, 빈틈없는 준비를 위해 개념을 하나만 더 익히고 시작하자.

15 (옮긴이) 원문에서는 그냥 스택과 콜 스택을 a stack과 the stack으로 구분해서 표현한다.

이제 여러분은 콜 스택이 어떻게 동작하는지 알고 있으며, 프로그램을 실행하려면 CPU가 해당 메모리 영역에 얼마나 많이 접근해야 하는지도 머릿속에 그릴 수 있게 됐다. 물론 아주 많이 접근한다. 바꿔 말하면 프로그램의 실행 속도는 CPU가 메모리에 접근하는 속도에 따라 제한된다. 그리고 CPU는 우리가 눈 깜짝할 새에 수백만 번 메인 메모리에 접근할 수 있을 만큼 빠르지만, 그렇다고 해서 즉각적인 것은 아니며 메모리 접근은 꽤 비용이 많이 드는 일이다.

따라서 컴퓨터는 데이터를 저장할 또 다른 공간을 갖는다. 바로 '레지스터(register)'이다. 레지스터는 CPU 요소이고, 레지스터에 접근하는 게 메모리에 접근하는 것보다 훨씬 빠르다. 이쯤 되면 자연스럽게 떠오르는 질문이 있다. "그냥 레지스터에 다 저장해버리면 안 되나요?" 안타깝지만 그럴 수 없다. 왜냐하면 레지스터는 수가 적고 메인 메모리만큼 많은 데이터를 담지도 못하기 때문이다. 보통 레지스터는 레지스터 하나에 워드(word) 하나만 담는다. x86-64 아키텍처 CPU는 일반 목적(general purpose) 레지스터를 16개를 가지며, 각각의 레지스터는 데이터를 64비트만큼만 저장할 수 있다.

레지스터는 작지만 자주 접근하는 데이터를 저장하는 데 사용한다. 예를 들면, 콜 스택 최상단(top)을 가리키는 메모리 주소는 보통 레지스터에 저장한다. 사실 보통이라고 말하기 힘들 정도로 많이 레지스터에 저장한다. 이는 대단히 보편적이어서 많은 CPU가 '스택 포인터(stack pointer)'라 부르는 (스택 최상단의 주소를 가리키는) 포인터를 저장할 지정 레지스터를 하나 갖는다. 피연산자와 특정 CPU 명령어 여럿을 실행한 결과 역시 레지스터에 저장할 수 있다. 만약 CPU가 숫자 두 개를 더해야 한다면, 두 숫자 모두 레지스터에 저장되고, 더한 결과 역시 레지스터에 저장된다. 레지스터를 또 다른 형태로 사용할 수도 있다. 예를 들면, 프로그램이 아주 빈번하게 큰 데이터에 접근해야 한다면, 그 데이터가 갖는 메모리 주소를 레지스터에 저장해 CPU가 빨리 접근하도록 하는 게 합리적이다. 여기서 우리가 알아야 하는 개념은 '스택 포인터

(stack pointer)'이다. 조만간 다시 다루게 될 예정이니 머릿속 어딘가에 넣어두도록 하자.

심호흡하고 등을 벽에 기대어 잠시 쉬길 바란다. 왜냐하면, 모든 준비가 끝났기 때문이다. 여러분은 레지스터가 무엇이고, 스택 포인터가 무엇인지 알았으니, 실제 기계의 작동 방식에 필요한 모든 내용을 알게 되었다. 이제 추상 세계로 들어갈 때가 됐다. 물리 세계에서 가상 세계로 넘어가자.

가상 머신이란 무엇일까?

단도직입적으로 말하자면, '가상 머신은 소프트웨어로 만든 컴퓨터'이다. 컴퓨터가 동작하는 방식을 흉내 낸 소프트웨어 개체(software entity)이다. '소프트웨어 개체'라는 말은 그리 친절하지 않은 말이라는 것을 안다. 그러나 나는 소프트웨어 개체라는 말을 일부러 사용했다. "무엇이든 가상 머신이 될 수 있다"라는 점을 강조하기 위해서다. 함수, 구조체, 객체, 모듈, 심지어 프로그램 전체가 가상 머신일 수도 있다. 따라서 가상 머신이 무엇인지보다 가상 머신이 어떤 일을 하는지가 더 중요하다.

가상 머신은 실행 루프를 가지며, 컴퓨터처럼 인출-복호화-실행 주기로 반복된다. 프로그램 카운터를 가지며, 명령어를 인출하고 복호화하고 실행한다. 실제 컴퓨터와 마찬가지로 스택도 갖고 있다. 콜 스택을 갖기도 하고, 레지스터까지 가질 수 있다. 이 모든 것을 소프트웨어로 만든다.

말한 대로 코드로 옮겨보겠다. 아래는 JavaScript로 만든 50줄짜리 가상 머신이다.

```
let virtualMachine = function(program) {
  let programCounter = 0;
  let stack = [];
  let stackPointer = 0;

  while (programCounter < program.length) {
```

```
    let currentInstruction = program[programCounter];

    switch (currentInstruction) {
      case PUSH:
        stack[stackPointer] = program[programCounter+1];
        stackPointer++;
        programCounter++;
        break;

      case ADD:
        right = stack[stackPointer-1]
        stackPointer--;
        left = stack[stackPointer-1]
        stackPointer--;

        stack[stackPointer] = left + right;
        stackPointer++;
        break;

      case MINUS:
        right = stack[stackPointer-1]
        stackPointer--;
        left = stack[stackPointer-1]
        stackPointer--;

        stack[stackPointer] = left - right;
        stackPointer++;
        break;
    }

    programCounter++;
  }

  console.log("stacktop: ", stack[stackPointer-1]);
}
```

짧은 코드임에도 programCounter, stack, stackPointer를 모두 볼 수 있다. 실행 루프는 프로그램에 명령어가 남아 있는 한 계속 명령어를 실행한다. programCounter가 가리키는 명령어를 인출(fetch)해서 복호화(decode)하고 실행(execute)한다. 루프 한 번이 가상 머신의 한 '주기(cycle)'와 같다.

위 가상 머신이 사용할 프로그램을 만들어보자. 그리고 실행해보자.

```
let program = [
  PUSH, 3,
  PUSH, 4,
  ADD,
  PUSH, 5,
  MINUS
];

virtualMachine(program);
```

여러분은 위 명령어로 부호화(encoding)된 표현식을 알 수 있겠는가? 답은 아래와 같다.

```
(3 + 4) - 5
```

곧 할 수 있게 될 테니 알아채지 못해도 상관없다. 스택으로 산술 연산을 하는 방법에 익숙해지면, program에 담긴 내용을 어렵지 않게 이해하게 된다.

1. 3과 4를 PUSH한다.
2. 스택 가장 위에 있는 숫자 둘을 꺼내서 ADD한다.
3. 두 수를 더한 결과를 스택 가장 위에 다시 집어넣는다.
4. 5를 PUSH해서 스택의 가장 위에 올려놓는다.
5. 스택에서 두 번째로 위에 있는 숫자에서 5를 MINUS한다.

virtualMachine 스택 가장 위에 있는 내용이 결과가 되고, 이 결과는 머신이 실행 루프를 종료할 때 출력된다.

```
$ node virtual_machine.js
stacktop:  2
```

비록 아주 단순한 작업이지만 실제로 동작하는 가상 머신이다. 물론 위에서 보여준 코드는 수많은 가상 머신 구현체가 할 수 있는 작업과 모습을 보여주기에는 다소 무리가 있는 예제이다. 여러분은 가상 머신을 위 코드처럼 단 50줄짜리로 작성할 수도 있지만, 5만 줄 혹은 그 이상의 코드로도 작성할 수 있다. 그리고 그 정도의 가상 머신을 만들려면 기능과 성능을 고려한 수많은 선택과 마주해야 한다.

설계 고려사항에서 아주 중요한 선택지가 있다. 가상 머신을 '스택 머신(stack machine)'으로 만들지 '레지스터 머신(register machine)'으로 만들지 결정하는 일이다. 여러 가상 머신이 앞서 말한 두 그룹으로 구분될 만큼 중요한 아키텍처 결정 사항이다. 마치 프로그래밍 언어가 컴파일 언어(compiled)와 인터프리터 언어(interpreted)로 구분되는 것과 비슷하다. 단순하게 표현한다면, 계산할 때 (앞서 본 예제처럼) 스택을 사용한다면 스택 머신이고, (가상) 레지스터를 사용한다면 레지스터 머신이라고 한다. 어떤 아키텍처가 더 좋은지, 다시 말해 더 빠른지는 여전히 의견이 분분하다 왜냐하면 어떤 것을 선택하느냐는 구현 요구 사항에 따라 상충 관계(trade-off)를 저울질하는 일이며, 만들려는 가상 머신에 따라서도 다르기 때문이다.

스택 머신과 연동되는 컴파일러는 비교적 만들기 쉽다고 한다. 스택 머신은 필요로 하는 구성 요소도 적은 편이고, 실행 명령어도 아주 단순하다. 왜냐하면 콜 스택만을 사용하기 때문이다. 한편 아주 많은 명령어를 실행해야 한다는 게 문제가 된다. 왜냐하면 무슨 일을 하든지 전부 스택에 넣었다 빼는 일을 반복하기 때문이다. 그러므로 성능을 최적화할 때의 불문율인 "더 빨리하려고 하지 말고, 더 적게 하려고 해라"라는 말을 지키기 어려워진다.

레지스터 머신을 만드는 데는 수고가 훨씬 많이 든다. 왜냐하면 레지스터 머신에는 스택도 있으면서 레지스터를 추가로 구현해야 하기 때문이다. 스택 머신처럼 스택을 주요하게 사용하지는 않지만, 레지스터 머신을 만들 때도 콜 스택을 구현해야 한다. 레지스터 머신이 갖는 장점은 레지스터 머신 명령어가 레지스터를 활용할 수 있어, 스택 머신 명령어에 비해 밀도가 훨씬 높다는 점이다. 스택에 명령어를 올려놓고 올바른 순서로 넣었다 빼는 대신, 레지스터 머신 명령어는 레지스터에 직접 접근한다. 일반적으로 레지스터 머신 프로그램은 스택 머신에 있는 프로그램보다 명령어 수가 적다. 따라서 레지스터 머신이 더 빠른 성능을 갖게 된다. 그러나 그런 밀도 높은 명령어를 생성할 컴파일러를 만드는 일은 더욱 어려워진다. 결국 구현 난이도와 성능이라는 상충 관계를 논해야 한다.

이런 주요 아키텍처를 결정하는 선택과는 별개로 가상 머신을 만들 때 결정해야 할 수많은 선택지가 있다. 가령 메모리를 어떻게 사용할지, 값을 내부적으로 어떻게 표현할지(평가기가 사용할 Monkey 객체 시스템을 만들 때 이미 다룬 바 있다)와 같은 결정을 내려야 한다. 얼핏 쉬워 보이는 주제라도 조금만 깊이 들어가면 얽히고설킨 미로와 같아 복잡해지기 십상이다. 그러니 하나를 정해 파고들어 보자.

위 예제에서 `switch` 문은 실행 루프 안에서 '디스패칭(dispatching)'을 담당한다. 가상 머신에서 '디스패칭'이란 명령어를 실행하기 전에 해당 명령어 구현체를 찾는 작업을 말한다. `switch` 문에서 명령어 구현체는 각각의 `case`가 된다. `MINUS case`는 두 값으로 뺄셈을 하고, `ADD case`는 두 값으로 덧셈을 한다. 이렇게 명령어를 처리할 구현체를 찾아내는 작업을 디스패칭이라고 한다. 물론 여기서는 `switch` 문이 유일하고 뚜렷한 선택지처럼 보이지만 사실 디스패칭이라고 보기는 어렵다.

`switch` 문은 미로의 시작일 뿐이다. 성능을 최대한 끌어올리고 싶다면, 미로 안의 모든 길을 들어가 봐야 한다. 어떤 미로의 이름은 '점프 테이블(jump tables)'[16]이고, 그 밖에도 '계산형 GOTO 문(computed GOTO statements)'[17], '간접/직접 스레드 코드(indirect/direct threaded code)'[18] 등이 있다. 위와 같이 `switch` 문에 많은 수의 `case`(수백 개 이

16 점프 테이블(jump table): 분기 테이블(branch table)이라고도 하며, 프로그램의 제어를 프로그램의 다른 부분(혹은 동적으로 로드된 다른 프로그램)으로 점프 명령어 테이블을 이용해서 이전하는 기법이다. 이는 다방향 분기(multiway branch)의 형태로 만들어진다. 분기 테이블 구조는 어셈블리어 프로그래밍에서 자주 사용되지만, 특히 분깃값이 밀도 높게 압축된 값으로 이루어진 최적화된 switch 문을 구현할 때는 컴파일러에 의해 만들어질 때도 있다(참고1 *https://github.com/Shopify/go-lua/blob/88a6f168eee0ba102d7d20c5281056a5dd3d7550/vm.go#L306*, 참고2 *https://en.wikipedia.org/wiki/Branch_table*).

17 계산형 GOTO 문(computed GOTO statements): 레이블의 주소값을 `void *` 타입으로 저장해두고 변수 표현식 값으로 `goto`를 호출하는 방식(참고 *https://eli.thegreenplace.net/2012/07/12/computed-goto-for-efficient-dispatch-tables*).

18 스레드 코드(threaded code): 원래는 가상 머신 인터프리터를 구한하기 위한 기법이었다. 그러나 근래에 들어서 Forth 프로그래밍 언어 커뮤니티에서는 Forth 언어 가상 머신을 구현하기 위한 거의 모든 기법에 스레딩(threading)이라는 단어를 사용한다(참고 *https://www.complang.tuwien.ac.at/forth/threaded-code.html*).

상)를 작성해서 처리하는 방법은 아마도 가장 느린 방법일 것이다. 이런 방법들이 지향하는 바는 성능 관점에서 디스패칭 오버헤드를 최대한으로 줄여, 인출-복호화-실행 주기에서 인출-복호화 과정을 아예 사라지게 만드는 것이다. `switch` 문 예제는 미로가 얼마나 깊은지 맛보기만 보여주었을 뿐이다.

가상 머신이 무엇이고 어떻게 만들어야 할지 간략히 훑어보았다. 몇몇 상세한 내용을 빠뜨렸다고 걱정할 필요 없다. 어차피 우리는 직접 새로 만들려 하니까 말이다. 수많은 주제와 아이디어를 다시 다뤄볼 것이다.

왜 만들어야 하는가?

방금 살펴본 내용을 객관적으로 바라보자. 왜 우리는 프로그래밍 언어가 사용할 가상 머신을 만들어야 할까? 나는 이 질문에 대한 답을 아주 오랫동안 고민했다. 작은 가상 머신을 몇 개 만들어보고, 훨씬 더 큰 구현체의 소스코드를 전부 읽은 뒤에도 여전히 고민했다. 왜 직접 만들어야 할까?

누구나 프로그래밍 언어를 만들 때, 자신이 만든 프로그래밍 언어가 범용적(universal)이기를 바란다. 프로그래밍 언어는 가능한 모든 프로그램을 실행할 수 있어야 한다. 우리가 만든 함수 몇 개를 실행하는 정도로는 부족하다. 우리는 범용 계산(Universal computation)이란 개념을 구현해볼 텐데, 컴퓨터는 이를 위한 견고한 모델을 제공한다. 만약 우리가 이 모델에 기반해 프로그래밍 언어를 만든다면, 컴퓨터가 가진 계산 능력과 동일한 계산 능력을 갖추게 된다. 그리고 이 방법이 프로그램을 실행하는 가장 빠른 방법이다.

만약 컴퓨터처럼 프로그램을 실행하는 게 가장 빠르고 좋은 방법이라면, 그냥 컴퓨터가 프로그램을 실행하게 하는 것이 낫지 않을까? 그럴 수 없는 이유가 있다. 바로 이식성(portability) 때문이다. 프로그래밍 언어용 컴파일러를 하나 작성해서 그 컴파일러가 번역된 프로그램을 특정 컴퓨터 위에서 그 컴퓨터가 온전히 이해할 수 있는 방식(natively)으로 실행할 수 있게 만든다고 가정해보자. 이 프로그램은 아마도 정말 빠를 것이다. 그러나 이 프로그램을 실행하려는 모든 컴퓨터 아키텍처마다 컴파일러를 새로 만들어야 할 것이다. 이렇게 하려면 정말 많은 작업이 동반된다. 대신에 우리는 프로그램을 번역해서 가상 머신용 명령어로 바꿀 수 있다. 그리고 가상 머신 그 자체는 다양한 아키텍처에서 구현 언어를 구동할 수 있다. 우리가 사용하는 Go 프로그래밍 언어도 꽤 이식성이 좋은 언어이다.

가상 머신으로 프로그래밍 언어를 구현하는 게 좋은 이유가 또 있다. 내가 가장 흥미롭다고 느끼는 특징이기도 하다. 바로 가상 머신은 도메인에 특화된다는 점이다. 이 특징은 가상 머신이 다른 구현체와 크게 다른 점이다. 컴퓨터는 컴퓨터로 처리해야 하는 요구 사항에 범용적인 해결책을 제공하려 한다. 다시 말해 도메인에 특화되어 있지 않다. 범용적인 것은 어쩔 수 없는데, 그게 컴퓨터가 프로그램을 실행할 때 동작하길 바라는 방식이니까 말이다. 그러나 만약 어떤 가상 머신이 범용적일 필요가 없다면 어떨까? 만약 컴퓨터가 가진 기능의 일부만 프로그래머에게 제공해도 된다면 어떨까?

우리는 프로그래머이기에 어떤 기능이든 항상 비용이 수반된다는 점을 알고 있다. 복잡도가 올라가거나 성능이 다소 저하되는 것이 가장 일반적인 비용이다. 오늘날 컴퓨터는 너무나 다양한 기능과 특성의 집합체이다. x86-64 계열 CPU는 명령어를 (어떻게 분류하느냐에 따라) 900에서 4000개 정도 지원한다.[19] 두 피연산자 간 XOR 비트 연산만 하더라도 적어도 6가지 방법으로 연산할 수 있다. 매우 편리할 뿐만 아니라 x86-64 계열 CPU의 가변성(versatility)을 높여준다. 그러나 가변성은 공짜가 아니다. 가변성 역시 다른 특성과 마찬가지로 비용이 든다. 앞의 50줄짜리 가상 머신으로 돌아가서 `switch` 문에 3997개의 `case`가 더 있다고 상상하고 성능에 어떤 영향을 미칠지 곰곰이 생각해보자. 만약 성능이 얼마나 느려질지 잘 모르겠다면, 이런 가상 머신 코드 또는 가상

19 x86은 현대 컴퓨터와 서버에서 사용되는 가장 인기 있는 명령어 집합이다. 이런 점을 미루어 봤을 때, x86 명령어가 얼마나 많은지 궁금한 것은 자연스러운 일일 것이다. 그러나 이에 대한 대답은 생각만큼 간단하지 않다(참고 〈x86-64 명령어는 얼마나 많을까?(How Many x86-64 Instructions Are There Anyway?)〉, *https://stefanheule.com/blog/how-many-x86-64-instructions-are-there-anyway/*).

머신이 사용하는 프로그램을 유지보수 하는 일이 얼마나 쉬울지 생각해보자. 다행스럽게도 우리는 비용을 최소화할 수 있다. 쓸모없는 기능을 제거하면 속도를 높일 수 있다. 복잡성을 낮추면, 유지보수할 일도 줄고, 난잡함도 없어진다. 바로 이런 문제를 해결하기 위해 가상 머신을 도입하는 것이다.

가상 머신은 사용자 정의(custom-built) 컴퓨터라고 보면 된다. 사용자가 직접 만든 부분이 있고, 사용자가 정의한 기계어도 갖고 있다. 이 가상 머신은 단일 프로그래밍 언어에 맞게 만들어진다. 모든 불필요한 기능을 없애버리고, 남은 기능은 목적에 맞게 고도로 특수화된다. 일반 목적 컴퓨터처럼 보편적일 필요가 없기 때문에, 목표를 두고 그 목표에 초점을 맞출 수 있게 된다. 여러분은 가상 머신을 고도로 특수화한 사용자 정의 머신을 만드는 데 집중할 수 있게 되고, 구현도 빨라질 것이다. 특수화, 다시 말해 특정 도메인을 특화하는 작업은 불필요한 일을 없애는 일만큼이나 중요하다.

도메인을 특정하는 게 중요한 이유는 가상 머신이 실행하는 명령어를 자세히 보면 더욱 분명해진다. 사실 여태까지 우리는 명령어를 제대로 들여다본 적이 없다. 50줄짜리 가상 머신에 프로그램을 넘겼는지 기억하는가? 다시 아래를 보자.

```
let program = [
  PUSH, 3,
  PUSH, 4,
  ADD,
  PUSH, 5,
  MINUS
];

virtualMachine(program);
```

PUSH, ADD, MINUS는 대체 뭘까? 아래는 각각을 정의하는 코드이다.

```
const PUSH = 'PUSH';
const ADD = 'ADD';
const MINUS = 'MINUS';
```

`PUSH`, `ADD`, `MINUS` 모두 그냥 문자열을 참조하는 상수일 뿐이다. 특별할 게 없다. 실망했는가? 어둠 속에서 비친 한 줄기 빛인 줄 알았건만 그저 장난감 수준의 상수 정의 따위일 뿐이고, 그저 뒤에 나올 가상 머신을 맛보기로 보여주는 목적밖에는 없어서 말이다. 문자열 상수는 우리가 나아갈 방향을 넌지시 알려줄 뿐이다. '가상 머신으로 실행하려는 대상이 정확히 무엇인지' 알아가는 것임을 말이다.

바이트코드

가상 머신은 바이트코드(bytecode)를 실행한다. 컴퓨터가 실행하는 머신 코드와 마찬가지로 바이트코드는 머신이 어떤 일을 해야 하는지 알려주는 명령어로 구성된다. 스택에 넣기(push), 스택에서 빼기(pop), 스택 가장 위에 있는 둘을 더하기(add), 함수 호출하기(call) 같은 명령어를 머신에게 알려준다. 이들을 바이트코드라 부르는 이유는 각 명령어에 담긴 명령코드(opcode)의 크기가 1바이트이기 때문이다.

'명령코드(opcode)'는 명령어에서 '연산자'의 역할을 하며, 때로는 그냥 옵(op)이라고도 불린다. 앞에서 본 `PUSH`를 명령코드라고 보면 된다. 단지 위 예제에서는 1바이트가 아니라 몇 바이트 문자열일 뿐이다 제대로 구현한다면, `PUSH`라는 이름으로 그에 대응하는 1바이트 명령코드를 참조하게 만들 것이다. `PUSH`, `POP`, `ADD` 같이 명령코드로 연결해주는 이름을 '니모닉(mnemonics)'이라고 한다. 니모닉은 프로그래머가 명령코드를 쉽게 기억하고 대상화할 수 있게 해준다.

명령코드에 대한 (인수 혹은 파라미터라고도 하는) '피연산자(operands)' 역시 바이트코드 안에 포함된다. 바이트코드끼리는 나란히 놓이고, 바이트코드 안에서 피연산자는 명령코드 뒤에 따라 나온다. 한편, 피연산자는 반드시 1바이트 너비일 필요는 없다. 예를 들어 피연산자가 정수이고 255보다 크다면, 255보다 큰 수를 표현하기 위해 1바이트 이상이 필요할 수밖에 없다. 일부 명령코드는 피연산자를 여러 개 가질 수도 있고, 하나만 가질 수도 있고 아예 없을 수도 있다. 바이트코드가 레지스터 머신용인지, 혹은 스택 머신용인지에 따라 명령코드가 피연산자를 다루는 방식도 크게 달라진다.

바이트코드를 메모리에 순서대로 나열된 명령코드와 피연산자로 보아도 된다. [그림 1-5]처럼 말이다.

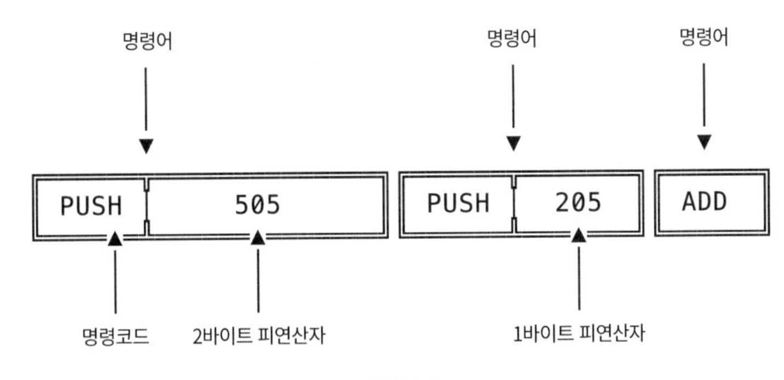

그림 1-5

[그림 1-5]가 일반적인 바이트코드를 머릿속에 그려내는 데에는 도움이 될지 모르지만, 바이트코드는 이진 형식(binary format)으로 되어 있어 사실상 읽는 게 불가능하다. 다시 말해 텍스트 파일 읽듯이 할 수 없다는 뜻이다. PUSH 같은 니모닉은, 니모닉이 참조하는 명령코드로 대체된다. 따라서 그냥 숫자, 즉 바이트값으로 나타난다. 구체적 숫자는 바이트코드를 정의한 사람에게 달려 있다. 예를 들면, PUSH 니모닉은 숫자 0, POP은 23으로 정의할 수 있다.

피연산자 역시 부호화되며, 변환할 값이 얼마나 큰 바이트를 가지느냐에 따라 달라진다. 피연산자가 다중 바이트로 정확하게 표현되어야 한다면, 부호화 순서가 매우 중요하다. 피연산자 부호화 순서를 나타내는 용어가 있다. '리틀 엔디안(little endian)'과 '빅 엔디안(big endian)'이다. 리틀 엔디안은 데이터에서 최하위 바이트(least significant byte, LSB)가 첫 번째 오도록 부호화하고, 저장할 때는 메모리의 가장 낮은 주소에 저장하는 방식을 말한다. 빅 엔디안은 정반대라고 생각하면 된다. 최상위 바이트(most significant byte, MSB)를 첫 번째로 처리한다.

만약 우리가 바이트코드 설계자로서 PUSH는 1, ADD는 2를 참조하도록 선언했고, 정수를 빅 엔디안으로 저장하도록 정했다면, 위 예제를 메모리상에 표현했을 때 [그림 1-6]처럼 구성될 것이다.

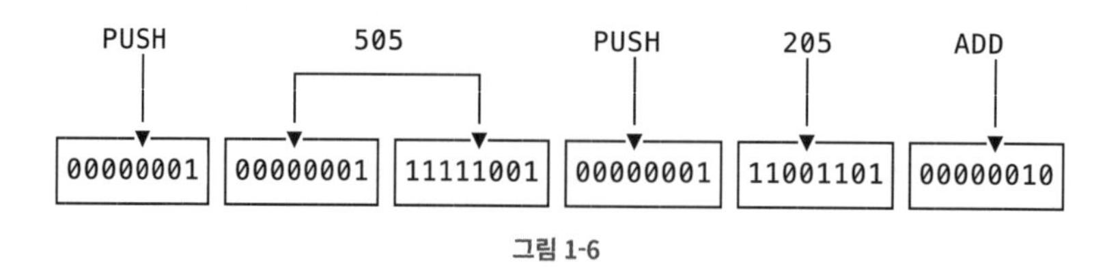

그림 1-6

[그림 1-6]에서, 바이트코드를 사람이 읽을 수 있게 표현했고, 각각의 바이트코드를 다시 이진 형태로 바꿔서 나타냈다. 그리고 위와 같은 일을 하는 프로그램을 어셈블러(assemblers)라고 부른다. 아마 가상 머신 얘기가 아닌 다른 주제에서 어셈블러에 대해 들어본 적이 있을 것이다. 여기서도 동일한 작업을 한다. 어셈블리어(assembly language)는 바이트코드를 읽을 수 있게 표현한 언어이다. 어셈블리어는 니모닉과 가독성을 가진 피연산자로 구성된다. 그리고 어셈블러가 이들을 이진 바이트코드로 변환한다. 역으로 이진 형식을 사람이 읽을 수 있는 형태로 바꾸는 프로그램이 있는데, 이런 프로그램을 디스어셈블러(disassemblers)라고 한다.

바이트코드를 순수하게 기술적인 관점에서 충분히 다룬 것 같다. 지금부터는 조금만 더 파고들어도 불필요하게 상세한 내용으로 이어지므로, 이 정도에서 멈추기로 하자. 바이트코드가 갖는 형식은 아주 다양하고 대단히 특화되어 있어서 일반적인 정의를 내리기 어렵다. 가상 머신이 특화되는 것처럼, 바이트코드 역시 특정한 목표를 염두에 두고 만들어진다.

바이트코드는 도메인이 특화된 머신(domain-specific machine)에 맞게 설계된 도메인 특화 언어(domain-specific language)이다. 사용자 정의 가상 머신에 맞게 설계된 맞춤형 기계어라는 뜻이다. 그렇기 때문에 강력하다. 범용성과 다양한 유스케이스(use case)[20]를 아우르지 않고 바이트코드를 특화하는 것이다. 바이트코드로 컴파일될 소스 언어에서

20 (옮긴이) 유스케이스(use case)는 주로 두 가지 의미로 사용된다. 첫째로는 소프트웨어의 일부를 사용하는 시나리오라는 뜻이 있다. 둘째로는 시스템이 외부 요청(예를 들면 사용자 입력)을 받아서 그 요청에 답하는 잠재적 시나리오를 뜻한다.

필요한 기능만 지원하면 된다는 뜻이다.

더욱이 명령어를 필요한 만큼 지원하는 대신에, 도메인 특화 명령어를 사용할 수 있다. 도메인 특화 명령어는 해당 명령어를 처리할 수 있는 도메인 특화 가상 머신에서만 동작한다. 도메인 특화 명령어에 대한 자바 가상 머신(Java Virtual machine) 바이트코드를 예로 들면 아래와 같다.

- `invokeinterface`: 인터페이스 메서드를 호출
- `getstatic`: 클래스의 `static` 코드를 읽어옴
- `new`: 특정 클래스로 새 객체를 만듦

루비 바이트코드의 특화 명령어는 다음과 같다.

- `putself`: `self`를 스택에 올림
- `send`: 메시지를 객체에 보냄
- `putobject`: 객체를 스택에 올림

루아(Lua) 바이트코드에는 테이블(tables)과 튜플(tuples)을 조작하고 접근하는 데 쓰이는 전용 명령어도 있다. 이런 명령어들은 모두 x86-64 CPU 아키텍처에서 사용하는 일반 목적 명령어가 아니다.

애초에 가상 머신을 만드는 이유가 사용자 정의 바이트코드 형식을 사용하면 도메인에 특화되도록 만들 수 있기 때문이다. 컴파일이나 유지보수, 디버깅이 더 쉬워질 뿐만 아니라, 뭔가를 표현할 때 명령어를 더 적게 사용하기 때문에 결과로 만들어지는 명령어를 더 밀도 높게 구성할 수 있다. 따라서 코드를 더 빠르게 실행할 수 있다.

만약, 지금껏 이야기한 사용자 정의 가상 머신, 맞춤 제작된 머신 코드, 한땀 한땀 만든 컴파일러 등이 여러분의 지적 욕구를 자극하지 못했다면, 등 돌리고 떠날 수 있는 마지막 기회이다. 이제부터는 본격적으로 컴파일러를 만들기 때문이다.

앞으로 나아갈 방향, 가상 머신과 컴파일러의 쌍대성[21]

가상 머신과 이것과 연동할 컴파일러를 만들 때 어떤 것을 먼저 만들어야 할까? 컴파일러를 먼저 만든다면, 아직 존재하지 않는 가상 머신을 위해 바이트코드를 만들어내야 한다. 가상 머신을 먼저 만든다면, 가상 머신이 사용할 코드를 만들 주체가 없다.

이 책에서 우리는 둘을 동시에 만들어볼 것이다.

무엇을 먼저 만들든지, 어느 한쪽을 먼저 다 만드는 방법은 생각보다 뜻대로 되지 않아 답답할 것이다. 지금 무엇을 하며, 무슨 목적을 가지고 작업하고 있는지 이해하기가 어렵다. 만약 컴파일러와 컴파일러가 사용할 바이트코드를 먼저 만든다면, 가상 머신이 나중에 바이트코드를 어떻게 실행할지 모르는 상태에서는 왜 그렇게 만들어야 하는지 이해하기 어렵다는 뜻이다. 가상 머신을 먼저 만든다 해도 어렵기는 마찬가지다. 왜냐하면 바이트코드를 먼저 정의해야 하기 때문이다. 바이트코드로 표현하려는 소스 언어 구조체를 유심히 들여다보지 않고 바이트코드를 정의하기란 정말 어렵다. 즉, 컴파일러가 만들어낼 결과를 하나씩 검사해야 한다는 뜻이다.

물론, 어떤 독자는 컴파일러나 가상 머신을 이미 만들어봤을 수 있다. 그렇다면, 뭘 해야 할지 잘 알 것이고 따라서 선택은 자유다. 그렇지 않은 독자라면, 둘 다 바닥부터 만들어가는 방법으로 공부한다는 게 이 책의 목표다.

그러므로, 작게 시작해보자. 몇 안 되는 명령어만 사용하는 가상 머신과 몇 안 되는 명령어만 처리하는 컴파일러를 만들어보자. 이 둘을 만들고 나면, 왜(why) 만들어야 하는지, 무엇(what)을 만들고 있는지, 여러 퍼즐 조각들이 어떻게(how) 맞추어지는지를 즉시 알게 된다. 또한 책의 초반부부터 구동할 시스템을 갖추게 된다. 이 시스템 덕분에 피드백

21 여기서 쌍대성(duality)은 원문에서 사용한 'duality'라는 단어를 강조하기 위함이지, 수학에서 말하는 쌍대성(duality)과는 아무런 관계가 없다. 그저 컴파일러와 가상 머신을 같이(dual) 만들어간다는 의미를 강조하기 위해 쓰였다.

의 주기도 더 짧아지게 되는데, 조금씩 조정하고 실험하면서 가상 머신과 컴파일러를 만들어가게 될 것이다. 그리고 이 과정은 컴파일러를 만들어가는 우리의 여정을 즐겁게 할 것이다.

이제 여러분 모두 계획을 잘 이해했으리라 생각한다. 또한 방향을 잃어버리지 않을 만큼 충분한 지식도 갖추었다. 그럼, 이제 시작해보자.

2장

Writing A Compiler In Go

Hello Bytecode!

이번 장에서 우리의 목표는 아래 Monkey 표현식을 컴파일해서 실행하는 것이다.

```
1 + 2
```

목표치가 그리 높아 보이지 않지만, 목표에 도달하려면 새로 익혀야 할 것이 제법 많다. 그리고 앞으로 사용할 인프라도 많이 구축해야 한다. `1 + 2` 같은 단순한 표현식을 고른 이유는 Monkey 코드가 어떻게 동작하는지로 시선이 분산되지 않게 하기 위해서이다. 그래야 컴파일러와 가상 머신에 집중할 수 있다.

이번 장이 끝날 때쯤, 아래 나열한 동작을 할 수 있게 된다.

- Monkey 표현식 `1 + 2`를 입력으로 받는다.
- 기존 `lexer`, `token`, `parser` 패키지를 활용해서 표현식 `1 + 2`를 토큰화하고 파싱한다.
- `ast` 패키지에 정의된 여러 노드를 활용해서, 결과 AST를 입력으로 받는다.
- AST를 새로 만든 컴파일러에 넘긴다. 컴파일러는 AST를 바이트코드로 컴파일한다.

- 바이트코드를 받아서 새로 만들 가상 머신에 넘긴다. 가상 머신은 바이트코드를 실행한다.
- 가상 머신이 실행한 결과가 3인지 확인한다.

표현식 1 + 2는 [그림 2-1]과 같이 새로운 인터프리터가 가진 주요 구성요소를 모두 순회하게 된다.

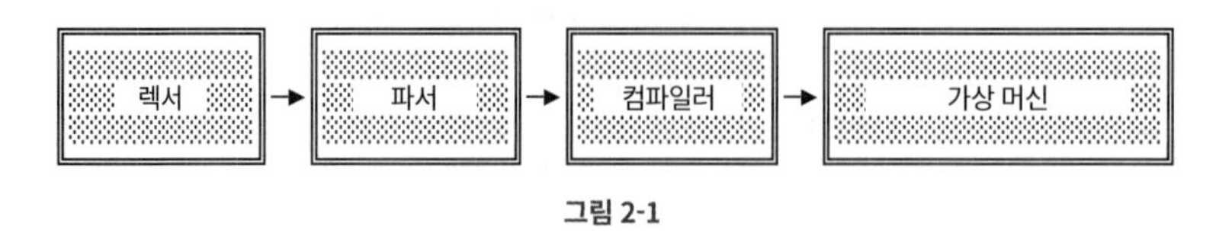

그림 2-1

자료구조 측면에서, 3이라는 결과에 도달하기까지 거쳐야 할 변환 단계가 제법 있다. [그림 2-2]를 보자.

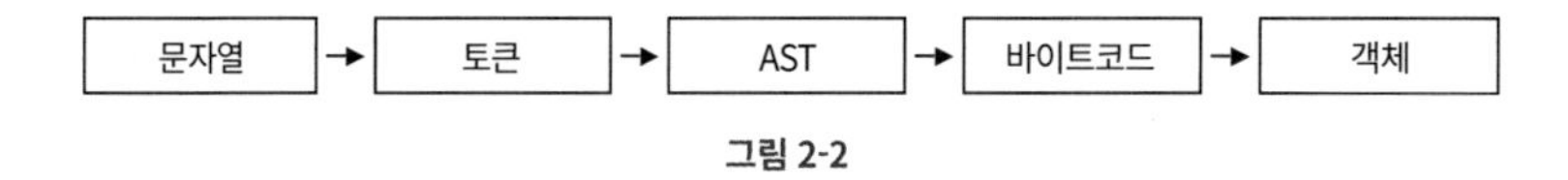

그림 2-2

《인터프리터 in Go》에서 만들어둔 패키지를 적극적으로 활용하면 되므로, AST 단계까지는 처리할 수 있다. 바이트코드부터는 미지의 영역이다. 우리는 바이트코드 명령어를 정의해야 하고, 컴파일러를 만들어야 하며, 가상 머신도 만들어야 한다. 그저 1 + 2를 3으로 바꿀 뿐인데 말이다. 좀 버겁게 느껴질 수 있지만, 걱정할 것 없다. 단계별로 차근차근 바닥부터 쌓아 올릴 테니 말이다.

그럼 바이트코드(bytecode)부터 만들어보자.

첫 번째 명령어

지난 장에서 언급한 대로, 가상 머신 아키텍처는 바이트코드가 가질 모습에 가장 영향을 크게 미치는 요소이다. 다시 말해 바이트코드를 구체화하기에 앞서, 우리가 만들 가상 머신을 어떤 유형으로 만들 것인지 결정해야 한다.

거두절미하고 우리는 '스택 머신(stack machine)'을 만들려 한다. 왜 스택 머신으로 만들어야 할까? 스택 머신이 레지스터 머신(register machine)보다는 초심자가 이해하기 쉽고, 만들기도 쉽기 때문이다. 알아야 할 개념도 더 적고, 만들어야 할 구성요소 수도 더 적다. 그리고 성능을 고려했을 때, 그러니까 '레지스터 머신이 스택 머신보다 더 빠른지'는 우리에게 크게 중요하지 않다. 우리에게는 배우고 이해하는 것이 최우선 과제이다.

스택 머신으로 만든다는 결정이 갖는 의미는 뒤에서 더 자세히 다루겠지만, 알기 쉽게 말하자면 스택 연산(stack arithmetic)을 하기 위해서다. 즉, 앞서 말한 우리의 목표대로, 표현식 1 + 2를 컴파일하고 실행하려면 1 + 2를 스택을 사용하는 바이트코드 명령어로 번역해야 한다. 스택 머신은 스택에서 모든 작업을 수행한다. 숫자 둘을 더하는 작업조차 스택 없이는 불가능하다.

고맙게도, 우리는 앞에서 비슷한 예제를 본 적이 있고, 스택으로 산술연산을 하는 방법을 잘 알고 있다. 먼저 피연산자 1과 2를 스택에서 가져온 뒤에 가상 머신에게 "둘을 더해!"라고 명령한다. 여기서 "둘을 더해!"라는 명령어는 가상 머신이 다음과 같이 행동하도록 만든다. 스택의 가장 위에 있는 요소 둘을 가져온다. 두 요소를 더한다. 더한 결과를 스택에 다시 넣는다. [그림 2-3]은 명령어가 실행되기 전의 스택과 실행된 후의 스택을 보여준다.

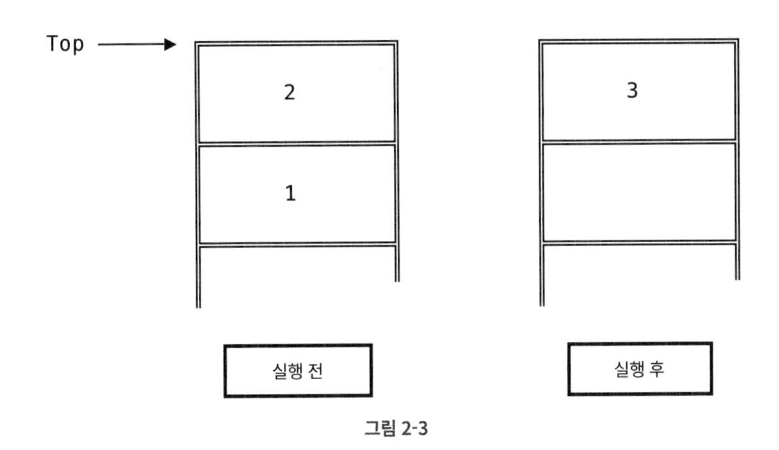

그림 2-3

따라서 위 동작을 완전히 구현하려면 가상 머신에게 아래와 같이 말해주어야 한다.

- 1을 스택에 넣는다(push)
- 2를 스택에 넣는다(push)
- 스택에서 가장 위에 있는 요소 둘을 더한다(add)

필요한 명령어는 셋이다. 그러나 우리는 프로그래머이기에 명령어 타입은 두 개면 충분하다는 것을 알고 있다. 2를 스택에 넣는 행위와 1을 스택에 넣는 행위는 '인수(argument)'를 제외하고는 모두 같기 때문이다. 따라서, 다음과 같은 명령어 타입, 총 두 개가 필요하다. 스택에 넣는(push) 명령어, 이미 스택에 들어가 있는 것을 더하는(add) 명령어다.

우리는 두 명령어 모두 같은 방식으로 구현하려 한다. 먼저 명령코드(opcode)와 바이트코드의 부호화(encode) 방식을 정의한다. 그리고 나서 컴파일러를 확장해 명령어를 만들어내게 한다. 컴파일러가 명령어를 만들 수 있게 되면, 명령어를 복호화(decode)해 실행할 가상 머신을 만들 것이다. 그럼 이제, 가상 머신에게 스택에 뭔가를 넣도록(push) 알려주는 명령어부터 작성해보자.

시작은 바이트(Bytes)에서

본격적으로 시작해보자. 첫 번째 바이트코드 명령어를 정의해보자. 어떻게 정의해야 할까? 프로그래밍에서 무언가를 정의한다는 것은 컴퓨터에게 우리가 알고 있는 바를 알려주는 것 이외에 다른 의미는 없다. 그러면 어디 한번 스스로에게 질문해보자. 우리는 바이트코드를 얼마나 이해하고 있는가?

우리는 바이트코드가 명령어로 되어 있다는 것을 알고 있다. 그리고 명령어는 바이트 열(a series of bytes)이고, 명령어 하나는 명령코드 하나와 피연산자를 0개 이상 가진다. 명령코드 하나가 갖는 크기는 정확히 1바이트이다. 또한 각각의 명령코드는 불특정 고윳값을 갖는다. 그리고 명령코드는 명령어 바이트 열에서 첫 번째 바이트를 차지한다. 이 정도면 바이트코드가 무엇인지 꽤 많이 알고 있다는 생각이 든다. 코드로 옮기기에 부족함이 없을 것 같다. 그럼 방금 언급한 그대로 코드로 옮겨보자.

사실상 이번 책에서 등장한 최초의 코드이다. code 패키지를 새로 만들어서 Monkey 바이트코드 형식을 정의해보자.

```
// code/code.go

package code

type Instructions []byte

type Opcode byte
```

Instructions는 바이트 슬라이스이고, Opcode는 바이트이다. 앞에서 묘사한 내용과 완벽하게 들어맞는다. 그런데 빠뜨린 정의가 2개 있다.

첫 번째 빠뜨린 정의는 Instruction[1]이다. 왜 Instruction을 byte[]로 정의하지 않았을까? 왜냐하면 Go 타입 시스템에서는 byte[]로 주고받으며 byte[]를 '암묵적'으로 명령어 하나로 처리하는 편이, Instruction 타입으로 부호화하는 방식보다 편리하기 때문이다. 앞으로 byte[]를 자주 사용하게 될 텐데, Instruction 타입을 정의한다면 타입 단정과 타입 캐스팅을 많이 해야 해서 귀찮은 일이 많이 생기게 된다.

두 번째 빠뜨린 정의는 Bytecode이다. 적어도 바이트코드가 명령어로 이루어져 있음을 알려주는 바이트코드 정의가 하나쯤은 있어야 하지 않을까? Bytecode를 정의하지 않은 이유는 code 패키지에 Bytecode를 정의하게 되면, 임포트 사이클(import-cycle)[2] 문제가 생기기 때문이다.

1 (옮긴이) Instructions(복수형)가 아니라 Instruction(단수형)이다. 저자는 Instructions(복수형)는 있는데, Instruction(단수형)은 왜 없는지를 설명하고 있다.
2 (옮긴이) 임포트 사이클(import cycle)은 패키지 간의 순환 참조 문제를 말한다. Go 언어에서는 임포트 사이클(import cycle)을 허용하지 않으며, 프로그래머가 의존성 그래프를 깔끔하게 관리하도록 권장하고 있다(참고 *https://github.com/golang/go/issues/30247 – Rob Pike*).

다른 패키지에서 곧 정의하게 될 테니 조금만 기다려보자. 나중에 컴파일러를 작성할 때가 되면, 컴파일러 패키지에 정의할 예정이다.

그럼 이제 Opcode와 Instructions를 정의했으니, 첫 번째 명령코드를 만들어보자. 우리가 만들 첫 번째 명령코드는 가상 머신이 스택에 뭔가를 넣도록(push) 지시한다. 놀랄 만한 점은 이 명령코드는 'push' 같은 이름을 쓰지 않는다는 것이다. 왜냐하면 이 명령코드는 스택에 뭔가를 넣는 작업만을 위해 사용할 명령코드가 아니기 때문이다. 조금 더 설명해보겠다.

앞에서 Monkey 표현식 1 + 2를 컴파일할 때, 서로 다른 명령어 세 개를 생성해야 한다고 말한 적이 있다. 명령어 두 개는 가상 머신이 1과 2를 스택에 넣는 명령어였다. 이때 직관적으로 'push' 같은 명령어를 정의하고, 피연산자로 정수를 갖도록 만들고자 했다. 이것은 명령어가 가상 머신으로 하여금 정수 피연산자를 받아서 피연산자를 스택에 넣도록(push) 만들려는 생각이었다. 정수에 한해서는 잘 동작할 것이다. 왜냐하면, 정수는 부호화도 쉽고 바이트코드에 바로 넣기도 편하다. 그러나 나중에 우리가 Monkey 코드로 된 다른 것을 이 명령어로 스택에 넣고자 한다면 어떻게 될까? 예를 들어 문자열 리터럴을 넣는다면 어떻게 될까? 물론 문자열 리터럴을 바이트코드에 넣는 게 불가능하지는 않다. 왜냐하면 결국 컴퓨터 안의 모든 것은 바이트로 되어 있으니까. 하지만 이렇게 만들면 쓸데없이 커져 언젠가는 감당할 수 없을 지경에 이른다.

그렇기 때문에 상수(constants) 개념을 활용해야 한다. 여기서 '상수(constant)'라 함은, '상수 표현식(constant expression)'을 말하며 값이 변하지 않는 표현식을 참조한다. 값이 변하지 않기 때문에 상수이며, '컴파일할 때' 값이 결정된다. [그림 2-4]를 보자.

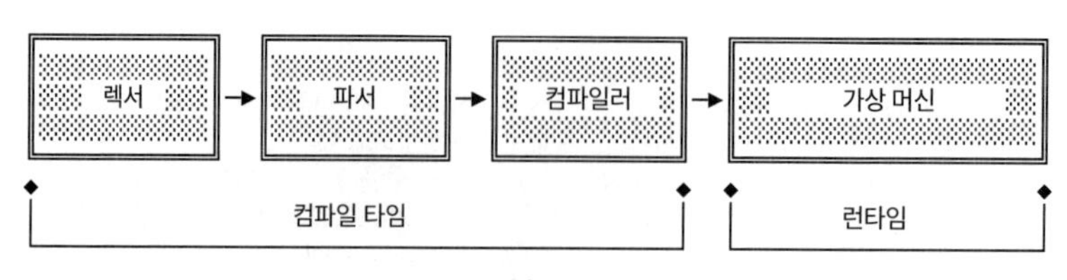

그림 2-4

[그림 2-4]를 보면 표현식의 평가 결과를 알기 위해 프로그램을 실행할 필요가 없다는 것을 알 수 있다. 컴파일러는 평가 결과를 코드에서 알아낼 수 있고, 평가 결괏값을 저장할 수 있다. 그러고 나면 컴파일러는 만들어낸 상수를 명령어 안에서 참조할 수 있다. 직접 값을 명령어에 담지 않고 참조한다는 뜻이다. '참조(reference)'라는 단어 때문에 뭔가 특별한 데이터 타입처럼 들리지만, 사실 아주 간단하다. 여기서 참조란 단순 정숫값이다. 그리고 이런 정숫값은 '상수 풀(constant pool)'이라 부르는 상수 여럿을 담고 있는 데이터 구조에서 인덱스로 사용된다.

지금까지 설명한 내용이 우리가 만들 컴파일러가 하게 될 일이다. 정수 리터럴(상수 표현식)을 컴파일 중에 만나면, 평가한 뒤에 결과 객체인 `*object.Integer`를 추적한다. `*object.Integer`를 메모리에 저장하고, 저장할 때 숫자값을 부여해 추적한다. 바이트코드 명령어에서는 앞서 부여한 값으로 `*object.Integer`를 참조하게 된다. 컴파일이 끝나고 명령어를 실행할 수 있도록 가상 머신에 명령어를 전달하면, 모든 상수 표현식을 모아 저장하고 있는 자료구조인 상수 풀(constant pool)을 같이 전달한다. 상수 풀 안에 있는 숫자값은 앞서 상수에 부여된 값이며, 상수 풀에서는 인덱스로 사용해 저장한 상수를 가져올 수 있다.

다시 첫 번째 명령코드 이야기로 돌아가자. 우리가 만들 첫 번째 명령코드는 `OpConstant`라고 부르려 한다. 그리고 피연산자를 하나 가진다. 피연산자가 갖는 값은 상수에 부여된 숫자값이다. 가상 머신이 `OpConstant`를 실행할 때, 가상 머신은 피연산자를 인덱스값으로 사용해서 상수를 가져온다. 그리고 가져온 상수를 스택에 넣는다. 아래 코드는 첫 번째 명령코드 `OpConstant`를 정의하고 있다.

```go
// code/code.go

// [...]

const (
    OpConstant Opcode = iota
)
```

단 세 줄짜리 코드에 불과하지만, 앞으로 나올 모든 Opcode의 정의가 공유하는 기반 코드이다. 앞으로 정의할 명령코드는 Op라는 접두사를 가지며 iota로 결정된 정숫값을 하나 갖는다. iota가 알아서 바이트값을 증가하도록 만들었다. 왜냐하면 우리에게 명령코드가 갖는 실젯값은 관심사가 아니기 때문이다. 명령코드끼리 구분할 수만 있으면 충분하고 1바이트 크기면 된다. iota가 이런 요구 사항을 정확히 충족시켜준다.

위 정의에서 빠진 내용이 있어 보이는데, 바로 OpConstant는 피연산자를 하나 갖는다는 사실이다. 이런 사실을 코드로 기술하지 않은 이유는, 그냥 그렇게 만들어진다는 사실을 암묵적으로 컴파일러와 가상 머신이 공유하면 되기 때문이다. 한편 디버깅이나 테스트를 할 때는 명령코드가 피연산자를 몇 개나 가지며, 사람이 읽을 수 있는 이름으로 무엇인지 알면 아주 편리하다. 이런 목적으로, 명령코드 정의에 적당한 필드를 추가하고 code 패키지에 몇 가지 도움 기능(tooling)을 추가하려 한다.

```go
// code/code.go

import "fmt"

type Definition struct {
    Name          string
    OperandWidths []int
}

var definitions = map[Opcode]*Definition{
    OpConstant: {"OpConstant", []int{2}},
}

func Lookup(op byte) (*Definition, error) {
    def, ok := definitions[Opcode(op)]
    if !ok {
        return nil, fmt.Errorf("opcode %d undefined", op)
    }

    return def, nil
}
```

Opcode에 대한 Definition(정의)은 필드 Name과 OperandWidths를 갖는다.

Name은 Opcode를 사람이 읽을 수 있는 이름으로 담는다. OperandWidths는 각각의 피연산자가 차지하는 바이트의 크기를 담는다.

OpConstant를 정의하는 코드를 보면, OpConstant가 갖는 피연산자가 2바이트 크기를 갖도록 정의하고 있다. 따라서 16비트를 가지며, uint16 타입으로는 최대 65535까지만 가질 수 있다. 0을 포함해서 세면, 65536개까지 표현할 수 있다. 우리에게는 이 정도면 충분하다. 왜냐하면 우리가 만들 Monkey 프로그램이 65536개나 되는 상수를 참조할 것 같지는 않기 때문이다. 그리고 uint32 같이 좀 더 큰 타입이 아닌 uint16을 사용하는 이유는 결과로 만들어낼 명령어의 크기를 작게 만들기 위해서다. 당연하지만 uint16이 더 적은 바이트를 사용하니까 말이다.

그럼 이제 첫 번째 바이트코드 명령어를 만들어보자. 피연산자를 하나도 갖지 않은 명령어라면, Instructions 슬라이스에 Opcode만 추가하면 된다. 하지만 OpConstant는 피연산자를 가지므로 OpConstant를 처리할 때는 2바이트 크기의 피연산자를 올바르게 부호화(encoding)해야 한다.

그래서 함수를 하나 만들어보려 하는데, Opcode 하나와 피연산자를 0개 이상 갖는 단일 바이트코드 명령어를 쉽게 만들 수 있게 도와줄 함수이다. 이 함수를 Make라고 부르자. 더욱이 다른 패키지에서는 식별자 code.Make로 사용되므로 쉽게 구별할 수 있다.

아래는 우리가 오랜 시간 갈망해온 이 책의 첫 번째 테스트 코드이다. Make 함수가 어떤 식으로 동작하길 원하는지 보여준다.

```
// code/code_test.go

package code

import "testing"
```

```
func TestMake(t *testing.T) {
    tests := []struct {
        op       Opcode
        operands []int
        expected []byte
    }{
        {OpConstant, []int{65534}, []byte{byte(OpConstant), 255, 254}},
    }

    for _, tt := range tests {
        instruction := Make(tt.op, tt.operands...)

        if len(instruction) != len(tt.expected) {
            t.Errorf("instruction has wrong length. want=%d, got=%d",
                len(tt.expected), len(instruction))
        }

        for i, b := range tt.expected {
            if instruction[i] != tt.expected[i] {
                t.Errorf("wrong byte at pos %d. want=%d, got=%d",
                    i, b, instruction[i])
            }
        }
    }
}
```

테스트 케이스가 하나밖에 없다고 실망하지 않아도 된다. 뒤에서 테스트 케이스를 더 확장할 예정이고, code 패키지에 Opcode도 더 많이 채워 넣을 것이다.

지금은 Make 함수에 OpConstant와 피연산자 65534만 넘겨서 호출한다. 그리고 결과로 3바이트를 차지하는 []byte 타입을 하나 돌려받기를 기대한다. 3바이트에서 첫 번째는 명령코드여야 한다. 즉, 지금은 OpConstant이다. 그리고 나머지 2바이트는 빅 엔디안(big-endian)으로 부호화된 65534가 된다. 여기서 최댓값인 65535가 아니라 65534를 쓴 이유는, 최상위 바이트(most significant byte, MSB)가 가장 앞에 배치되는지 확인하기 위해서다. 65534를 빅 엔디안으로 부호화하면 바이트 열로 0xFF 0xFE가 되겠지만, 65535를 같은 방식으로 표현하면 0xFF 0xFF가 되어 시작과 끝을 인식하기 어렵다.

아직 Make를 만들지 않았기에, 테스트 실패에 앞서 컴파일에서 실패한다. 아래는 Make의 첫 번째 버전이다.

```
// code/code.go

import (
    "encoding/binary"
    "fmt"
)

func Make(op Opcode, operands ...int) []byte {
    def, ok := definitions[op]
    if !ok {
        return []byte{}
    }

    instructionLen := 1
    for _, w := range def.OperandWidths {
        instructionLen += w
    }

    instruction := make([]byte, instructionLen)
    instruction[0] = byte(op)

    offset := 1
    for i, o := range operands {
        width := def.OperandWidths[i]
        switch width {
        case 2:
            binary.BigEndian.PutUint16(instruction[offset:], uint16(o))
        }
        offset += width
    }

    return instruction
}
```

바이트코드 만들기, 참 쉽죠?

가장 먼저, 만들어낼 명령어가 얼마나 길어질지 알아내야 한다. 그래야 byte 슬라이스에 적절한 길이를 할당할 수 있다. Lookup 함수를 써서 정의를 찾지 않는다는 점을 눈여겨봐야 한다. 이렇게 해야 뒤에 나올 테스트에서 Make 함수의 함수 시그니처(function signature)[3]를 활용하기 좋다. Lookup 함수를 쓰지 않아 에러를 반환할 여지를 만들지 않기 때문에, 호출할 때마다 에러를 검사할 필요 없이 Make 함수로 바이트코드 명령어를 쉽게 만들 수 있다. 정의되지 않은 명령코드를 사용해서 빈 byte 슬라이스를 만드는 상황이 생길 수 있지만, 이 정도 위험은 감수하기로 하자. 왜냐하면 지금은 우리가 바이트코드를 만드는 편에 있고, 어떤 명령어를 만들지 확실히 알고 있기 때문이다.

반복문을 마치고 나서 변수 instructionLen의 값이 결정되면, 명령어로 사용할 []byte를 할당하고 첫 번째 바이트에 byte로 캐스팅해서 Opcode를 집어넣는다. 다음으로는 조금 까다로운 코드가 나온다. 정의해둔 OperandWidths 크기만큼 반복하면서 operands에서 적합한 요소를 취해 명령어에 집어넣는다. 이때 switch 문으로 피연산자가 갖는 바이트 너비(width)에 따라 각기 다른 방식으로 처리한다.

뒤에서 더 많은 OpCode를 정의하며, 곧 switch 문도 확장해야 한다. 지금은 2바이트 피연산자를 빅 엔디안으로 부호화할 수 있게 만들었을 뿐이다. 그리고 빅 엔디안으로 직접 부호화하는 작업은 그리 어렵지 않지만, 부호화가 어떤 형태로 이루어지는지 이름만 보고도 쉽게 가늠할 수 있도록 표준 라이브러리에 정의된 binary.BigEndian.PutUint16 함수를 사용하기로 하자.

피연산자를 부호화하고 나면, offset을 피연산자가 갖는 width만큼 증가시키므로 다음번 루프에서는 offset이 width만큼 늘어나 있는 상태로 시작하게 된다. 테스트에서 명령코드인 OpConstant는 피연산자를 하나만 가지기 때문에, 반복문은 한 번만 수행되고 Make 함수가 명령어를 반환하게 된다.

그러면 이제 우리가 작성한 첫 번째 테스트가 잘 컴파일되어, 테스트를 통과하는 것을 볼 수 있다.

3 (옮긴이) 함수 시그니처(function signature): 함수에 들어갈 입력과 반환값인 출력을 정의하는 정보. 일반적으로 파라미터 개수, 파라미터 순서, 파라미터 타입, 반환 타입 정보를 함수 시그니처라고 한다.

```
$ go test ./code
ok   monkey/code 0.007s
```

OpConstant와 피연산자 65534를 바이트 3개로 바꾸는 데 성공했다. 즉, 우리가 첫 번째 바이트코드 명령어를 만들어내는 데 성공했다는 뜻이다!

최소한의 컴파일러

code 패키지에 유용한 도구를 여럿 마련해 두었으니, 본격적으로 컴파일러를 만들어보자. 우리는 처음부터 끝까지 동작하는 시스템을 최대한 빨리 만들어보려 한다. 즉, 모든 기능을 완성해야 구동할 수 있는 시스템을 원하는 게 아니다. 그러므로 이번 섹션에서는 최소한의 능력을 갖춘 컴파일러를 만드는 것이 목표이다. 지금은 OpConstant 명령어 2개를 만들어낼 수만 있으면 된다. 두 명령어는 가상 머신이 스택에 1과 2를 집어넣는 데 쓰인다.

위 목표를 달성하려면, 컴파일러는 최소한 다음과 같은 작업을 처리할 수 있어야 한다.

- 전달받은 AST를 순회한다.
- *ast.IntegerLiteral 노드를 찾는다.
- *ast.IntegerLiteral을 평가한 다음 object.Integer 객체로 변환한다.
- 변환한 객체를 상수 풀(constant pool)에 추가한다.
- 상수 풀에 있는 상수를 참조하는 OpConstant 명령어를 배출한다.

그럴싸하지 않은가? Compiler를 정의하고 컴파일러의 인터페이스를 compiler 패키지에 작성해보자.

```
// compiler/compiler.go

package compiler

import (
```

```
    "monkey/ast"
    "monkey/code"
    "monkey/object"
)

type Compiler struct {
    instructions code.Instructions
    constants    []object.Object
}

func New() *Compiler {
    return &Compiler{
        instructions: code.Instructions{},
        constants:    []object.Object{},
    }
}

func (c *Compiler) Compile(node ast.Node) error {
    return nil
}

func (c *Compiler) Bytecode() *Bytecode {
    return &Bytecode{
        Instructions: c.instructions,
        Constants:    c.constants,
    }
}

type Bytecode struct {
    Instructions code.Instructions
    Constants    []object.Object
}
```

정말 최소한만 갖추지 않았는가? Compiler는 필드가 2개밖에 안 되는 작은 구조체이다. 필드로 instructions와 constants를 갖는다. 두 필드 모두 패키지 내부에서만 접근할 수 있으며 나중에 Compiler 메서드로 변경할 것이다. instructions 필드는 생성한 바이트코드를 담으며, constants는 슬라이스로 상수 풀(constant pool) 역할을 한다.

장담하건대 여러분의 눈길을 사로잡은 정의가 하나 있을 것이다. code 패키지에서는 빠져있던 정의로, 나중에 등장한다고 언급한 적이 있는 Bytecode이다. 길게 설명이 필요가 없으니 짧게 줄이자면,

Bytecode는 컴파일러가 만들어낸 Instructions와 컴파일러가 평가한 Constants를 담는다.

나중에 가상 머신에 전달할 대상이 Bytecode이다. 지금은 컴파일러 테스트 코드에서 동작을 확인한다. 말이 나온 김에 이야기하자면, Compile 메서드는 현재 비어있다. 따라서 이제부터 첫 컴파일러 테스트를 작성하고, 컴파일러가 어떤 동작을 해야 하는지 기술하려 한다.

```
// compiler/compiler_test.go

package compiler

import (
    "monkey/code"
    "testing"
)

type compilerTestCase struct {
    input                string
    expectedConstants    []interface{}
    expectedInstructions []code.Instructions
}

func TestIntegerArithmetic(t *testing.T) {
    tests := []compilerTestCase{
        {
            input:             "1 + 2",
            expectedConstants: []interface{}{1, 2},
            expectedInstructions: []code.Instructions{
                code.Make(code.OpConstant, 0),
                code.Make(code.OpConstant, 1),
            },
        },
    }

    runCompilerTests(t, tests)
}

func runCompilerTests(t *testing.T, tests []compilerTestCase) {
    t.Helper()

    for _, tt := range tests {
        program := parse(tt.input)
```

```
        compiler := New()
        err := compiler.Compile(program)
        if err != nil {
            t.Fatalf("compiler error: %s", err)
        }

        bytecode := compiler.Bytecode()

        err = testInstructions(tt.expectedInstructions, bytecode.Instructions)
        if err != nil {
            t.Fatalf("testInstructions failed: %s", err)
        }

        err = testConstants(t, tt.expectedConstants, bytecode.Constants)
        if err != nil {
            t.Fatalf("testConstants failed: %s", err)
        }
    }
}
```

무슨 일이 일어나고 있는지 간단하게 설명해보겠다. Monkey 코드를 입력으로 받아 입력을 파싱하고, 생성한 AST를 컴파일러에 전달하고, 컴파일러가 만들어낸 바이트코드가 올바른지 확인한다.

구조체 compilerTestCase로 테스트 케이스를 정의한다. input으로 입력을 정의하고, expectedConstants로 컴파일한 뒤에 상수 풀에 존재해야 하는 상수(constant)를 명시하고, expectedInstruction으로 컴파일러가 만들어내는 명령어를 명시한다. 그러고 나서 compilerTestsCase 타입을 갖는 tests 슬라이스를 인수로 넘겨서 runCompilerTests 함수를 호출한다.

《인터프리터 in Go》가 테스트를 만들어내던 방식과 조금 다르다. Go 언어 1.9 버전이 릴리스 되면서 t.Helper[4]라는 훌륭한 메서드가 도입되었기 때문이다. 우리는 t.Helper를 runCompilerTests에서 호출한

4 (옮긴이) Helper 메서드: Go 언어 1.9 버전에 도입되었으며, 특정 테스트 함수(혹은 벤치마크 함수)를 테스트 도움 함수로 인식하게 만든다. 실질적으로 테스트 도움 함수로 인식되면 에러가 발생했을 때, 도움 함수 안에 있는 행을 출력하는 게 아니라 도움 함수를 호출한 행이 출력되도록 만드는 효과가 있다.

다. runCompilerTests는 테스트 도움 함수를 정의할 때 도움을 주는 메서드로, 여러 테스트 함수에서 중복해서 사용할 로직을 제거해준다. runCompilerTests를 함수로 묶지 않고, TestIntegerArithmetic 안에 풀어(inlining) 작성했다고 생각하면 된다. 따라서 앞으로 나올 모든 컴파일러 테스트가 공유하는 공통 행위를 추상화함으로써, 테스트 함수를 깔끔하게 만들고 지면도 아낄 수 있다.

그럼 이제 runCompilerTests에서 사용한 도움 함수를 주제로 하여 이야기해보자.

parse 함수는 전편에서 만들어둔 렉서와 파서를 사용한다. parse 함수는 문자열을 받아서 AST를 반환한다.

```
// compiler/compiler_test.go

import (
    "monkey/ast"
    "monkey/code"
    "monkey/lexer"
    "monkey/parser"
    "testing"
)

func parse(input string) *ast.Program {
    l := lexer.New(input)
    p := parser.New(l)
    return p.ParseProgram()
}
```

지금까지는 서막이었고 지금부터가 정말 중요하다. runCompilerTests에서 가장 중요한 내용은, 컴파일러가 만들어낸 Bytecode 구조체의 필드인 Instructions와 Constants를 처리하는 방식이다. 먼저 bytecode.Instructions가 올바른지 검사한다. 이를 위해 도움 함수인 testInstructions를 작성해놓았다. 다음 코드를 보자.

```
// compiler/compiler_test.go

import (
    "fmt"
```

```
    // [...]
)

func testInstructions(
    expected []code.Instructions,
    actual code.Instructions,
) error {
    concatted := concatInstructions(expected)

    if len(actual) != len(concatted) {
        return fmt.Errorf("wrong instructions length.\nwant=%q\ngot =%q",
            concatted, actual)
    }

    for i, ins := range concatted {
        if actual[i] != ins {
            return fmt.Errorf("wrong instruction at %d.\nwant=%q\ngot =%q",
                i, concatted, actual)
        }
    }

    return nil
}
```

보다시피, 다른 도움 함수인 concatInstructions를 사용한다.

```
// compiler/compiler_test.go

func concatInstructions(s []code.Instructions) code.Instructions {
    out := code.Instructions{}

    for _, ins := range s {
        out = append(out, ins...)
    }

    return out
}
```

concatInstructions 함수가 필요한 이유는 compilerTestCase에 정의된 expectedInstructions 필드가 '바이트 슬라이스(a slice of bytes)'가 아닌, '바이트 슬라이스의 슬라이스(a slice of slices of bytes)'이기 때문이다. 이렇게 한 이유는 byte[]를 반환하는 함수인 code.Make

를 사용해서 expectedInstructions를 만들어내기 때문이다. 따라서 expectedInstructions와 실제 명령어를 비교하려면, 명령어를 '이어 붙여(concatenate)' 슬라이스의 슬라이스를 펼친(flatten) 슬라이스로 변환해야 한다.

runCompilerTests에서는 또 다른 도움 함수 testConstants도 사용한다. 이 함수는 《인터프리터 in Go》에서 다룬 evaluator 패키지에 정의한 테스트 도움 함수들과 매우 유사하다.

```
// compiler/compiler_test.go

import (
    // [...]
    "monkey/object"
    // [...]
)

func testConstants(
    t *testing.T,
    expected []interface{},
    actual []object.Object,
) error {
    if len(expected) != len(actual) {
        return fmt.Errorf("wrong number of constants. got=%d, want=%d",
            len(actual), len(expected))
    }

    for i, constant := range expected {
        switch constant := constant.(type) {
        case int:
            err := testIntegerObject(int64(constant), actual[i])
            if err != nil {
                return fmt.Errorf("constant %d - testIntegerObject failed: %s",
                    i, err)
            }
        }
    }

    return nil
}
```

많이 지저분해 보이지만, 실제로 일어나는 일은 그렇게 복잡하지 않다.

testConstants 함수는 expected 슬라이스를 반복하면서, 기대하는 상수와 컴파일러가 만들어낸 actual(실제) 상수를 비교한다. switch 문에는 case를 더 추가해서 정수 이외에 다른 것도 처리하도록 만들 것이고, 최종적으로는 상수 풀(constant)을 다룰 수 있게 확장할 것이다. 그러나 지금은 도움 함수 testIntegerObject만 사용한다. testIntegerObject는 평가기(evaluator) 테스트에서 사용한 testIntegerObject 함수와 거의 동일하다.

```
// compiler/compiler_test.go

func testIntegerObject(expected int64, actual object.Object) error {
    result, ok := actual.(*object.Integer)
    if !ok {
        return fmt.Errorf("object is not Integer. got=%T (%+v)",
            actual, actual)
    }

    if result.Value != expected {
        return fmt.Errorf("object has wrong value. got=%d, want=%d",
            result.Value, expected)
    }

    return nil
}
```

TestIntegerArithmetic을 마지막으로 테스트 도움 함수를 모두 살펴봤다. 테스트 함수 자체는 복잡하지 않지만, 앞으로 우리가 컴파일러 테스트를 어떻게 작성할지 잘 보여준다. 도움 함수를 아주 많이 사용하는 방식 말이다. 작은 테스트를 위해 너무 많은 코드가 작성된 듯 보이지만, 내가 약속하건대 힘들여 코드 베이스를 구축해둔 덕을 보게 될 것이다.

그럼 이제 작성한 테스트가 잘 동작하는지 보자. 실행 결과를 보니 잘 동작하지는 않는 것 같다.

```
$ go test ./compiler
--- FAIL: TestIntegerArithmetic (0.00s)
 compiler_test.go:31: testInstructions failed: wrong instructions length.
  want="\x00\x00\x00\x00\x00\x01"
  got =""
```

```
FAIL
FAIL    monkey/compiler 0.008s
```

우리가 컴파일러를 인터페이스 정도만 정의했다는 것을 고려하면 그리 나쁜 결과는 아니다. 다만 아래 출력은 좋아 보이지 않는다.

```
want="\x00\x00\x00\x00\x00\x01"
```

이걸 보고 "흠, 그렇군"이라고 말할 사람은 없다. 컴파일러가 중얼거린 내용을 알아들으려고 애쓰는 사람도 있겠지만, 나는 사람이 알아볼 수 없는 이런 출력을 그냥 내버려둘 수 없다. 물론 출력은 맞다. 우리가 원하던 바이트가 16진수로 출력되었으니까. 다만, 유용하지 않을 뿐이다. 여기서는 나를 믿어도 된다. 출력을 이런 상태로 두면, 얼마 안 가 아주 골치 아파진다. 그러니 `Compile` 메서드의 내용을 채우기 전에, 개발자들의 행복을 위해 조금 투자하기로 하자. 즉 `code.Instructions`가 명령어를 어떻게 출력하면 좋을지 알려주도록 하자.

바이트코드, 디스어셈블!

Go 언어에서는 타입별로 `String` 메서드를 구현해, 출력 형태를 결정할 수 있다. 그러므로 우리가 만든 바이트코드 명령어에도 `String` 메서드를 구현해보자. 구현이야 쉽지만 모두 알다시피, 우리는 늘 테스트부터 작성해왔다.

```go
// code/code_test.go

func TestInstructionsString(t *testing.T) {
    instructions := []Instructions{
        Make(OpConstant, 1),
        Make(OpConstant, 2),
        Make(OpConstant, 65535),
    }

    expected := `0000 OpConstant 1
0003 OpConstant 2
0006 OpConstant 65535
`
```

```
    concatted := Instructions{}
    for _, ins := range instructions {
        concatted = append(concatted, ins...)
    }

    if concatted.String() != expected {
        t.Errorf("instructions wrongly formatted.\nwant=%q\ngot=%q",
            expected, concatted.String())
    }
}
```

테스트는 Instructions.String 메서드가 어떻게 동작해야 하는지 보여준다. 여러 행에 걸쳐서 우리가 알아야 하는 모든 정보를 깔끔하게 규격화해 출력해야 한다. 첫 행에는 카운터값이 있다. 카운터값은 우리가 어떤 바이트를 보고 있는지 알려준다. 또한, 명령코드를 사람이 읽을 수 있는 형태로 출력하고, 복호화된 피연산자도 출력한다. 날것 그대로인 \x00\x00\x00\x00\x00\x01보다 훨씬 깔끔하고 보기 좋다. 그리고 이 메서드를 String 대신 MiniDisassembler라고 불러도 괜찮다. 그게 이 메서드가 하는 일이니까 말이다.

테스트는 컴파일되지 않는다. 왜냐하면 String 메서드를 정의하지 않았기 때문이다. 아래는 첫 번째로 추가할 코드이다.

```
// code/code.go

func (ins Instructions) String() string {
    return ""
}
```

빈 문자열을 반환하도록 구현했다. 왜 빈 문자열을 반환해야 할까? 빈 문자열이라도 반환해야 컴파일러가 뭐라도 받아 처리할 수 있으며, 그래야 테스트를 다시 돌려볼 수 있다.

```
$ go test ./code
--- FAIL: TestInstructionsString (0.00s)
 code_test.go:49: instructions wrongly formatted.
  want="0000 OpConstant 1\n0003 OpConstant 2\n0006 OpConstant 65535\n"
  got=""
```

```
FAIL
FAIL    monkey/code 0.008s
```

예상대로 실패한다. 그래도 String 메서드가 없어 컴파일도 못 하던 상황보다는 훨씬 유용하다. 왜냐하면 우리는 String 메서드가 없어 테스트를 돌려볼 수도 없었는데 이제는 테스트를 구동할 수 있게 됐고, 또 다른 테스트를 하나 더 작성하고 실행해야 하기 때문이다.

이제부터 작성할 테스트는 Instruction.String 메서드의 핵심이 될 함수를 테스트한다. 바로 ReadOperands 함수이며, 아래는 그 구현 코드이다.

```
// code/code_test.go

func TestReadOperands(t *testing.T) {
    tests := []struct {
        op        Opcode
        operands  []int
        bytesRead int
    }{
        {OpConstant, []int{65535}, 2},
    }

    for _, tt := range tests {
        instruction := Make(tt.op, tt.operands...)

        def, err := Lookup(byte(tt.op))
        if err != nil {
            t.Fatalf("definition not found: %q\n", err)
        }

        operandsRead, n := ReadOperands(def, instruction[1:])
        if n != tt.bytesRead {
            t.Fatalf("n wrong. want=%d, got=%d", tt.bytesRead, n)
        }

        for i, want := range tt.operands {
            if operandsRead[i] != want {
                t.Errorf("operand wrong. want=%d, got=%d", want,
                    operandsRead[i])
            }
        }
    }
}
```

보다시피 ReadOperands는 Make와 대비된다. Make는 바이트코드 명령어에 포함된 피연산자를 부호화(encode)한다면, ReadOperands는 부호화(encode)된 피연산자를 복호화(decode)한다.

TestReadOperands 안에서, 부호화된 명령어를 만들고(Make), 명령어의 정의와 명령어에서 피연산자를 포함하는 부분 슬라이스를 함께 ReadOperand에 인수로 전달한다.

ReadOperands는 복호화된 피연산자를 반환하고, 복호화된 피연산자를 읽을 때 바이트를 얼마만큼의 크기로 읽어야 하는지 알려준다. 지금쯤 눈치챈 독자도 있겠지만, 조만간 명령코드가 더 많아지고 다양한 명령어 타입을 정의하게 되면 tests 테이블을 확장할 것이다.

ReadOperands를 정의하지 않았으므로 테스트는 실패한다.

```
$ go test ./code
# monkey/code
code/code_test.go:71:22: undefined: ReadOperands
FAIL    monkey/code [build failed]
```

테스트를 통과하려면 Make가 하는 동작을, ReadOperands가 반대로 해낼 수 있어야 한다.

```
// code/code.go

func ReadOperands(def *Definition, ins Instructions) ([]int, int) {
    operands := make([]int, len(def.OperandWidths))
    offset := 0

    for i, width := range def.OperandWidths {
        switch width {
        case 2:
            operands[i] = int(ReadUint16(ins[offset:]))
        }

        offset += width
    }

    return operands, offset
}
```

```
func ReadUint16(ins Instructions) uint16 {
    return binary.BigEndian.Uint16(ins)
}
```

Make 함수처럼, 명령코드 *Definition을 사용해서 피연산자의 크기를 알아낸다. 그리고 피연산자를 모두 담을 수 있는 크기로 슬라이스를 하나 할당한다. 그리고 Instructions 슬라이스를 훑으면서 정의된 크기만큼 바이트를 읽어 들인다. 그리고 Make 함수와 마찬가지로 switch 문은 나중에 확장하기로 하자.

ReadUnint16을 왜 별도로 공용(public) 함수로 구현했는지 설명해보겠다. Make에서는 피연산자를 부호화(encoding)할 때 함수 안에서 바로 처리했다. 그러나 여기서는 함수를 노출한다. 그래야 가상 머신이 직접 ReadUint16 함수를 호출할 수 있고, ReadOperands를 사용한다면 필수적일 수밖에 없는 정의 탐색을 건너뛸 수 있다.

이제 TestReadOperands는 테스트를 통과할 수 있을 것이다. 그러면 다시 테스트 함수 TestInstructionString 이야기로 돌아가자. 아래 코드를 보면 아직도 빈 문자열을 받아서 처리하고 있음을 볼 수 있다.

```
$ go test ./code
--- FAIL: TestInstructionsString (0.00s)
 code_test.go:49: instructions wrongly formatted.
  want="0000 OpConstant 1\n0003 OpConstant 2\n0006 OpConstant 65535\n"
  got=""
FAIL
FAIL    monkey/code 0.008s
```

이제 ReadOperands를 구현했으니, 빈 문자열은 지워버리고 적절한 명령어를 출력해보자.

```
// code/code.go

import (
    "bytes"
    // [...]
)
```

```
func (ins Instructions) String() string {
    var out bytes.Buffer

    i := 0
    for i < len(ins) {
        def, err := Lookup(ins[i])
        if err != nil {
            fmt.Fprintf(&out, "ERROR: %s\n", err)
            continue
        }

        operands, read := ReadOperands(def, ins[i+1:])

        fmt.Fprintf(&out, "%04d %s\n", i, ins.fmtInstruction(def,
            operands))

        i += 1 + read
    }

    return out.String()
}

func (ins Instructions) fmtInstruction(def *Definition, operands []int) string {
    operandCount := len(def.OperandWidths)

    if len(operands) != operandCount {
        return fmt.Sprintf("ERROR: operand len %d does not match defined %d\n",
            len(operands), operandCount)
    }

    switch operandCount {
    case 1:
        return fmt.Sprintf("%s %d", def.Name, operands[0])
    }

    return fmt.Sprintf("ERROR: unhandled operandCount for %s\n", def.Name)
}
```

코드를 굳이 설명할 필요는 없어 보인다. 왜냐하면 여태까지 바이트 슬라이스를 조사하며 처리하던 방식을 변형한 정도에 불과하기 때문이다. 나머지는 문자열의 규격화 작업 정도이다. 테스트를 통과한다는 점만은 눈여겨볼 만하다.

```
$ go test ./code
ok    monkey/code 0.008s
```

code 패키지에 작성한 테스트는 이제 모두 통과한다. 우리가 작성한 소형 디스어셈블러(mini-disassembler)가 잘 동작한다. 그리고 다시 이 모든 이야기가 시작된 지점으로 돌아가 컴파일러 테스트를 다시 실행해보면 아래와 같다.

```
$ go test ./compiler
--- FAIL: TestIntegerArithmetic (0.00s)
 compiler_test.go:31: testInstructions failed: wrong instructions length.
  want="0000 OpConstant 0\n0003 OpConstant 1\n"
  got =""
FAIL
FAIL    monkey/compiler 0.008s
```

정말 아름답지 않은가? 물론, 아름답다는 말은 너무 멀리 나간 표현일 수 있다. 그러나 최소한 want="\x00\x00\x00\x00\x00\x01"와 같은 꼴은 더는 보지 않아도 된다.

한 단계 올라섰다. 이제 디버깅하기 좋은 출력 결과도 볼 수 있고, 장님 코끼리 만지는 수준에서 이제는 눈뜨고 뭐가 뭔지 알 수 있는 수준까지 올라섰다.

원래하던 일로 돌아와서

우리가 지금까지 어떤 것들을 만들었는지 확인해보자. 렉서와 파서는 《인터프리터 in Go》에서 이미 완성했다. 윤곽만 잡아둔 컴파일러, 아직은 실패하지만 우리가 바이트코드 명령어를 두 개 만들어야 한다는 것을 알려주는 테스트 코드가 있다. 그리고 code 패키지에는 명령코드와 피연산자(operand)의 정의를 만들었고, 바이트코드 명령어를 만들어줄 Make 함수, Monkey 개체를 사용할 수 있는 객체 시스템, 사람이 읽을 수 있게 다듬어둔 Instructions를 각각 작성했다.

우리 컴파일러가 무슨 일을 해야 하는지 되새길 겸 다음과 같이 다시 정리해봤다.

1. AST를 재귀 순회한다.
2. *ast.IntegerLiteral을 두 개 찾는다.
3. 평가한 다음 *object.Integer로 변환한다.
4. 둘을 더해 constants 필드에 넣는다.
5. OpConstant 명령어를 내부 instructions 슬라이스에 추가한다.

"너무 간단한데요?"라고 말하고 싶지 않은가?

그러면 AST를 순회하는 작업부터 시작해보자. 《인터프리터 in Go》에서 작성한 Eval 함수를 만들 때 구현해본 적이 있는 작업이다. 그대로 해보자. 아래는 *ast.IntegerLiteral를 얻기 위한 코드이다.

```
// compiler/compiler.go

func (c *Compiler) Compile(node ast.Node) error {
    switch node := node.(type) {
    case *ast.Program:
        for _, s := range node.Statements {
            err := c.Compile(s)
            if err != nil {
                return err
            }
        }

    case *ast.ExpressionStatement:
        err := c.Compile(node.Expression)
        if err != nil {
            return err
        }

    case *ast.InfixExpression:
        err := c.Compile(node.Left)
        if err != nil {
            return err
        }

        err = c.Compile(node.Right)
        if err != nil {
            return err
        }
```

```
    case *ast.IntegerLiteral:
        // TODO: 어떻게 처리?!
    }

    return nil
}
```

먼저 *ast.Program 안의 모든 node.Statements를 살펴보면서, c.Compile 메서드에 각각의 명령문(statement)을 넘겨서 호출한다. c.Compile을 호출하면, AST에서 한 수준(level) 깊게 들어가게 되고, 여기서 *ast.ExpressionStatement를 만나게 된다. 즉, 표현식 1 + 2를 표현하는 노드를 만난다. 다음으로 *ast.ExpressionStatement의 node.Expression을 컴파일하면 다시 *ast.InfixExpression에 이르게 되고, 여기서는 양쪽 node.Left와 node.Right를 컴파일해야 한다.

아주 재귀적이다. 한편, 코드에 달린 주석을 보자. 주석 그대로 *ast.IntegerLiteral을 어떻게 처리해야 할까?

이제 각각의 *ast.IntegerLiteral을 평가해야 한다. 지금 평가해도 괜찮은 이유는 리터럴은 상수 표현식이므로 값이 변하지 않기 때문이다. 2는 항상 2로 평가된다. '평가(evaluate)'라는 단어가 다소 복잡하게 느껴질 수 있는데, 여기서는 그저 *object.Integer를 만든다는 뜻이다.

```
// compiler/compiler.go

func (c *Compiler) Compile(node ast.Node) error {
    switch node := node.(type) {
    // [...]

    case *ast.IntegerLiteral:
        integer := &object.Integer{Value: node.Value}

    // [...]
    }

    // [...]
}
```

훌륭하다. 이제 평가 결과인 정수(integer)를 얻었다. 이제 상수 풀

(constant pool)에 추가할 것이 생겼다. 그럼 상수 풀에 추가하는 작업을 도와줄 도움 함수 addConstant를 추가해보자.

```
// compiler/compiler.go

func (c *Compiler) addConstant(obj object.Object) int {
    c.constants = append(c.constants, obj)
    return len(c.constants) - 1
}
```

obj를 컴파일러가 가진 constants 슬라이스에 추가(append)한다. 그리고 obj를 가리킬 식별자로 constants 슬라이스 안에서 obj의 인덱스값을 반환한다. 이 식별자는 OpConstant 명령어가 사용할 피연산자로 사용된다. 그러면 OpConstant 명령어로 가상 머신에게 이 상수를 상수 풀에서 가져와 콜 스택에 집어넣게 만들 수 있다.

우리는 이제 상수를 추가할 수 있게 됐고 각각의 상수에 대응하는 식별자도 알아낼 수 있다. 그러므로 컴파일러가 첫 번째 명령어를 '배출(emit)'하도록 만들어보자. '배출(emit)'이라는 말에 위축될 필요는 없다. 그저 컴파일러가 쓰는 단어로서, '만든다' 내지 '결과를 낸다'는 뜻이니까. 즉 명령어를 만들고, 만든 명령어를 결과에 추가한다. 결과에 추가한다는 것은 출력한다는 뜻일 수도 있고, 파일에 쓰거나 메모리에 저장된 어떤 컬렉션에 추가한다는 뜻일 수도 있다. 우리는 메모리에 존재하는 컬렉션에 추가하는 형태로 emit 메서드를 구현한다.

```
// compiler/compiler.go

func (c *Compiler) emit(op code.Opcode, operands ...int) int {
    ins := code.Make(op, operands...)
    pos := c.addInstruction(ins)
    return pos
}

func (c *Compiler) addInstruction(ins []byte) int {
    posNewInstruction := len(c.instructions)
    c.instructions = append(c.instructions, ins...)
    return posNewInstruction
}
```

물론 여러분이 위 코드를 전부 이해했으리라 생각하지만, 여러분 머릿속에 중요 사항을 하나 기억시키고 싶다. emit 메서드는 "지금 만들어낸 명령어의 시작 위치를 반환한다"라는 이 문장을 꼭 기억하자. 나중에 c.instructions에서 명령어의 시작 위치로 '되돌아가야' 할 일이 생긴다. 시작 위치로 돌아가서 수정해야 할 때, emit 메서드의 반환값을 사용하게 된다.

이제 Compile 메서드에서 addConstant와 emit 메서드를 사용해서 조심스레 코드를 변경해보자.

```
// compiler/compiler.go

func (c *Compiler) Compile(node ast.Node) error {
    switch node := node.(type) {
    // [...]

    case *ast.IntegerLiteral:
        integer := &object.Integer{Value: node.Value}
        c.emit(code.OpConstant, c.addConstant(integer))

    // [...]
    }

    // [...]
}
```

추가된 코드는 OpConstant 명령어를 배출(emit)하는 행 한 줄뿐이지만, 테스트를 통과하기에 충분하다.

```
$ go test ./compiler
ok   monkey/compiler 0.008s
```

ok가 출력되는 게 너무 어색하지 않은가? 왜냐하면 지금 우리가 컴파일러 테스트에 성공했다는 말은, 우리가 컴파일러를 만들어냈다는 뜻이기 때문이다!

가상 머신에 전원 달기

우리가 지금까지 어떤 것들을 만들어왔는지 다시 한번 확인해보자. OpConstant라는 이름의 명령코드 하나를 정의했다. AST를 순회하는 방법을 알고 있는 작은 컴파일러를 구현해, AST를 나타내는 OpConstant 명령어를 배출(emit)한다. 우리가 만든 작은 컴파일러는 정수 리터럴 표현식을 평가하는 방법을 알고 있으며, 평가한 정수 리터럴을 상수 풀에 추가하는 방법도 알고 있다. 그리고 컴파일러에 정의된 인터페이스로 배출한 명령어와 상수 풀을 담고 있는 컴파일 결과를 주고받을 수 있다.

아직 우리가 구현한 바이트코드 명령어들은 '상수를 스택에 넣는(push) 작업'만 표현할 수 있다. 다른 작업은 표현할 수 없다. 하지만 이 정도면 우리가 가상 머신으로 작업하기엔 충분하다. 이제 우리만의 가상 머신을 만들어보자.

이번 섹션에서 우리 목표는 컴파일러가 만들어낸 Bytecode를 사용해 초기화한 가상 머신을 만드는 것이다. 가상 머신을 구동하고, OpConstant 명령어를 인출-복호화-실행해 볼 것이다. 최종적으로는 숫자를 가상 머신 스택에 넣을 수 있어야 한다.

말해놓고 보니 테스트 같지 않은가? 어렵지 않으니 테스트로 바꿔보자. 한편 테스트 작성에 앞서 할 일이 있다. 반복(duplication)을 피하라는 규범에 어긋나지만, 복사 붙여넣기를 하려 한다. 컴파일러 테스트에서 parse 함수와 도움 함수 testIntegerObject를 복사해서 새로 작성할 vm_test.go 파일에 붙여넣자.

```
// vm/vm_test.go

package vm

import (
    "fmt"
    "monkey/ast"
    "monkey/lexer"
    "monkey/object"
    "monkey/parser"
)
```

```
func parse(input string) *ast.Program {
    l := lexer.New(input)
    p := parser.New(l)
    return p.ParseProgram()
}

func testIntegerObject(expected int64, actual object.Object) error {
    result, ok := actual.(*object.Integer)
    if !ok {
        return fmt.Errorf("object is not Integer. got=%T (%+v)",
            actual, actual)
    }

    if result.Value != expected {
        return fmt.Errorf("object has wrong value. got=%d, want=%d",
            result.Value, expected)
    }

    return nil
}
```

물론, 나도 같은 코드를 반복하면 좋지 않다는 것을 알고 있다. 그러나 지금은 반복하는 게 가장 간편하면서도 이해하기 쉬운 해결책이기에 사용했다. 나중에 발등을 찍힐 일도 없으니 걱정할 것 없다.

이제 앞으로 작성할 모든 가상 머신 테스트에 필요한 기반 공사를 끝마쳤다. 컴파일러에서 작성한 코드를 복사해 두었고, `t.Helper` 덕에 새로운 테스트 케이스를 정의하고 구동하는 일이 한결 수월해졌다.

```
// vm/vm_test.go

import (
    // [...]
    "monkey/compiler"
    // [...]
    "testing"
)

type vmTestCase struct {
    input    string
    expected interface{}
}
```

```
func runVmTests(t *testing.T, tests []vmTestCase) {
    t.Helper()

    for _, tt := range tests {
        program := parse(tt.input)

        comp := compiler.New()
        err := comp.Compile(program)
        if err != nil {
            t.Fatalf("compiler error: %s", err)
        }

        vm := New(comp.Bytecode())
        err = vm.Run()
        if err != nil {
            t.Fatalf("vm error: %s", err)
        }

        stackElem := vm.StackTop()

        testExpectedObject(t, tt.expected, stackElem)
    }
}

func testExpectedObject(
    t *testing.T,
    expected interface{},
    actual object.Object,
) {
    t.Helper()

    switch expected := expected.(type) {
    case int:
        err := testIntegerObject(int64(expected), actual)
        if err != nil {
            t.Errorf("testIntegerObject failed: %s", err)
        }
    }
}
```

runVmTests 함수는 초기 설정을 담당하며, 각각의 vmTestCase를 실행한다. 각각의 vmTestCase에서는 다음과 같은 일이 일어난다.

1. 입력을 렉싱, 파싱한다.
2. AST를 만든다.
3. 만든 AST를 compiler에 전달한다.
4. 컴파일 에러가 있는지 검사한다.
5. *compiler.Bytecode를 New 함수에 넘긴다.

New 함수는 vm에 들어갈 가상 머신 인스턴스 하나를 반환해야 한다. 각각의 테스트 케이스는 사실상 New 함수를 호출한 이후부터 시작된다고 보아야 한다. vm.Run을 호출해서 vm을 구동한다. 그리고 구동했을 때 에러가 없는지 확인한다. StackTop이라는 메서드를 구현해서 가상 머신 스택 가장 위에 남아있는 객체를 가져온다. 그리고 testExpectedObject에 이 객체를 넘겨서 vmTestCase.expected 필드와 같은지 비교한다.

꽤 많은 코드를 준비하고 구축했다. 과도하게 많아 보이지만, 그렇지 않다. 덕분에 앞으로 작성하게 될 여러 가상 머신 테스트를 훨씬 쉽게 작성할 수 있게 됐다. 그러면, 아래 첫 번째 테스트부터 한번 보길 바란다.

```
// vm/vm_test.go

func TestIntegerArithmetic(t *testing.T) {
    tests := []vmTestCase{
        {"1", 1},
        {"2", 2},
        {"1 + 2", 2}, // FIXME
    }

    runVmTests(t, tests)
}
```

환상적이지 않은가? 지저분한 코드도 없고 반복되는 코드도 없다. 그냥 Monkey 코드를 작성했을 뿐이고, 가상 머신을 실행했을 때 스택에 남아 있기를 바라는 결과물을 명시했을 뿐이다.

한편 마지막 테스트 케이스인 1 + 2를 컴파일하고 실행했을 때, 스택에 남아 있기를 기대하는 값이 3이 아니라 2라는 점을 눈여겨봐야 한다. 얼핏 보아도 틀린 것으로 보이지 않는가? 당연히 틀렸다. 2장이 끝날 때쯤에는 1 + 2는 당연히 3이 되어야 한다. 지금은 OpConstant 이외에 정의해둔 게 없다. 따라서 스택에 상수를 집어넣는 행위를 구현하고 테스트하는 일 이외에는 할 수 있는 게 없다. 그리고 이 테스트 케이스에서 정수 2는 두 번째로 스택에 들어가는 숫자이다. 따라서 지금은 2가 스택에 들어갔는지 정도만 테스트하려는 것이다.

나머지 두 테스트 케이스는 1과 2를 입력으로 넣어 결과가 올바른지 '빠르게' 검사할 목적으로 작성한 테스트(sanity check)[5]이다. 두 테스트 케이스는 서로 다른 기능을 테스트하지 않는다. 정수 두 개를 넣는 행위에는 정수 하나를 넣는 행위가 포함되니까 말이다. 한편 여기서 테스트 케이스를 늘리는 것은 그렇게 어렵지도 않으며, 지면도 많이 차지하지 않는다. 그래서 표현식 안에 있는 정수 리터럴 하나를 처리했을 때, 스택에 정수 하나가 들어가는 것을 더욱 명시적으로 보장하기 위해서 의도적으로 추가한 것이다.

어쨌든 현재는 아무것도 스택에 들어가지 않는다. 왜냐하면 가상 머신을 정의하지 않았기 때문이다. 그러니 이제부터 만들어보자. 이미 우리는 가상 머신에 필요한 부품이 어떤 것인지 잘 알고 있다. 명령어(instructions), 상수(constants), 스택(stack)으로 만들면 된다.

```
// vm/vm.go

package vm

import (
    "monkey/code"
    "monkey/compiler"
    "monkey/object"
)
```

5 (옮긴이) sanity check: sanity test라고도 부르며, 모든 기능을 완벽하게 테스트하려는 게 아니라 기본적인 동작이 올바른지 빠르게 테스트할 목적으로 작성한 테스트를 말한다(참고 *https://en.wikipedia.org/wiki/Sanity_check*).

```
const StackSize = 2048

type VM struct {
    constants    []object.Object
    instructions code.Instructions

    stack []object.Object
    sp    int // 언제나 다음 값을 가리킴. 따라서 스택 최상단은 stack[sp-1]
}

func New(bytecode *compiler.Bytecode) *VM {
    return &VM{
        instructions: bytecode.Instructions,
        constants:    bytecode.Constants,

        stack: make([]object.Object, StackSize),
        sp:    0,
    }
}
```

가상 머신은 필드를 네 개 가진 구조체이다. 이 구조체는 constants와 instructions라는 필드를 갖고 있으며, 이 두 필드는 compiler가 만들어 내는 필드이다. 그리고 stack이라는 필드도 갖고 있다. 다들 이름은 거창하지만 생각보다 훨씬 단순하지 않은가?

stack은 요소의 수를 나타내는 StackSize만큼의 크기로 미리 할당하는데, 크기는 이 정도면 충분하다. sp는 스택 포인터이다. 나중에 sp 값을 증가/감소시키면서 스택을 늘리거나 줄이는 데 사용할 것이다. stack 슬라이스의 자체 크기는 변경하지 않겠다는 뜻이다.

여기서 stack과 sp를 사용하는 우리만의 조항을 하나 정하면, 다음과 같다.

> sp는 언제나 스택에서 비어 있는 다음 슬롯(slot)을 가리킨다.

만약 스택에 들어 있는 요소가 하나이고 0번째 인덱스에 위치한다면, sp 값은 1이며 우리가 이 요소에 접근하려면 stack[sp-1]으로 접근할 수 있다. 그리고 새로운 요소를 저장할 때는 stack[sp]에 저장하고 sp를 하나 증가시킨다.

위 내용을 기억한 채, 가상 머신 테스트에서 사용할 StackTop 메서드를 정의해보자.

```
// vm/vm.go

func (vm *VM) StackTop() object.Object {
    if vm.sp == 0 {
        return nil
    }
    return vm.stack[vm.sp-1]
}
```

아래 실행 결과를 보면 테스트가 실패하는데, 가상 머신을 구동할 메서드가 없기 때문이다. 따라서 가상 머신에 Run 메서드를 구현해보자.

```
$ go test ./vm
# monkey/vm
vm/vm_test.go:41:11: vm.Run undefined (type *VM has no field or method Run)
FAIL    monkey/vm [build failed]
```

Run 메서드 안에는 가상 머신의 심장 박동(heartbeat)이자 메인 루프(main loop)인 인출-복호화-실행 주기가 구현된다.

```
// vm/vm.go

func (vm *VM) Run() error {
    for ip := 0; ip < len(vm.instructions); ip++ {
        op := code.Opcode(vm.instructions[ip])

        switch op {
        }
    }

    return nil
}
```

위 코드는 첫 번째 부분인 '인출(fetch)'을 나타낸다. 명령어 포인터인 ip를 증가시키면서 vm.instructions를 반복한다. 그리고 vm.instructions에 직접 접근해 현재 명령어를 인출(fetch)한다. 그러고 나서 byte를 Opcode로 바꾼다. 여기서 주목할 점은 byte를 OpCode로 바꿀 때, code.

Lookup을 사용하지 않는다는 점이다. 만약 code.Lookup으로 byte를 OpCode로 변환하려면 정말 느려진다. 왜냐하면 바이트(byte)를 주고받으며, 명령코드 정의를 찾아 반환하고, 반환받은 정의를 쪼개서 사용하는 데에는 많은 시간이 소요되기 때문이다.

"우리는 배우려는 것이지 세상에서 가장 빠른 것을 만들려는 게 아니다." 내가 여러 차례 했던 말이다. 그런데 그렇게 말했던 사람이 왜 이번에는 코드가 너무 느리니 고쳐야 한다고 말할까? 왜냐하면 우리는 지금 핫 패스(hot path)[6]를 만들고 있기 때문이다. 가능한 모든 것을 제거하고 버려야 한다. code.Lookup을 사용한다면, 루프 안에 사실상 슬립문(sleep statement)을 넣는 것이나 마찬가지이다. 명령코드를 일반화해서 찾는 방식(Instructions.String(소형 디스어셈블러)과 같은 방식)과는 대조적으로, 우리가 알고 있는 명령어 처리 방법을 가상 머신의 Run 메서드에 압축해 넣어야 한다. 실행을 맡겨두고, 모든 명령어를 똑같은 방식으로 처리하도록 마냥 둘 수는 없다.

어쩌면 인출(fetch) 자체는 빠를지 모르지만, 아직 구현하지 않은 내용이 많아서 안타깝게도 테스트는 실패한다. 아래의 실행 결과를 보자.

```
$ go test ./vm
--- FAIL: TestIntegerArithmetic (0.00s)
 vm_test.go:20: testIntegerObject failed:\
   object is not Integer. got=<nil> (<nil>)
 vm_test.go:20: testIntegerObject failed:\
   object is not Integer. got=<nil> (<nil>)
 vm_test.go:20: testIntegerObject failed:\
   object is not Integer. got=<nil> (<nil>)
FAIL
FAIL    monkey/vm   0.006s
```

그럼 이제 '복호화(decode)'와 '실행(execute)'을 구현할 차례이다. 여기서 복호화(decoding)는 case를 추가해, 명령어가 가진 피연산자를 복호화한다는 뜻이다.

6 (옮긴이) 핫 패스(hot path): 실행 경로(execution path)에서 대다수 실행이 발생하는 곳을 말한다.

```go
// vm/vm.go

func (vm *VM) Run() error {
    // [...]
        switch op {
        case code.OpConstant:
            constIndex := code.ReadUint16(vm.instructions[ip+1:])
            ip += 2
        }
    // [...]
}
```

code.ReadUint16 함수로 바이트코드에 포함된 피연산자를 복호화한다. 명령코드 바이트 바로 다음인 ip+1부터 복호화해야 한다. 그리고 code.ReadOperands가 아닌 code.ReadUint16을 쓰는 이유 역시 속도 때문이다. 명령어를 인출(fetch)할 때 code.Lookup을 쓰지 않았던 이유와 같다.

피연산자를 복호화한 다음에, ip를 올바른 크기만큼 증가시킬 수 있도록 신중을 기해야 한다. 여기서 올바른 크기는 피연산자를 복호화하기 위해 읽어야 하는 바이트 수를 말한다. 피연산자를 복호화하면, 다음번 루프에서는 ip가 피연산자가 아니라 명령코드를 가리키고 있어야 한다.

한편 여전히 테스트를 구동할 수가 없는데, 선언했지만 사용하지 않은 constIndex가 있다고 Go 컴파일러가 불평하기 때문이다. 그러니 실행 주기에 '실행(execute)'을 추가해 constIndex를 사용하게끔 만들어 주자.

```go
// vm/vm.go

import (
    "fmt"
    // [...]
)

func (vm *VM) Run() error {
    // [...]
        switch op {
        case code.OpConstant:
            constIndex := code.ReadUint16(vm.instructions[ip+1:])
            ip += 2
```

```
            err := vm.push(vm.constants[constIndex])
            if err != nil {
                return err
            }
        }
    // [...]
}

func (vm *VM) push(o object.Object) error {
    if vm.sp >= StackSize {
        return fmt.Errorf("stack overflow")
    }

    vm.stack[vm.sp] = o
    vm.sp++

    return nil
}
```

constIndex를 사용해서 vm.constants 안의 상수를 얻고, 얻은 상수를 스택에 집어넣는다. 이름 그대로 간결한 vm.push 메서드는 스택 크기를 검사하고, 객체를 추가하며, 스택 포인터값인 sp를 증가시키는 역할을 수행한다.

드디어 우리의 가상 머신이 생명을 갖게 됐다.

```
$ go test ./vm
ok    monkey/vm    0.007s
```

테스트가 성공했다는 것은 우리만의 바이트코드 형식을 정의하는 데 성공했다는 뜻이다. 또한 Monkey 코드 일부를 번역해서 바이트코드 형식으로 바꿀 수 있는 컴파일러도 만들었다는 뜻이다. 또한, 컴파일러가 만든 바이트코드를 실행할 가상 머신도 훌륭하게 잘 만들었다는 뜻이다. 테스트 결과에서 ok라는 출력은 내가 생각하기에는 너무 침울한 말이다. "itstimetodance"[7] 정도는 되어야 지금 느낄 만족감을 대변할 수 있을 것이다!

7 (옮긴이) it's time to dance(춤을 춰야할 때이다). 그만큼 신이 난다는 저자의 농담.

또한 우리는 OpConstant 명령어 두 개를 컴파일하고 실행하는 데 사용할 인프라와 도구를 많이 만들었다. 지금은 과할 정도로 많이 만들었다고 생각할 수 있다. 하지만 뒤에서 모두 보상받을 테니 걱정할 것 없다. 곧 새로운 명령코드를 추가하면 금방 덕을 보게 될 것이다.

스택으로 덧셈하기

이번 장을 시작할 때, Monkey 표현식 1 + 2를 컴파일하고 실행하는 작업부터 시작했다. 이제 거의 끝에 다다랐다. 이제 스택에 넣은 두 정수를 실제로 더하는 일만 남았다. 이를 구현하기 위해 새로운 명령코드를 정의해야 한다.

새로 만들 명령코드는 OpAdd이다. OpAdd는 스택 가장 위에 있는 요소 둘을 뽑아서(pop), 둘을 더한 결과를 스택에 집어넣는 명령어이다. OpConstant와는 대조적으로 OpAdd는 어떤 피연산자도 갖지 않는다. 그냥 1바이트짜리 단일 명령코드이다.

```
// code/code.go

const (
    OpConstant Opcode = iota
    OpAdd
)

var definitions = map[Opcode]*Definition{
    OpConstant: {"OpConstant", []int{2}},
    OpAdd:      {"OpAdd", []int{}},
}
```

OpConstant 바로 다음에 OpAdd라는 새로운 정의를 추가했다. OpAdd에서 눈여겨볼 만한 점은 *Definition에 담긴 OperandWidths 필드가 빈 슬라이스로 되어 있다는 점이다. OpAdd가 피연산자를 갖지 않기 때문이다. 한편 우리가 구현한 여러 도움 함수에서도 피연산자가 없는 명령코드를 처리하도록 만들어야 한다. 가장 먼저 Make부터 고쳐보자.

```go
// code/code_test.go

func TestMake(t *testing.T) {
    tests := []struct {
        op       Opcode
        operands []int
        expected []byte
    }{
        // [...]
        {OpAdd, []int{}, []byte{byte(OpAdd)}},
    }

    // [...]
}
```

새로운 테스트 케이스는 Make 함수가 단일 OpCode를 바이트 슬라이스 하나로 부호화할 수 있음을 보장해준다. 그러면 이제 어떤 변화가 생길까? 재밌게도 이미 잘 동작하고 있다.

```
$ go test ./code
ok   monkey/code 0.006s
```

이제 Make 함수로 Instructions.String 메서드가 OpAdd 역시 처리하는지 테스트할 수 있다. 테스트 입력과 기댓값을 추가해보자.

```go
// code/code_test.go

func TestInstructionsString(t *testing.T) {
    instructions := []Instructions{
        Make(OpAdd),
        Make(OpConstant, 2),
        Make(OpConstant, 65535),
    }

    expected := `0000 OpAdd
0001 OpConstant 2
0004 OpConstant 65535
`

    // [...]
}
```

안타깝게도 테스트는 실패한다.

```
$ go test ./code
--- FAIL: TestInstructionsString (0.00s)
 code_test.go:51: instructions wrongly formatted.
  want="0000 OpAdd\n0001 OpConstant 2\n0004 OpConstant 65535\n"
  got="0000 ERROR: unhandled operandCount for OpAdd\n\n\
    0001 OpConstant 2\n0004 OpConstant 65535\n"
FAIL
FAIL    monkey/code 0.007s
```

한편 에러 메시지가 우리가 무엇을 해야 하는지 잘 설명해주고 있다. Instructions.fmtInstruction 메서드 안에 있는 switch 문을 확장해 피연산자가 없는 명령코드를 처리하도록 고쳐야 한다.

```
// code/code.go

func (ins Instructions) fmtInstruction(def *Definition, operands []int) string {
    // [...]

    switch operandCount {
    case 0:
        return def.Name
    case 1:
        return fmt.Sprintf("%s %d", def.Name, operands[0])
    }

    return fmt.Sprintf("ERROR: unhandled operandCount for %s\n", def.Name)
}
```

그러면 테스트에 초록불이 들어옴을 볼 수 있다.

```
$ go test ./code
ok   monkey/code 0.006s
```

그리고 OpAdd는 피연산자를 가지지 않기 때문에, ReadOperands는 변경하지 않아도 된다. 즉 앞서 구현한 몇 가지 도움 함수는 변경하지 않아도 된다. 이제 OpAdd를 완전히 정의했고 컴파일러에서 사용해도 괜찮다.

그럼 이제 첫 번째로 작성한 컴파일러 테스트인 TestIntegerArithmetic

을 다시 떠올려보자. 앞서 우리는 Monkey 표현식 `1 + 2`가 `OpConstant` 명령어 두 개로 변환되도록 단정했다. 이는 그때도 틀렸지만, 지금도 잘못된 테스트 케이스이다. 그때 우리는 가능하면 작게 컴파일러를 만들고자 했다. 스택에 정수를 넣는 작업만 할 수 있는 작은 컴파일러를 만들고자 했다는 뜻이다. 그렇기에 그때는 틀려도 괜찮았다. 그러나 이제는 두 숫자를 더하길 원한다. 그때는 존재하지 않았던 `OpAdd` 명령어를 추가했으므로 테스트를 고쳐야 할 시점이 됐다.

```
// compiler/compiler_test.go

func TestIntegerArithmetic(t *testing.T) {
    tests := []compilerTestCase{
        {
            input:             "1 + 2",
            expectedConstants: []interface{}{1, 2},
            expectedInstructions: []code.Instructions{
                code.Make(code.OpConstant, 0),
                code.Make(code.OpConstant, 1),
                code.Make(code.OpAdd),
            },
        },
    }
    // [...]
}
```

`expectedInstructions`는 더 고칠 게 없다. `OpConstant` 명령어 둘은 상수 두 개를 스택에 집어넣을 것이고, `OpAdd` 명령어는 가상 머신이 두 상수를 더하게 만들어야 한다.

지금까지는 도움 함수만 변경했고 실제 컴파일러를 변경하지는 않았기에, 테스트는 배출(emit)하고 있지 않은 명령어가 무엇인지 말해준다.

```
$ go test ./compiler
--- FAIL: TestIntegerArithmetic (0.00s)
 compiler_test.go:26: testInstructions failed: wrong instructions length.
  want="0000 OpConstant 0\n0003 OpConstant 1\n0006 OpAdd\n"
  got ="0000 OpConstant 0\n0003 OpConstant 1\n"
FAIL
FAIL    monkey/compiler 0.007s
```

나는 다시 생각해도, Instructions.String 메서드를 미리 만들어두길 너무 잘한 것 같다. 너무 유용하지 않은가!

Instructions.String은 테스트 결과를 깔끔하게 규격화해, 알아볼 수 있는 내용으로 보여준다. 즉, 우리가 OpAdd 명령어를 배출해야 함을 말해준다. 앞서 우리는 Compile 메서드 안에서 *ast.InfixExpression을 처리한 적이 있기에 어디를 고쳐야 할지 잘 알고 있다.

```
// compiler/compiler.go

import (
    "fmt"
    // [...]
)

func (c *Compiler) Compile(node ast.Node) error {
    switch node := node.(type) {
    // [...]

    case *ast.InfixExpression:
        err := c.Compile(node.Left)
        if err != nil {
            return err
        }

        err = c.Compile(node.Right)
        if err != nil {
            return err
        }

        switch node.Operator {
        case "+":
            c.emit(code.OpAdd)
        default:
            return fmt.Errorf("unknown operator %s", node.Operator)
        }

    // [...]
    }

    // [...]
}
```

새로운 switch 문이 추가됐고 그 안에서는 *ast.InfixExpression 노드가 가진 Operator 필드를 검사한다. 만약 node.Operator가 (테스트에서처럼) +라면, c.emit으로 OpAdd 명령어를 배출한다. 그리고 안전을 위해 default를 추가해서, 컴파일 방법을 알 수 없는 중위 연산자를 만났을 때 에러를 반환하게 만든다. 아마 모두가 예상했겠지만, 나중에 case를 더 추가할 예정이다.

됐다. 우리 컴파일러는 이제 OpAdd 명령어를 배출할 수 있다.

```
$ go test ./compiler
ok   monkey/compiler 0.006s
```

금상첨화란 이럴 때 쓰는 말이 아닐까? 그럼 다른 주제로 새지 말고, 바로 가상 머신 구현으로 넘어가자. 가상 머신도 OpAdd를 처리할 수 있도록 구현해보자.

테스트를 새로 작성하지 않아도 되니 너무 좋다. 대신 앞에서 작성한 테스트 코드는 고쳐야 한다. vm 패키지에서 '틀린' 테스트 케이스를 작성했기 때문이다. 표현식 1 + 2가 스택에 2를 남기도록 단정한 테스트 케이스가 떠오르지 않는가? 지금이 고쳐야 할 때다.

```
// vm/vm_test.go

func TestIntegerArithmetic(t *testing.T) {
    tests := []vmTestCase{
        // [...]
        {"1 + 2", 3},
    }

    runVmTests(t, tests)
}
```

이제 기댓값이 2가 아니라 3이 됐다. 하지만 이것만 바꿔서는 테스트를 통과할 수 없다.

```
$ go test ./vm
--- FAIL: TestIntegerArithmetic (0.00s)
 vm_test.go:20: testIntegerObject failed:\
   object has wrong value. got=2, want=3
```

```
FAIL
FAIL    monkey/vm   0.007s
```

이제는 스택에 넣은 정수로 뭔가를 해야 한다. 쉽게 말해서 이제 스택으로 산술 연산을 해야 한다. 그러면 스택으로 두 숫자를 더하려면 가장 먼저 무엇을 해야 할까? 그렇다. 스택에서 피연산자를 꺼내야(pop) 한다. 스택에서 피연산자를 꺼내는 데 쓸 메서드를 가상 머신에 추가해보자.

```
// vm/vm.go

func (vm *VM) pop() object.Object {
    o := vm.stack[vm.sp-1]
    vm.sp--
    return o
}
```

먼저 스택 최상단(top), `vm.sp-1`에 있는 요소를 가져온다. 그리고 `o`에 할당해둔다. 그러고 나서 `vm.sp`를 감소시킨다. 즉 방금 꺼낸 요소가 있던 자리를 덮어쓰게 된다는 뜻이다.

새로 작성한 `pop` 메서드를 사용하려면, 새로운 명령어 `OpAdd`를 처리할 '복호화' 코드를 추가해야 한다. 한편 복호화만 설명해서는 별 의미가 없으므로, '실행(execute)'과 연관해 설명하겠다.

```
// vm/vm.go

func (vm *VM) Run() error {
    // [...]
        switch op {
        // [...]

        case code.OpAdd:
            right := vm.pop()
            left := vm.pop()
            leftValue := left.(*object.Integer).Value
            rightValue := right.(*object.Integer).Value

        }
    // [...]
}
```

실행 루프(run-loop)에서 '복호화' 부분을 확장한다는 것은 code.OpAdd라는 case를 추가한다는 뜻이다. 그러고 나면, 실제 동작인 '실행'을 구현할 준비가 된다. case code.OpAdd에서는 스택에서 피연산자 둘을 꺼내 각각의 값을 풀어낸 다음, 변수 leftValue와 rightValue에 할당한다.

아주 간단한 작업처럼 보이지만, 미묘한 버그가 생길 수 있는 코드이다. 위 코드에는 암묵적인 전제가 깔려 있다. 바로, 중위 연산자의 right 피연산자가 마지막으로 스택에 들어간다는 것이다. 중위 연산자 +의 경우에는 피연산자 간의 순서는 중요하지 않다. 따라서 방금 말한 암묵적인 전제가 문제가 되지 않는다. 그러나 피연산자 간의 순서가 잘못됐을 때, 틀린 결과를 도출하는 다른 연산자가 있다. 나는 다른 어떤 특이한 연산자를 말하는 게 아니다. - 연산자만 하더라도 피연산자가 올바른 순서로 배치되어 있어야 한다.

어쨌든 다시 원래의 이야기로 돌아와서, 우린 OpAdd 구현을 막 시작했고, 가상 머신 테스트는 여전히 실패한다. 따라서 멋들어진 코드를 추가해 구현을 마무리 짓자.

```
// vm/vm.go

func (vm *VM) Run() error {
    // [...]
        switch op {
        // [...]

        case code.OpAdd:
            right := vm.pop()
            left := vm.pop()
            leftValue := left.(*object.Integer).Value
            rightValue := right.(*object.Integer).Value

            result := leftValue + rightValue
            vm.push(&object.Integer{Value: result})

        // [...]
        }
    // [...]
}
```

코드 두 줄을 추가했는데, 추가된 첫 행에서는 `leftValue`와 `rightValue`를 더하고, 두 번째 행에서는 더한 결과를 `*object.Integer`로 변환한 뒤에 스택에 집어넣는다. 그러고 나면 아래와 같은 결과를 얻게 된다.

```
$ go test ./vm
ok    monkey/vm    0.006s
```

테스트를 통과한다. 해냈다! 이번 장에서 정한 목표를 달성했고, Monkey 표현식 `1 + 2`를 컴파일하고 실행하는 데까지 성공했다.

이제 잠시 등을 기대고 숨을 좀 돌리면서 쉬어도 된다. 그리고 컴파일러와 가상 머신을 만든다는 게 어떤 기분인지 만끽해보자. 아마도 여러분이 생각했던 것만큼 그렇게 어렵지는 않았을 것이다. 물론 우리가 만든 컴파일러와 가상 머신이 '풍부한 기능(feature rich)'을 갖추지는 못했다. 아직 완성도 다 못했고 만들어야 할 게 태산이지만, 컴파일러와 가상 머신 둘 다 필수 인프라는 구축했다. 자부심을 가져도 좋다. 여러분은 그래도 된다.

REPL 연동하기

더 진행하기에 앞서, 컴파일러와 가상 머신을 REPL에 연동해보자. REPL과 연동하면, 실험하고 싶은 Monkey 코드를 입력했을 때, 바로 피드백을 받을 수 있다. 기존 REPL에 구현된 `Start` 함수에서, 평가기(evaluator)와 환경 설정을 제거하고, 그 자리를 컴파일러와 가상 머신을 호출하는 코드로 대체해 만들면 된다. 테스트에서 구현했던 것처럼 말이다.

```
// repl/repl.go

import (
    "bufio"
    "fmt"
    "io"
    "monkey/compiler"
    "monkey/lexer"
```

```
    "monkey/parser"
    "monkey/vm"
)

func Start(in io.Reader, out io.Writer) {
    scanner := bufio.NewScanner(in)

    for {
        fmt.Fprintf(out, PROMPT)
        scanned := scanner.Scan()
        if !scanned {
            return
        }

        line := scanner.Text()
        l := lexer.New(line)
        p := parser.New(l)

        program := p.ParseProgram()
        if len(p.Errors()) != 0 {
            printParserErrors(out, p.Errors())
            continue
        }

        comp := compiler.New()
        err := comp.Compile(program)
        if err != nil {
            fmt.Fprintf(out, "Woops! Compilation failed:\n %s\n", err)
            continue
        }

        machine := vm.New(comp.Bytecode())
        err = machine.Run()
        if err != nil {
            fmt.Fprintf(out, "Woops! Executing bytecode failed:\n %s\n",
                err)
            continue
        }

        stackTop := machine.StackTop()
        io.WriteString(out, stackTop.Inspect())
        io.WriteString(out, "\n")
    }
}
```

먼저 입력을 토큰화하고 파싱한 다음, 컴파일하고 프로그램을 실행하면 된다. 그리고 전에는 `Eval` 함수에서 반환값을 출력했지만, 이번에는 가상 머신 스택 가장 위에 있는 객체를 출력하도록 바꾸면 된다.

이제 아래처럼 REPL을 실행할 수 있게 됐다. 우리가 만든 컴파일러와 가상 머신이 눈에 보이지는 않지만 맡은 바를 묵묵히 수행하고 있음을 알 수 있다.

```
$ go build -o monkey . && ./monkey[8]
Hello mrnugget! This is the Monkey programming language!
Feel free to type in commands
>> 1
1
>> 1 + 2
3
>> 1 + 2 + 3
6
>> 1000 + 555
1555
```

정말 훌륭하다! 그러나, 당연하지만 숫자 둘을 더하는 작업이 아닌 다른 작업을 한다면 아래 실행 결과처럼 실패한다.

```
>> 99 - 1
Woops! Compilation failed:
 unknown operator -
>> 80 / 2
Woops! Compilation failed:
 unknown operator /
```

아직 할 일이 많은 것 같으니, 마저 만들어보자.

8 (옮긴이) 윈도우 사용자라면 실행 파일이 아니어서 실행을 못 하는 문제가 발생할 수 있는데, `go build -o monkey.exe .`로 빌드하면 된다. 또한 Powershell에서 && 연산자를 인식하지 못하는 경우가 있을 수 있는데, 단순하게 두 행에 걸쳐서 빌드하고 실행하면 된다.

3장

W r i t i n g A C o m p i l e r I n G o

표현식 컴파일하기

지난 두 장에서 새롭고 낯선 내용을 정말 많이 학습했다. 작은 컴파일러도 만들어봤고, 가상 머신도 만들었으며, 바이트코드 명령어도 정의했다. 이번 장에서는 새로 학습한 내용인 바이트코드를 컴파일하고 실행하는 동작을, 전편《인터프리터 in Go》에서 학습한 내용과 결합하려 한다. Monkey 언어에서 지원하는 모든 전위 연산자(prefix operator)와 중위 연산자(infix operator)를 컴파일러에서도 지원해보자.

《인터프리터 in Go》의 내용과 결합하는 과정에서, 코드 베이스에 더 익숙해지는 것은 물론이고, 인프라를 좀 더 확장할 수 있게 된다. 덕분에 숨도 좀 고를 수 있고 말이다. 본격적으로 시작하기에 앞서 정리할 것이 좀 있다. 바로 스택(stack)이다.

스택 정리하기

현재 상태에서는, 컴파일러와 가상 머신은 두 숫자를 더하는 일밖에 못한다. 표현식 `1 + 2`를 입력으로 넣으면, 가상 머신은 스택에 3을 넣는다. 이는 정확히 우리가 원했던 결과지만, 어둠 속에서 도사리고 있는 문제가 있다. 스택에 있는 3이 영원히 남아 있게 되는 문제이다. 우리가 아무런 조치를 취하지 않는다면 말이다.

표현식 1 + 2 자체에 문제가 있는 것이 아니라 표현식이 만들어지는 위치 때문에 생기는 문제인데, 표현식(expression)은 '표현식문(expression statement)'에 포함되어 있기 때문이다. 여러분이 혹시 잊어버렸을지 몰라 《인터프리터 in Go》의 내용을 다시 언급하자면, Monkey 명령문(statement)은 세 가지 유형으로 나뉜다. 즉 let 문(let statement), return 문(return statement), 표현식문이다. 앞의 둘은 명시적으로 자식 표현식(child-expression) 노드가 생성하는 값을 재사용하는 반면, 표현식문은 표현식을 감쌀 뿐 사용될 때는 표현식 그 자체로 사용된다. 표현식문은 만들어진 값을 재사용하지 않도록 정의되어 있다. 그런데 우리는 재사용해야 하므로 문제가 된다. 왜냐하면 우리가 의식하지 않더라도 스택에 표현식을 넣을 수 있기 때문이다.

아래 Monkey 프로그램을 보자.

```
1;
2;
3;
```

서로 다른 표현식문이 세 개 있다. 위 프로그램을 실행하면 스택에 뭐가 남아 있을지 우리 모두 잘 알고 있다. 마지막 표현식문 3이 만든 값 3은 물론, 1, 2, 3 모두 스택에 남아 있다. 만약 Monkey 프로그램이 아주 많은 표현식문으로 구성된다면, 어느 순간 스택이 가득찰 수 있다. 더는 사용하지 않는데, 남아 있다는 게 좋아 보이지 않는다.

문제를 해결하려면 두 부분을 고쳐야 한다. 첫째, 명령코드를 새로 정의해 가상 머신이 스택 가장 위에 있는 요소를 제거(pop)하도록 만들어야 한다. 둘째, 앞서 새로 정의한 명령코드를 표현식문을 처리할 때마다 배출해야 한다.

그럼, 명령코드부터 정의해보자. OpPop이라는 이름이 적절해 보인다.

```
// code/code.go

const (
    // [...]
```

```
    OpPop
)

var definitions = map[Opcode]*Definition{
    // [...]

    OpPop:      {"OpPop", []int{}},
}
```

OpPop은 OpAdd처럼 피연산자를 갖지 않는다. OpPop은 가상 머신에게 스택 가장 위에서 요소 하나를 빼라고 말해준다. 이런 동작에는 피연산자가 필요하지 않다.

이제 명령코드 OpPop를 사용해서 표현식문을 처리하고 난 뒤에, 스택을 비우도록 하자. 앞서 작성해둔 테스트 스윗(test suite) 덕분에 새로 만들 동작을 테스트하기 아주 편하다. 아직 컴파일러를 테스트할 코드가 많지 않기 때문에, 이번 장에서 OpPop을 구현하는 게 현명하다고 생각한다. 지금은 TestIntegerArithmetic에서 테스트 케이스 하나만 변경하면 된다.

```
// compiler/compiler_test.go

func TestIntegerArithmetic(t *testing.T) {
    tests := []compilerTestCase{
        {
            input:             "1 + 2",
            expectedConstants: []interface{}{1, 2},
            expectedInstructions: []code.Instructions{
                code.Make(code.OpConstant, 0),
                code.Make(code.OpConstant, 1),
                code.Make(code.OpAdd),
                code.Make(code.OpPop),
            },
        },
    }

    runCompilerTests(t, tests)
}
```

code.Make(code.OpPop)로 Make 함수를 호출하는 코드 한 줄만 추가했다. 컴파일된 표현식문 다음에 OpPop 명령어가 나오도록 단정한다. 표현식문을 여러 개 담고 있는 테스트를 추가하면, 바람직한 동작이 무엇인지 더 분명히 알 수 있다. 아래 코드를 보자.

```
// compiler/compiler_test.go

func TestIntegerArithmetic(t *testing.T) {
    tests := []compilerTestCase{
        // [...]
        {
            input:             "1; 2",
            expectedConstants: []interface{}{1, 2},
            expectedInstructions: []code.Instructions{
                code.Make(code.OpConstant, 0),
                code.Make(code.OpPop),
                code.Make(code.OpConstant, 1),
                code.Make(code.OpPop),
            },
        },
    }

    runCompilerTests(t, tests)
}
```

위 코드에서 ;로 1과 2를 구분하고 있음에 주목하자. 두 정수 리터럴은 각각 표현식문이며, 각 표현식문 뒤에는 OpPop 명령어가 뒤에 배출되어야 한다. 현재는 OpPop 명령어가 배출되고 있지 않고, 아래와 같이 상수를 스택에 넣으라고만 지시하고 있다.

```
$ go test ./compiler
--- FAIL: TestIntegerArithmetic (0.00s)
 compiler_test.go:37: testInstructions failed: wrong instructions length.
  want="0000 OpConstant 0\n0003 OpConstant 1\n0006 OpAdd\n0007 OpPop\n"
  got ="0000 OpConstant 0\n0003 OpConstant 1\n0006 OpAdd\n"
FAIL
FAIL    monkey/compiler 0.007s
```

테스트를 통과할 수 있도록 코드를 수정해 의도한 대로 스택을 비우려면, 컴파일러에서 아래와 같이 c.emit을 호출해주면 된다.

```
// compiler/compiler.go

func (c *Compiler) Compile(node ast.Node) error {
    switch node := node.(type) {
    // [...]

    case *ast.ExpressionStatement:
        err := c.Compile(node.Expression)
        if err != nil {
            return err
        }
        c.emit(code.OpPop)

    // [...]
    }

    // [...]
}
```

*ast.ExpressionStatement의 node.Expression을 컴파일하고 나서 OpPop을 배출하면 모든 작업이 끝난다.

```
$ go test ./compiler
ok   monkey/compiler 0.006s
```

사실 조금 더 할 일이 있는데, 가상 머신에게 OpPop 명령어를 어떻게 처리하는지 알려줘야 한다. 이 작업 역시 미리 작성한 테스트 코드 덕에 코드를 조금만 추가하면 된다.

지난번 가상 머신 테스트에서는 vm.StackTop 메서드를 호출해서 가상 머신이 스택에 올바른 대상을 집어넣는지 확인한 적이 있다. 그러나 지금은 OpPop을 구현했기 때문에, 더는 같은 코드로 테스트할 수 없다. 원하는 동작을 말로 풀어보면 이렇다. “가상 머신아! 스택에서 빼기 바로 전에 이건 꼭 스택에 있어야 해, 알았지?”

이를 위해, 테스트 전용 메서드 LastPoppedStackElem을 가상 머신에 추가했다. 그리고 StackTop 메서드를 삭제했다.

```go
// vm/vm.go

func (vm *VM) LastPoppedStackElem() object.Object {
    return vm.stack[vm.sp]
}
```

우리는 그동안 vm.sp가 vm.stack에서 언제나 다음 빈 슬롯(next free slot)을 가리키도록 만들었다. 새로운 요소는 항상 이 위치에 들어와야 했다. 그러나 우리가 (명시적으로 nil을 넣어 처리하지 않고) vm.sp를 감소 시켜 스택에서 요소를 뺐기 때문에, 이전에 스택의 최상단 위치에서 사용된 요소가 그대로 남아 있을 수 있다. LastPoppedStackElem 메서드로 가상 머신 테스트를 변경해 OpPop이 올바르게 처리되는지 확인해 보자.

```go
// vm/vm_test.go

func runVmTests(t *testing.T, tests []vmTestCase) {
    t.Helper()

    for _, tt := range tests {
        // [...]

        stackElem := vm.LastPoppedStackElem()

        testExpectedObject(t, tt.expected, stackElem)
    }
}
```

vm.StackTop 호출을 vm.LastPoppedStackElem으로 변경했다. 따라서 아래처럼 기존에 작성해둔 테스트 코드가 동작하지 않게 됐다.

```
$ go test ./vm
--- FAIL: TestIntegerArithmetic (0.00s)
 vm_test.go:20: testIntegerObject failed:\
   object is not Integer. got=<nil> (<nil>)
 vm_test.go:20: testIntegerObject failed:\
   object is not Integer. got=<nil> (<nil>)
 vm_test.go:20: testIntegerObject failed:\
   object has wrong value. got=2, want=3
FAIL
FAIL    monkey/vm    0.007s
```

테스트를 통과하려면, 가상 머신이 스택을 비우도록 만들어야 한다. 아래 코드를 보자.

```
// vm/vm.go

func (vm *VM) Run() error {
    // [...]
        switch op {
        // [...]

        case code.OpPop:
            vm.pop()

        }
    // [...]
}
```

스택을 깔끔하게 비울 수 있게 됐다. 아래 실행 결과를 보자.

```
$ go test ./vm
ok   monkey/vm   0.006s
```

한편 REPL 역시 고쳐야 한다. REPL 코드에서는 아직도 StackTop을 사용하고 있으니 LastPoppedStackElem으로 대체하자.

```
// repl/repl.go

func Start(in io.Reader, out io.Writer) {
    // [...]

    for {
        // [...]

        lastPopped := machine.LastPoppedStackElem()
        io.WriteString(out, lastPopped.Inspect())
        io.WriteString(out, "\n")
    }
}
```

완벽하다! 이제 안심하고 다른 연산을 더 구현해도 될 것 같다. 이제 스택이 터져버리는 일은 생기지 않을 테니까.

중위 표현식

Monkey 언어는 중위 연산자 여덟 개를 지원하는데, 여덟 개에서 네 개는 산술 연산자 + - * /로 사용된다. 앞에서 이미 명령코드 OpAdd로 +는 지원하도록 만들었다. 그럼 나머지 세 개를 마저 만들어보자. 나머지 세 개 역시 피연산자와 스택을 사용한다는 점에서 같은 방식으로 동작한다. 셋 모두를 한 번에 추가하자.

첫 단계는 OpCode 정의를 code 패키지에 추가하는 작업이다.

```
// code/code.go

const (
    // [...]

    OpSub
    OpMul
    OpDiv
)

var definitions = map[Opcode]*Definition{
    // [...]

    OpSub: {"OpSub", []int{}},
    OpMul: {"OpMul", []int{}},
    OpDiv: {"OpDiv", []int{}},
}
```

OpSub은 - 연산자를, OpMul은 * 연산자를, OpDiv는 / 연산자를 나타낸다. 세 명령코드를 정의했으니, 이제 컴파일러 테스트에서 이들을 사용해, 컴파일러가 산술 연산 명령코드를 처리하도록 해보자.

```
// compiler/compiler_test.go

func TestIntegerArithmetic(t *testing.T) {
    tests := []compilerTestCase{
        // [...]
        {
            input:             "1 - 2",
            expectedConstants: []interface{}{1, 2},
            expectedInstructions: []code.Instructions{
```

```
                code.Make(code.OpConstant, 0),
                code.Make(code.OpConstant, 1),
                code.Make(code.OpSub),
                code.Make(code.OpPop),
            },
        },
        {
            input:             "1 * 2",
            expectedConstants: []interface{}{1, 2},
            expectedInstructions: []code.Instructions{
                code.Make(code.OpConstant, 0),
                code.Make(code.OpConstant, 1),
                code.Make(code.OpMul),
                code.Make(code.OpPop),
            },
        },
        {
            input:             "2 / 1",
            expectedConstants: []interface{}{2, 1},
            expectedInstructions: []code.Instructions{
                code.Make(code.OpConstant, 0),
                code.Make(code.OpConstant, 1),
                code.Make(code.OpDiv),
                code.Make(code.OpPop),
            },
        },
    }

    runCompilerTests(t, tests)
}
```

내가 마지막 테스트 케이스에서만 피연산자의 순서를 변경해 놓았는데, 이것 말고는 여러분이 고민할 만한 내용은 없어 보인다. 오히려 앞서 나온 표현식문 테스트 케이스 `1 + 2`와 너무 유사해서 지겨운 느낌이 들 정도이다. 단지, 연산자와 기대하는 명령코드만 다를 뿐이다. 그러나, 안타깝게도 컴파일러는 유사성이라는 개념을 이해하지 못하는 녀석이다. 아래의 실행 결과를 보자.

```
$ go test ./compiler
--- FAIL: TestIntegerArithmetic (0.00s)
 compiler_test.go:67: compiler error: unknown operator -
FAIL
FAIL    monkey/compiler 0.006s
```

Compile 메서드의 switch 문을 바꿔야 한다. node.Operator를 검사하는 switch 문을 변경해보자.

```
// compiler/compiler.go

func (c *Compiler) Compile(node ast.Node) error {
    switch node := node.(type) {
    // [...]

    case *ast.InfixExpression:
        // [...]

        switch node.Operator {
        case "+":
            c.emit(code.OpAdd)
        case "-":
            c.emit(code.OpSub)
        case "*":
            c.emit(code.OpMul)
        case "/":
            c.emit(code.OpDiv)
        default:
            return fmt.Errorf("unknown operator %s", node.Operator)
        }

    // [...]
    }

    // [...]
}
```

-, *, /를 처리할 case 코드 여섯 줄이 추가됐다. 덕분에 테스트는 통과한다.

```
$ go test ./compiler
ok   monkey/compiler 0.006s
```

훌륭하다. 컴파일러는 명령코드 세 개를 더 만들 수 있게 됐다. 따라서 가상 머신은 새로운 명령코드를 처리할 의무가 생겼다. 우리는 언제나 테스트부터 작성하지 않았던가? 테스트 케이스부터 추가해보자.

```go
// vm/vm_test.go

func TestIntegerArithmetic(t *testing.T) {
    tests := []vmTestCase{
        // [...]
        {"1 - 2", -1},
        {"1 * 2", 2},
        {"4 / 2", 2},
        {"50 / 2 * 2 + 10 - 5", 55},
        {"5 + 5 + 5 + 5 - 10", 10},
        {"2 * 2 * 2 * 2 * 2", 32},
        {"5 * 2 + 10", 20},
        {"5 + 2 * 10", 25},
        {"5 * (2 + 10)", 60},
    }

    runVmTests(t, tests)
}
```

테스트 케이스가 과하다 싶을 만큼 많다고 생각하는 사람도 있을 줄 안다. 그러나 여기서 나는 여러분에게 스택 연산이 가지는 힘을 보여주고 싶었다. 가상 머신이 새로 추가한 명령코드 OpSub, OpMul, OpDiv를 인식할 수 있는지 확인하는 테스트 케이스만 추가된 게 아니다. 중위 연산자와 섞어서 여러 우선순위 수준을 검사하고, 괄호를 추가해 우선순위를 조작하는 등 다양한 테스트 케이스를 나열하고 있다. 아래 실행 결과를 보자. 아직은 모두 실패하는 테스트 케이스이다. 그러나 나는 실패했다는 것을 강조하고 싶은 게 아니다.

```
$ go test ./vm
--- FAIL: TestIntegerArithmetic (0.00s)
 vm_test.go:30: testIntegerObject failed: object has wrong value.\
   got=2, want=-1
 vm_test.go:30: testIntegerObject failed: object has wrong value.\
   got=5, want=55
 vm_test.go:30: testIntegerObject failed: object has wrong value.\
   got=2, want=32
 vm_test.go:30: testIntegerObject failed: object has wrong value.\
   got=12, want=20
 vm_test.go:30: testIntegerObject failed: object has wrong value.\
   got=12, want=25
 vm_test.go:30: testIntegerObject failed: object has wrong value.\
```

```
    got=12, want=60
FAIL
FAIL    monkey/vm   0.007s
```

나는 위에서 실패한 테스트 케이스를 모두 통과하도록 만드는데, 코드 변경이 많지 않다는 것을 강조하고 싶다. 가장 먼저 가상 머신에서 구현한 code.OpAdd를 처리하는 case를 변경해보자.

```
// vm/vm.go

func (vm *VM) Run() error {
    // [...]
        switch op {
        // [...]

        case code.OpAdd, code.OpSub, code.OpMul, code.OpDiv:
            err := vm.executeBinaryOperation(op)
            if err != nil {
                return err
            }

        }
    // [...]
}
```

이항 연산(binary operation)이 필요한 모든 내용을 executeBinary Operation 메서드 안으로 숨겼다.

```
// vm/vm.go

func (vm *VM) executeBinaryOperation(op code.Opcode) error {
    right := vm.pop()
    left := vm.pop()

    leftType := left.Type()
    rightType := right.Type()

    if leftType == object.INTEGER_OBJ && rightType == object.INTEGER_OBJ {
        return vm.executeBinaryIntegerOperation(op, left, right)
    }

    return fmt.Errorf("unsupported types for binary operation: %s %s",
```

```
        leftType, rightType)
}
```

executeBinaryOperation이 하는 일이라고는 타입이 맞는지 여부, 그래서 에러를 생성할지를 검사하는 게 전부다. 나머지 일은 모두 executeBinaryIntegerOperation 메서드에 넘긴다.

```
// vm/vm.go

func (vm *VM) executeBinaryIntegerOperation(
    op code.Opcode,
    left, right object.Object,
) error {
    leftValue := left.(*object.Integer).Value
    rightValue := right.(*object.Integer).Value

    var result int64

    switch op {
    case code.OpAdd:
        result = leftValue + rightValue
    case code.OpSub:
        result = leftValue - rightValue
    case code.OpMul:
        result = leftValue * rightValue
    case code.OpDiv:
        result = leftValue / rightValue
    default:
        return fmt.Errorf("unknown integer operator: %d", op)
    }

    return vm.push(&object.Integer{Value: result})
}
```

이제서야 left와 right 피연산자 안에 들어 있는 정수를 꺼내서 처리한다. op 값에 따라 피연산자로 결괏값을 만든다. 놀랄 것도 없는 게, 위 내용은 《인터프리터 in Go》 evaluator 패키지에서 비슷한 내용을 만들어본 적이 있기 때문이다.

아래는 executeBinaryOperation과 executeBinaryIntegerOperation을 추가한 결과이다.

```
$ go test ./vm
ok   monkey/vm   0.010s
```

덧셈, 뺄셈, 곱셈, 나눗셈을 모두 구현했다. 단일 연산, 복합 연산 모두 잘 동작하고, 괄호로 묶었을 때도 잘 동작한다. 우리가 하는 일이라고는 피연산자를 스택에서 뽑아 계산하고, 다시 스택에 넣을 뿐인데도 말이다. 정말 대단하지 않은가?

불

바로 앞 섹션에서 추가한 연산자 말고도 Monkey 언어에서 사용할 수 있는 연산자는 아주 많다. ==, !=, >, < 같은 비교 연산자도 있고, 전위 연산자 !과 -도 있다. 다음 목표는 남은 연산자 모두를 구현해보는 것이다. 따라서 목표의 일환으로 Monkey 가상 머신이 불(boolean) 데이터 타입을 처리하도록 만들어야 한다.

```
true;
false;
```

위에 보이는 불 리터럴을 지원하는 작업부터 시작해보자. 불 리터럴을 구현하면서, 불 연산자를 추가할 때가 되면, 불 데이터 타입은 어느새 구현되어 있을 것이다.

자, 그러면 불 리터럴은 어떻게 동작해야 할까? 평가기(evalutor)에서 해당 불 리터럴은 지정값인 `true` 혹은 `false` 불값으로 평가됐다. 한편, 우리는 지금 컴파일러와 가상 머신을 만들고 있으니, 현재 문맥에 맞게 동작을 조정해야 한다. 불 리터럴이 특정 불값으로 평가되는 게 아니라, 불 리터럴을 만나면 가상 머신이 불값을 스택에 집어넣도록 만들어야 한다.

정수 리터럴이 동작하는 방식과 아주 유사하다. 그리고 불 리터럴은 `OpConstant` 명령어로 컴파일되어야 한다. `true`와 `false`를 상수로 취급해도 되지만, 이렇게 만들면 자원을 낭비하는 꼴이다. 바이트코드에서 사용할 자원만 낭비하는 게 아니라, 컴파일러와 가상 머신에서 사용할 자원도 낭비된다. 따라서 true와 false를 상수로 취급하지 말고 가상 머신이 직접 처리하도록, 명령코드 둘을 새롭게 정의해보자. 이 명령어를 가상 머신이 처리할 때, *object.Boolean을 스택에 넣도록 하면 된다.

```
// code/code.go

const (
    // [...]

    OpTrue
    OpFalse
)

var definitions = map[Opcode]*Definition{
    // [...]

    OpTrue:  {"OpTrue", []int{}},
    OpFalse: {"OpFalse", []int{}},
}
```

고민할 필요가 없는 이름이다. 그래도 두 명령어가 하는 일을 분명히 기술할 필요는 있다. 두 명령코드 모두 피연산자를 갖지 않으며, 가상 머신에게 단순히 true나 false를 스택에 넣어 달라고 요청한다.

이제 두 명령코드를 사용해 컴파일러 테스트를 작성해보자. 테스트에서는 true와 false라는 불 리터럴이 OpTrue와 OpFalse 명령어로 변환되는지 확인할 것이다.

```
// compiler/compiler_test.go

func TestBooleanExpressions(t *testing.T) {
    tests := []compilerTestCase{
        {
            input:             "true",
            expectedConstants: []interface{}{},
            expectedInstructions: []code.Instructions{
                code.Make(code.OpTrue),
                code.Make(code.OpPop),
            },
        },
```

```
        {
            input:             "false",
            expectedConstants: []interface{}{},
            expectedInstructions: []code.Instructions{
                code.Make(code.OpFalse),
                code.Make(code.OpPop),
            },
        },
    }

    runCompilerTests(t, tests)
}
```

위 코드는 두 번째 컴파일러 테스트이며, 첫 번째 테스트와 같은 구조를 갖는다. tests 슬라이스는 비교 연산자를 구현할 때 더 확장하기로 하자.

테스트를 실행해보면, 두 테스트 케이스 모두 실패한다. 왜냐하면 컴파일러가 아는 정보라고는 표현식문을 처리한 뒤에, OpPop 명령어를 배출한다는 사실밖에는 없기 때문이다.

```
$ go test ./compiler
--- FAIL: TestBooleanExpressions (0.00s)
 compiler_test.go:90: testInstructions failed: wrong instructions length.
  want="0000 OpTrue\n0001 OpPop\n"
  got ="0000 OpPop\n"
FAIL
FAIL    monkey/compiler 0.009s
```

OpTrue나 OpFalse 명령어를 배출하려면 Compile 메서드에 *ast.Boolean을 처리할 case를 추가해야 한다.

```
// compiler/compiler.go

func (c *Compiler) Compile(node ast.Node) error {
    switch node := node.(type) {
    // [...]

    case *ast.Boolean:
        if node.Value {
            c.emit(code.OpTrue)
        } else {
```

```
            c.emit(code.OpFalse)
        }

    // [...]
    }

    // [...]
}
```

테스트에 필요한 구현을 모두 마쳤다. 훌륭하다!

```
$ go test ./compiler
ok   monkey/compiler 0.008s
```

다음은 가상 머신에게 true와 false를 알려줄 차례다. compiler 패키지에 추가한 것처럼, vm 패키지에도 두 번째 테스트 함수를 만들어보자.

```
// vm/vm_test.go

func TestBooleanExpressions(t *testing.T) {
    tests := []vmTestCase{
        {"true", true},
        {"false", false},
    }

    runVmTests(t, tests)
}
```

위 테스트 함수는 첫 번째 테스트인 TestIntegerArithmetic과 아주 유사하다. 그러나 우리가 불(bool) 타입으로 기댓값을 정했기에, runVmTests 함수가 사용하는 testExpectedObject 함수를 변경해야 한다. 그리고 testBooleanObject라는 새로운 도움 함수를 구현해서 호출하면 된다.

```
// vm/vm_test.go

func testExpectedObject(
    t *testing.T,
    expected interface{},
    actual object.Object,
) {
```

```
    t.Helper()

    switch expected := expected.(type) {
    // [...]

    case bool:
        err := testBooleanObject(bool(expected), actual)
        if err != nil {
            t.Errorf("testBooleanObject failed: %s", err)
        }
    }
}

func testBooleanObject(expected bool, actual object.Object) error {
    result, ok := actual.(*object.Boolean)
    if !ok {
        return fmt.Errorf("object is not Boolean. got=%T (%+v)",
            actual, actual)
    }

    if result.Value != expected {
        return fmt.Errorf("object has wrong value. got=%t, want=%t",
            result.Value, expected)
    }

    return nil
}
```

testBooleanObject 함수는 testIntegerObject와 대응된다고 보면 된다. 특별한 함수는 아니지만, 자주 사용하게 될 것이다. 그러면 이제 아래 실행 결과를 보자. 가상 머신 테스트가 실패한다. 왜 실패할까?

```
$ go test ./vm
--- FAIL: TestBooleanExpressions (0.00s)
panic: runtime error: index out of range [recovered]
 panic: runtime error: index out of range

goroutine 19 [running]:
testing.tRunner.func1(0xc4200ba1e0)
 /usr/local/go/src/testing/testing.go:742 +0x29d
panic(0x1116f20, 0x11eefc0)
 /usr/local/go/src/runtime/panic.go:502 +0x229
monkey/vm.(*VM).pop(...)
 /Users/mrnugget/code/02/src/monkey/vm/vm.go:74
```

```
monkey/vm.(*VM).Run(0xc420050ed8, 0x800, 0x800)
 /Users/mrnugget/code/02/src/monkey/vm/vm.go:49 +0x16f
monkey/vm.runVmTests(0xc4200ba1e0, 0xc420079f58, 0x2, 0x2)
 /Users/mrnugget/code/02/src/monkey/vm/vm_test.go:60 +0x35a
monkey/vm.TestBooleanExpressions(0xc4200ba1e0)
 /Users/mrnugget/code/02/src/monkey/vm/vm_test.go:39 +0xa0
testing.tRunner(0xc4200ba1e0, 0x11476d0)
 /usr/local/go/src/testing/testing.go:777 +0xd0
created by testing.(*T).Run
 /usr/local/go/src/testing/testing.go:824 +0x2e0
FAIL    monkey/vm   0.011s
```

테스트가 실패한 원인은 우리가 OpPop 명령어를 너무 잘 만들어두었기 때문이다. 우리가 정의한 대로 OpPop 명령어는 모든 표현식문 다음에 따라 나와 스택을 비운다. 그런데 (OpTrue나 OpFalse) 아무것도 스택에 넣지 못한 상태에서 뭔가를 꺼내려 했기에, 인덱스 범위 초과로 인해 패닉(panic)[1]이 발생하였다.

문제를 고치기 위한 첫 단추로, 가장 먼저 가상 머신에게 true와 false를 알려주고, 전역 True와 False 인스턴스를 정의해보자.

```
// vm/vm.go

var True = &object.Boolean{Value: true}
var False = &object.Boolean{Value: false}
```

*object.Boolean을 전역 인스턴스로 만들어 재사용하는 이유는 evaluator 패키지에서 전역 인스턴스를 사용했던 이유와 같은 맥락이다. 다시 말하자면, 첫 번째 이유는 True와 False는 모두 불변값이며 유일값이기 때문이다. true는 언제나 true가 되고, false도 늘 false가 된다. 이 둘을 전역 변수로 정의하는 것은 성능 관점에서 볼 때, 생각할 필요조차 없는 당연한 일이다. 참조할 수 있는데, 새로 *object.Boolean을

1 (옮긴이) Go 언어에서 패닉(panic)은 프로그램을 지속할 수 없으면 사용한다. 따라서 패닉이 발생한 즉시 현재 함수의 실행을 종료한다. 그리고 지연 함수(deferred function)를 실행하면서 고루틴 스택을 타고 올라간다. 이런 프로세스가 고루틴 스택의 최상단에 도달하면 프로그램이 죽는다(참고 *https://golang.org/doc/effective_go, https://blog.golang.org/defer-panic-and-recover*).

만들 필요가 있을까? 두 번째 이유는 Monkey 언어의 비교 연산을 쉽게 구현하고 수행하기 위해서다. `true == true`처럼 말이다. 왜냐하면 두 변수가 가리키는 값을 풀어서 비교하지 않고, 포인터만으로 비교할 수 있기 때문이다.

물론, `True`와 `False`를 정의했다고 해서 마법처럼 테스트를 통과하지는 않는다. 우리는 각각의 명령어가 처리됐을 때, 불 객체를 스택에 넣어야 한다. 그러므로 가상 머신 메인 루프를 확장해서 불 객체를 스택에 넣도록 구현해보자.

```
// vm/vm.go

func (vm *VM) Run() error {
    // [...]
        switch op {
        // [...]

        case code.OpTrue:
            err := vm.push(True)
            if err != nil {
                return err
            }

        case code.OpFalse:
            err := vm.push(False)
            if err != nil {
                return err
            }

        }
    // [...]
}
```

설명할 내용이 별로 없다. 전역 변수 `True`와 `False`를 스택에 집어넣었다. 즉, 스택을 정리하기 전에, 스택에 `True`와 `False`를 집어넣고 있다는 뜻이다. 따라서 패닉에 빠졌던 테스트가 이제는 실패하지 않는다.

```
$ go test ./vm
ok    monkey/vm    0.007s
```

훌륭하다! 불 리터럴이 잘 동작하며, 가상 머신이 이제 True와 False의 처리 방법을 알게 됐다. 이제야 비교 연산자를 구현할 수 있다. 왜냐하면 비교 연산자의 결과를 스택에 넣을 수 있도록 바꾸었기 때문이다.

비교 연산자

Monkey 언어에서 사용할 수 있는 비교 연산자는 ==, !=, >, <로 모두 네 개가 있다. 이제부터 새로운 명령코드 정의를 세(!) 개 추가하고, 컴파일러와 가상 머신에서 비교 연산자 넷 모두를 지원해보려 한다. 아래 코드를 보자.

```
// code/code.go

const (
    // [...]

    OpEqual
    OpNotEqual
    OpGreaterThan
)

var definitions = map[Opcode]*Definition{
    // [...]

    OpEqual:       {"OpEqual", []int{}},
    OpNotEqual:    {"OpNotEqual", []int{}},
    OpGreaterThan: {"OpGreaterThan", []int{}},
}
```

비교 연산자는 스택 가장 위에 있는 요소 둘을 비교하기 때문에 피연산자를 갖지 않는다. 비교 연산자는 가상 머신으로 하여금 스택에서 요소 둘을 빼서 비교하고, 결과를 다시 스택에 넣도록 만든다. 마치 산술 연산자 명령코드처럼 말이다.

왜 연산자 <에 대응하는 명령코드가 없을까? 우리가 OpGreaterThan(>)을 만들었으니, 당연히 OpLessThan(<)도 만들어야 하지 않을까? 이해할 만한 질문이다. 왜냐하면 OpLessThan을 추가하는 것도 괜찮기 때문이다.

그러나 보여주고 싶은 내용이 있어 일부러 이렇게 구성했다. 즉, <에 대응하는 명령코드는 번역(interpretation) 과정이 아닌, 컴파일 과정에서 '코드 순서 변경(reordering of code)'으로 처리할 수 있다.

표현식 `3 < 5`는 `5 > 3`으로 결괏값을 바꾸지 않고, '순서를 변경(reorder)'할 수 있다. 순서를 변경해도 지장이 없기 때문에, 컴파일러가 이렇게 작업하도록 만들 것이다. 컴파일러는 <(less-than)이 포함된 표현식을 받아 >(greater-than)이 포함된 표현식을 배출한다. 이런 방식으로 전체 명령어 수를 줄이고, 가상 머신 루프 사이의 시간 간격을 더 짧게 만들 수 있다. 그리고 우리는 컴파일러가 이런 일도 할 수 있다는 것을 배울 수 있다.

아래는 기존 `TestBooleanExpressions`를 검사할 테스트 케이스이며, 테스트 케이스에서 방금 설명한 내용을 표현하고 있다.

```
// compiler/compiler_test.go

func TestBooleanExpressions(t *testing.T) {
    tests := []compilerTestCase{
        // [...]
        {
            input:             "1 > 2",
            expectedConstants: []interface{}{1, 2},
            expectedInstructions: []code.Instructions{
                code.Make(code.OpConstant, 0),
                code.Make(code.OpConstant, 1),
                code.Make(code.OpGreaterThan),
                code.Make(code.OpPop),
            },
        },
        {
            input:             "1 < 2",
            expectedConstants: []interface{}{2, 1},
            expectedInstructions: []code.Instructions{
                code.Make(code.OpConstant, 0),
                code.Make(code.OpConstant, 1),
                code.Make(code.OpGreaterThan),
                code.Make(code.OpPop),
            },
        },
        {
```

```
            input:             "1 == 2",
            expectedConstants: []interface{}{1, 2},
            expectedInstructions: []code.Instructions{
                code.Make(code.OpConstant, 0),
                code.Make(code.OpConstant, 1),
                code.Make(code.OpEqual),
                code.Make(code.OpPop),
            },
        },
        {
            input:             "1 != 2",
            expectedConstants: []interface{}{1, 2},
            expectedInstructions: []code.Instructions{
                code.Make(code.OpConstant, 0),
                code.Make(code.OpConstant, 1),
                code.Make(code.OpNotEqual),
                code.Make(code.OpPop),
            },
        },
        {
            input:             "true == false",
            expectedConstants: []interface{}{},
            expectedInstructions: []code.Instructions{
                code.Make(code.OpTrue),
                code.Make(code.OpFalse),
                code.Make(code.OpEqual),
                code.Make(code.OpPop),
            },
        },
        {
            input:             "true != false",
            expectedConstants: []interface{}{},
            expectedInstructions: []code.Instructions{
                code.Make(code.OpTrue),
                code.Make(code.OpFalse),
                code.Make(code.OpNotEqual),
                code.Make(code.OpPop),
            },
        },
    }

    runCompilerTests(t, tests)
}
```

우리 컴파일러가 해야 할 일은, 명령어 두 개를 배출해서 중위 연산자가 갖는 피연산자를 스택에 집어넣게 만드는 것이다. 그리고 올바른 비교 연산 명령코드 하나를 배출해야 한다. 1 < 2 테스트 케이스에서 expectedConstants를 주목하기 바란다. 순서가 바뀌어 있다. 순서가 이렇게 바뀐 이유는 바로 앞 테스트 케이스와 마찬가지로 명령코드 OpGreaterThan을 사용하기 때문이다.

테스트를 돌려보면 아직 컴파일러가 새로운 연산자와 명령코드를 전혀 인식하지 못하고 있다는 것을 알 수 있다.

```
$ go test ./compiler
--- FAIL: TestBooleanExpressions (0.00s)
 compiler_test.go:150: compiler error: unknown operator >
FAIL
FAIL    monkey/compiler 0.007s
```

따라서 case *ast.InfixExprsesion을 추가해 Compile 메서드를 확장해야 한다. 앞서 이미 다른 중위 연산자 명령코드를 배출해봤으니 마찬가지로 확장해보자.

```
// compiler/compiler.go

func (c *Compiler) Compile(node ast.Node) error {
    switch node := node.(type) {
    // [...]

    case *ast.InfixExpression:
        // [...]

        switch node.Operator {
        case "+":
            c.emit(code.OpAdd)
        case "-":
            c.emit(code.OpSub)
        case "*":
            c.emit(code.OpMul)
        case "/":
            c.emit(code.OpDiv)
        case ">":
            c.emit(code.OpGreaterThan)
        case "==":
            c.emit(code.OpEqual)
```

```
        case "!=":
            c.emit(code.OpNotEqual)
        default:
            return fmt.Errorf("unknown operator %s", node.Operator)
        }

    // [...]
    }

    // [...]
}
```

새로운 비교 연산자 처리를 위해 case가 몇 개 추가됐다. 코드가 꽤나 자기 설명적(self-explanatory)이므로, 그냥 읽어보면 된다. 한편 연산자 <를 처리해줄 코드는 아직도 없다.

```
$ go test ./compiler
--- FAIL: TestBooleanExpressions (0.00s)
 compiler_test.go:150: compiler error: unknown operator <
FAIL
FAIL    monkey/compiler 0.006s
```

우리는 연산자 <를 처리할 때, 피연산자의 순서를 변경(reorder)하길 원하기 때문에, 이를 구현하는 코드는 `*ast.InfixExpression`을 처리하는 case 가장 위에 배치했다.

```
// compiler/compiler.go

func (c *Compiler) Compile(node ast.Node) error {
    switch node := node.(type) {
    // [...]

    case *ast.InfixExpression:
        if node.Operator == "<" {
            err := c.Compile(node.Right)
            if err != nil {
                return err
            }

            err = c.Compile(node.Left)
            if err != nil {
                return err
```

```
            }
            c.emit(code.OpGreaterThan)
            return nil
        }

        err := c.Compile(node.Left)
        if err != nil {
            return err
        }
        // [...]

    // [...]
    }

    // [...]
}
```

여기서 <는 특수한 케이스로 취급해 순서를 변경했다. node.Operator가 <일 때만, node.Right를 먼저 컴파일하고 node.Left를 다음으로 컴파일한다. 그리고 배출하는 명령코드는 OpGreaterThan이다. '컴파일 타임'에 비교 연산 <을 비교 연산 >로 바꾼다는 뜻이다. 그러고 나면 아래처럼 테스트를 통과하게 된다.

```
$ go test ./compiler
ok   monkey/compiler 0.007s
```

가상 머신 측면에서 구현할 때의 목표는, 가상 머신에 < 연산자는 없는 것처럼 보이게 만드는 것이다. 즉 가상 머신은 OpGreaterThan 명령어만 고려하도록 만들어야 한다. 이제 컴파일러가 비교 연산자 명령어를 배출한다는 것을 확인했으니 가상 머신 테스트로 넘어가자.

```
// vm/vm_test.go

func TestBooleanExpressions(t *testing.T) {
    tests := []vmTestCase{
        // [...]
        {"1 < 2", true},
        {"1 > 2", false},
        {"1 < 1", false},
        {"1 > 1", false},
```

```
        {"1 == 1", true},
        {"1 != 1", false},
        {"1 == 2", false},
        {"1 != 2", true},
        {"true == true", true},
        {"false == false", true},
        {"true == false", false},
        {"true != false", true},
        {"false != true", true},
        {"(1 < 2) == true", true},
        {"(1 < 2) == false", false},
        {"(1 > 2) == true", false},
        {"(1 > 2) == false", true},
    }

    runVmTests(t, tests)
}
```

테스트 케이스가 과도할 정도로 많다는 것을 인정한다. 그렇지만 우리가 만들어둔 도구와 인프라가 훌륭하게 자기 역할을 하고 있다는 것이 너무 근사하지 않은가? 테스트를 새로 추가할 때도, 새로운 기능을 추가할 때도 그리 힘들이지 않고 쉽게 할 수 있었다. 어쨌든, 근사할지는 몰라도 테스트는 실패한다.

```
$ go test ./vm
--- FAIL: TestBooleanExpressions (0.00s)
 vm_test.go:57: testBooleanObject failed: object is not Boolean.\
   got=*object.Integer (&{Value:1})
 vm_test.go:57: testBooleanObject failed: object is not Boolean.\
   got=*object.Integer (&{Value:2})
 vm_test.go:57: testBooleanObject failed: object is not Boolean.\
   got=*object.Integer (&{Value:1})
 vm_test.go:57: testBooleanObject failed: object is not Boolean.\
   got=*object.Integer (&{Value:1})
 vm_test.go:57: testBooleanObject failed: object is not Boolean.\
   got=*object.Integer (&{Value:1})
 vm_test.go:57: testBooleanObject failed: object is not Boolean.\
   got=*object.Integer (&{Value:1})
 vm_test.go:57: testBooleanObject failed: object is not Boolean.\
   got=*object.Integer (&{Value:2})
 vm_test.go:57: testBooleanObject failed: object is not Boolean.\
   got=*object.Integer (&{Value:2})
 vm_test.go:57: testBooleanObject failed: object has wrong value.\
```

```
    got=false, want=true
  vm_test.go:57: testBooleanObject failed: object has wrong value.\
    got=false, want=true
  vm_test.go:57: testBooleanObject failed: object has wrong value.\
    got=true, want=false
  vm_test.go:57: testBooleanObject failed: object has wrong value.\
    got=false, want=true
FAIL
FAIL    monkey/vm   0.008s
```

계속 잘 해왔으니 이번에도 잘해보자. 에러가 많긴 하지만 고치는 게 그렇게 어려운 일은 아니다. 먼저 가상 머신의 Run 메서드에 case를 하나 추가해, 새로 만든 비교 연산 명령코드를 처리하도록 만들어야 한다.

```
// vm/vm.go

func (vm *VM) Run() error {
    // [...]
        switch op {
        // [...]

        case code.OpEqual, code.OpNotEqual, code.OpGreaterThan:
            err := vm.executeComparison(op)
            if err != nil {
                return err
            }

        // [...]
        }
    // [...]
}
```

executeComparison 메서드는 앞서 만든 executeBinaryOperation과 매우 유사하다.

```
// vm/vm.go

func (vm *VM) executeComparison(op code.Opcode) error {
    right := vm.pop()
    left := vm.pop()

    if left.Type() == object.INTEGER_OBJ && right.Type() == object.INTEGER_OBJ {
        return vm.executeIntegerComparison(op, left, right)
    }
```

```
    switch op {
    case code.OpEqual:
        return vm.push(nativeBoolToBooleanObject(right == left))
    case code.OpNotEqual:
        return vm.push(nativeBoolToBooleanObject(right != left))
    default:
        return fmt.Errorf("unknown operator: %d (%s %s)",
            op, left.Type(), right.Type())
    }
}
```

먼저 스택에서 피연산자 둘을 뽑아서 타입을 검사한다. 만약 둘 다 정수라면, executeIntegerComparison 메서드가 처리하게 만든다. 만약 둘 다 정수가 아니라면, nativeBoolToBooleanObject 메서드를 사용해서 비교 결과인 Go 언어의 불(bool)값을 Monkey 객체인 *object.Boolean으로 변환한 다음 스택에 집어넣는다.

메서드 구현은 아주 단순하다. 피연산자를 스택에서 뽑아 비교한 결과를 스택에 집어넣는다. 스택에서 뽑아오는 일만 빼면, executeIntegerComparison에서도 같은 방식으로 동작한다. 아래 코드를 보자.

```
// vm/vm.go

func (vm *VM) executeIntegerComparison(
    op code.Opcode,
    left, right object.Object,
) error {
    leftValue := left.(*object.Integer).Value
    rightValue := right.(*object.Integer).Value

    switch op {
    case code.OpEqual:
        return vm.push(nativeBoolToBooleanObject(rightValue == leftValue))
    case code.OpNotEqual:
        return vm.push(nativeBoolToBooleanObject(rightValue != leftValue))
    case code.OpGreaterThan:
        return vm.push(nativeBoolToBooleanObject(leftValue > rightValue))
    default:
        return fmt.Errorf("unknown operator: %d", op)
    }
}
```

이 메서드에서는 (이미 스택에서 뽑아왔기 때문에) 어떤 것도 스택에서 가져올 필요가 없다. 한편, (이미 정수라는 사실을 확인했기에) left와 right에 포함된 정숫값을 단순하게 풀어버릴 수 있다. 그리고 두 피연산자를 비교하고, 결과로 나온 불값을 True 혹은 False로 변환한다. 변환 과정이 궁금한 사람들에게는 조금 미안하지만, 너무 단순하다. 아래는 nativeBoolToBooleanObject 함수이다.

```
// vm/vm.go

func nativeBoolToBooleanObject(input bool) *object.Boolean {
    if input {
        return True
    }
    return False
}
```

모두 합해 메서드 세 개(executeComparison, executeIntegerComparison, nativeBoolToBooleanObject)를 구현했다. 이 메서드 덕에 테스트를 통과한다.

```
$ go test ./vm
ok    monkey/vm    0.008s
```

내가 말하지 않았던가! 우리는 아주 잘하고 있다고.

전위 표현식

Monkey는 전위 연산자 -와 !를 지원한다. -는 정수를 음수화(negate)하고, !는 불값을 반대로(negate) 바꾼다. 두 연산자를 컴파일러와 가상 머신에 추가하는 작업은 앞서 다른 연산자를 추가할 때와 별반 다르지 않다.

1. 필요한 명령코드를 정의한다.
2. 컴파일러에서 해당 명령코드를 배출한다.
3. 가상 머신에서 처리한다.

오히려 할 일이 더 적은 편이다. 왜냐하면 전위 연산자는 스택에서 피연산자를 두 개가 아닌 하나만 가져오기 때문이다.

아래 코드는 -와 !로 변환되는 명령코드를 정의하고 있다.

```
// code/code.go

const (
    // [...]

    OpMinus
    OpBang
)

var definitions = map[Opcode]*Definition{
    // [...]

    OpMinus: {"OpMinus", []int{}},
    OpBang:  {"OpBang", []int{}},
}
```

뭐가 뭔지 굳이 자세히 말하지 않아도 될 것 같다.

다음으로, 컴파일러에서는 명령코드 OpMinus와 OpBang을 배출할 수 있어야 한다. 따라서 우리는 컴파일러에 테스트 케이스를 추가해야 한다. 아래 코드에서 테스트 케이스를 추가할 텐데, -는 정수에 붙는 연산자고, !는 불(Boolean)에 붙는 연산자라는 것을 명확히 알 수 있다. 둘 다 전위 연산자라고 해서 함께 묶어 테스트하지 않는다. 각각의 경우에 맞게, 이미 구현된 테스트 함수에 입력으로 들어갈 수 있도록 테스트 케이스만 추가한다. 아래는 TestIntegerArithmetic 안에서 OpMinus를 테스트할 테스트 케이스이다.

```
// compiler/compiler_test.go

func TestIntegerArithmetic(t *testing.T) {
    tests := []compilerTestCase{
        // [...]
        {
            input:             "-1",
            expectedConstants: []interface{}{1},
            expectedInstructions: []code.Instructions{
```

```
                code.Make(code.OpConstant, 0),
                code.Make(code.OpMinus),
                code.Make(code.OpPop),
            },
        },
    }

    runCompilerTests(t, tests)
}
```

그리고 아래는 TestBooleanExpressions에 추가한 OpBang을 검증할 테스트 케이스이다.

```
// compiler/compiler_test.go

func TestBooleanExpressions(t *testing.T) {
    tests := []compilerTestCase{
        // [...]
        {
            input:             "!true",
            expectedConstants: []interface{}{},
            expectedInstructions: []code.Instructions{
                code.Make(code.OpTrue),
                code.Make(code.OpBang),
                code.Make(code.OpPop),
            },
        },
    }

    runCompilerTests(t, tests)
}
```

실패하는 코드가 두 개 늘었다.

```
$ go test ./compiler
--- FAIL: TestIntegerArithmetic (0.00s)
 compiler_test.go:76: testInstructions failed: wrong instructions length.
  want="0000 OpConstant 0\n0003 OpMinus\n0004 OpPop\n"
  got ="0000 OpPop\n"
--- FAIL: TestBooleanExpressions (0.00s)
 compiler_test.go:168: testInstructions failed: wrong instructions length.
  want="0000 OpTrue\n0001 OpBang\n0002 OpPop\n"
  got ="0000 OpPop\n"
```

```
FAIL
FAIL    monkey/compiler 0.008s
```

실패한 단정문은 명령어 두 개가 없다고 불평하고 있다. 하나는 OpConstant 혹은 OpTrue와 같은 피연산자를 스택에 넣어줄 명령어, 또 하나는 OpMinus 혹은 OpBang과 같은 전위 연산자 명령어가 없다고 말이다.

우리는 정수 리터럴을 OpConstant 명령어로 변환할 수 있고, OpTrue(혹은 OpFalse)를 어떻게 배출하는지도 알고 있다. 그래서인지 문제가 발생하는 곳이 TestIntegerArithmetic 테스트가 아니라는 점이 조금 짜증 날 뿐이다. 출력 결과를 보면 OpConstant도 없고 OpTrue도 없다. 왜일까?

컴파일러를 자세히 보면, 원인을 쉽게 찾을 수 있다. Compile 메서드 안에서 *ast.PrefixExpression 노드를 처리할 방도가 없어 그냥 지나쳤고, 따라서 정수와 불 리터럴을 컴파일하지 않았다. 아래는 이를 고친 코드이다.

```
// compiler/compiler.go

func (c *Compiler) Compile(node ast.Node) error {
    switch node := node.(type) {
    // [...]

    case *ast.PrefixExpression:
        err := c.Compile(node.Right)
        if err != nil {
            return err
        }

        switch node.Operator {
        case "!":
            c.emit(code.OpBang)
        case "-":
            c.emit(code.OpMinus)
        default:
            return fmt.Errorf("unknown operator %s", node.Operator)
        }
```

```
        // [...]
        }

        // [...]
}
```

이제 AST를 순회하면서 한 수준(level) 깊게 들어간다. 가장 먼저 `*ast.PrefixExpression` 노드의 오른쪽 가지인 `node.Right`를 컴파일한다. `node.Right`를 컴파일하면 표현식 피연산자가 `OpTrue` 혹은 `OpConstant` 명령어, 둘 중 하나로 컴파일되게 만든다. 이게 앞서 테스트에서 출력되지 않은 명령어 중 하나이다.

또한 우리는 연산자에 대응하는 명령코드도 배출해야 한다. `switch` 문으로 현재 처리할 `node.Operator`에 `OpBang` 혹은 `OpMinus` 명령어를 만든다.

그러고 나면 테스트를 통과한다.

```
$ go test ./compiler
ok   monkey/compiler 0.008s
```

다시 한번 테스트를 통과했다. 지금쯤이면 여러분도 다음 작업이 무엇일지 추측할 수 있을 것이다. 그렇다. 우린 가상 머신을 테스트할 코드를 작성해야 한다. 컴파일러 테스트와 마찬가지로 앞서 작성한 `TestIntegerArithmetic`과 `TestBooleanExpression` 함수에 테스트 케이스를 추가하려 한다.

```
// vm/vm_test.go

func TestIntegerArithmetic(t *testing.T) {
    tests := []vmTestCase{
        // [...]
        {"-5", -5},
        {"-10", -10},
        {"-50 + 100 + -50", 0},
        {"(5 + 10 * 2 + 15 / 3) * 2 + -10", 50},
    }

    runVmTests(t, tests)
}
```

```
func TestBooleanExpressions(t *testing.T) {
    tests := []vmTestCase{
        // [...]
        {"!true", false},
        {"!false", true},
        {"!5", false},
        {"!!true", true},
        {"!!false", false},
        {"!!5", true},
    }

    runVmTests(t, tests)
}
```

가상 머신이 처리해야 할 테스트 케이스가 정말 많아졌다. '작은' 테스트 케이스도 있고 '다소 과한' 테스트 케이스도 있다. 예를 들어, TestIntegerArithmetic에 추가한 마지막 테스트 케이스는 모든 정수 연산자를 테스트한다. 그래도 나는 위 테스트 케이스가 훌륭하다고 생각한다. 테스트 케이스를 작성하기도 아주 쉬웠다. 나는 이런 테스트 케이스를 정말 좋아한다. 심지어 테스트를 시원하게 터뜨려주기까지 한다!

```
$ go test ./vm
--- FAIL: TestIntegerArithmetic (0.00s)
 vm_test.go:34: testIntegerObject failed: object has wrong value.\
   got=5, want=-5
 vm_test.go:34: testIntegerObject failed: object has wrong value.\
   got=10, want=-10
 vm_test.go:34: testIntegerObject failed: object has wrong value.\
   got=200, want=0
 vm_test.go:34: testIntegerObject failed: object has wrong value.\
   got=70, want=50
--- FAIL: TestBooleanExpressions (0.00s)
 vm_test.go:66: testBooleanObject failed: object has wrong value.\
   got=true, want=false
 vm_test.go:66: testBooleanObject failed: object has wrong value.\
   got=false, want=true
 vm_test.go:66: testBooleanObject failed: object is not Boolean.\
   got=*object.Integer (&{Value:5})
 vm_test.go:66: testBooleanObject failed: object is not Boolean.\
   got=*object.Integer (&{Value:5})
FAIL
FAIL    monkey/vm   0.009s
```

우리는 전문가다. 테스트가 화끈하게 실패했지만 멈추지 않는다. 두 눈을 부릅뜨고 뭘 해야 할지 생각해보자. 가장 먼저 OpBang 명령어를 고친 다음, 가상 머신 메인 루프에서 빠뜨린 case를 추가해보자.

```
// vm/vm.go

func (vm *VM) Run() error {
    // [...]
        switch op {
        // [...]

        case code.OpBang:
            err := vm.executeBangOperator()
            if err != nil {
                return err
            }

        // [...]
        }
    // [...]
}

func (vm *VM) executeBangOperator() error {
    operand := vm.pop()

    switch operand {
    case True:
        return vm.push(False)
    case False:
        return vm.push(True)
    default:
        return vm.push(False)
    }
}
```

executeBangOperator에서는 스택에서 피연산자를 꺼내와서 False가 아닌 모든 값을 참 같은 값(truthy)으로 취급하여 반댓값으로 바꾼다. 피연산자가 True인 case는 기술적으로는 필요치 않다.[2] 그러나 문서화를 위해 남겨두는 게 좋다고 판단했다. 왜냐하면 이 메서드는 Monkey 언

2 (옮긴이) operand가 True인 case는 굳이 처리하지 않아도 default로 처리된다.

어에서 정의한 진리(truthiness) 개념을 구현한 가상 머신 구현체이기 때문이다.

executeBangOperator를 추가하면서 테스트 케이스 네 개는 통과한다. 그러나 TestIntegerArithmetic에 추가된 나머지 네 개는 아직도 실패한다.

```
$ go test ./vm
--- FAIL: TestIntegerArithmetic (0.00s)
 vm_test.go:34: testIntegerObject failed: object has wrong value.\
   got=5, want=-5
 vm_test.go:34: testIntegerObject failed: object has wrong value.\
   got=10, want=-10
 vm_test.go:34: testIntegerObject failed: object has wrong value.\
   got=200, want=0
 vm_test.go:34: testIntegerObject failed: object has wrong value.\
   got=70, want=50
FAIL
FAIL    monkey/vm   0.007s
```

OpBang과 불 테스트에서 했던 작업과 비슷한 순서로 만들어보자. 가상 머신의 Run 메서드에 OpMinus case를 추가해야 한다.

```
// vm/vm.go

func (vm *VM) Run() error {
    // [...]
        switch op {
        // [...]

        case code.OpMinus:
            err := vm.executeMinusOperator()
            if err != nil {
                return err
            }

        // [...]
        }
    // [...]
}

func (vm *VM) executeMinusOperator() error {
    operand := vm.pop()
```

```
        if operand.Type() != object.INTEGER_OBJ {
            return fmt.Errorf("unsupported type for negation: %s",
                operand.Type())
        }

        value := operand.(*object.Integer).Value
        return vm.push(&object.Integer{Value: -value})
}
```

여러분이 생각할 수 있도록 말을 아끼겠다.

```
$ go test ./vm
ok    monkey/vm    0.008s
```

훌륭하다! Monkey 언어가 지원하는 모든 전위 연산자와 중위 연산자에 대한 추가 작업을 끝마쳤다.

```
$ go build -o monkey . && ./monkey
Hello mrnugget! This is the Monkey programming language!
Feel free to type in commands
>> (10 + 50 + -5 - 5 * 2 / 2) < (100 - 35)
true
>> !!true == false
false
```

지금쯤이면 여러분도 새로운 명령코드 정의에 익숙해졌을 테고, 컴파일러와 가상 머신이 상호작용하는 방식에 꽤 익숙해졌을 것이다. 어쩌면 피연산자가 없는 명령어 때문에 지루해졌을지 모를 여러분을 위해 내가 재미난 것을 가져왔다.

4장

Writing A Compiler In Go

조건식

지난 장까지는 상당히 기계적으로 만들었다. 어떤 연산자를 Monkey 구현체로 추가하고 나면 나머지도 동일한 방식으로 추가하면 됐기 때문이다. 한편 이번 장에서는 난이도를 한 단계 올리려 한다.

여러분은 아래 질문에 상세하게 답해야 한다.

> "가상 머신이 조건에 따라 바이트코드 명령어를 다르게 실행하도록 만들려면 어떻게 해야 할까?"

곧 알게 되겠지만, 질문에서 힌트를 몇 개 찾을 수 있다. 그리고 힌트에서 답을 찾아가는 과정은 정말 흥미롭다. 특히 핵심 코드를 집중적으로 구현할 때가 되면 정말 재미있다. 어쨌든, 진행하기에 앞서 위 질문에 코드 없이 답할 수 있어야 한다.

위 질문이 만들어진 맥락과 틀을 잠깐 보여주겠다. Monkey 조건식은 아래와 같다.

```
if (5 > 3) {
    everythingsFine();
} else {
    lawsOfUniverseBroken();
}
```

만약 조건식 5 > 3이 '참 같은 값(truthy)'으로 평가된다면 everythings Fine이 포함된 첫 번째 분기(branch)가 실행된다. 그러나 반대로 평가된다면, lawsOfUniverseBroken이 담긴 else 분기가 실행된다. 여기서 조건식이 갖는 첫 번째 분기를 '컨시퀀스(consequence)', else 분기를 '얼터너티브(alternative)'라고 한다.[1]

조건식을 구현하기 위한 청사진을 확보하고 우리 기억을 다시 상기할 겸 전편인 《인터프리터 in Go》에서 조건식을 어떻게 구현했는지 빠르게 짚고 넘어가자.

```
func evalIfExpression(
    ie *ast.IfExpression,
    env *object.Environment,
) object.Object {
    condition := Eval(ie.Condition, env)
    if isError(condition) {
        return condition
    }

    if isTruthy(condition) {
        return Eval(ie.Consequence, env)
    } else if ie.Alternative != nil {
        return Eval(ie.Alternative, env)
    } else {
        return NULL
    }
}
```

evaluator 패키지에 작성한 Eval 함수는 *ast.IfExpression을 만나면 Condition을 평가하고, 결과를 isTruthy 함수로 검사한다. 만약 조건이 참 같은 값(truthy)으로 평가된다면, Eval 함수를 다시 *ast.IfExpression의 Consequence를 평가한다. 만약 참 같은 값으로 평가되지 않고, *ast.IfExpression 노드가 Alterntaive를 갖고 있다면, Alternative를 평가한다. 만약 Alternative를 갖고 있지 않다면, *object.Null을 반환한다.

1 (옮긴이) 지금부터 'consequence'와 'alternative'는 일반 명사 '결과', '대안'과 구분하기 위해 '컨시퀀스'와 '얼터너티브'로 표기한다.

전체적으로 조건식을 구현하는데, 50줄가량의 코드가 필요했다. 구현이 간단했던 이유는 우리가 AST 노드를 이미 구현했기 때문이다. 우리는 `*ast.IfExpression`에서 어느 쪽을 평가할지 결정할 수 있었다. 왜냐하면 평가기에서는 양쪽 모두 사용할 수 있었기 때문이다.

그러나 지금은 위와 같은 방식을 사용할 수 없다. AST를 순회하며 즉시 실행하는 게 아니라 AST를 바이트코드로 바꾸고 '평탄화(flatten)'해야 한다. 평탄화를 하는 이유는, 바이트코드가 명령어를 일렬로 늘어놓게끔 만들어져 있고, 자식 노드가 없어 타고 내려갈 대상 자체가 없기 때문이다. 그렇게 우리는 이번 장의 핵심 질문에 대한 숨겨진 힌트 하나를 찾았다. 그리고 힌트는 또 다른 화두를 우리에게 던진다. 조건식을 바이트코드로 어떻게 표현할 것인가?

아래 Monkey 코드를 보자.

```
if (5 > 2) {
    30 + 20
} else {
    50 - 25
}
```

조건 `5 > 2`를 바이트코드로 표현하는 방법은 지난 장에서 이미 다뤄서 알고 있다.

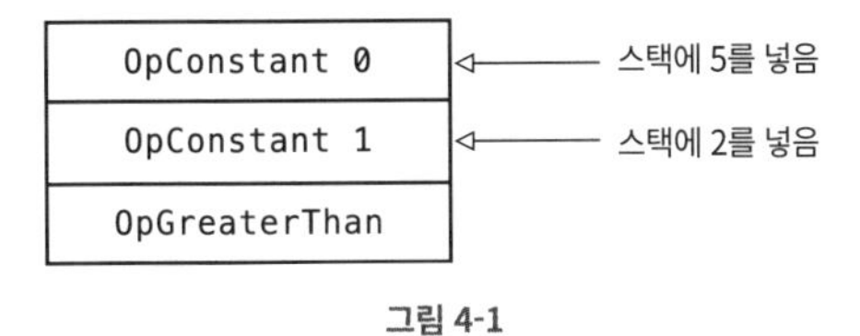

그림 4-1

또한 컨시퀀스 `30 + 20`을 어떻게 표현할지도 알고 있다.

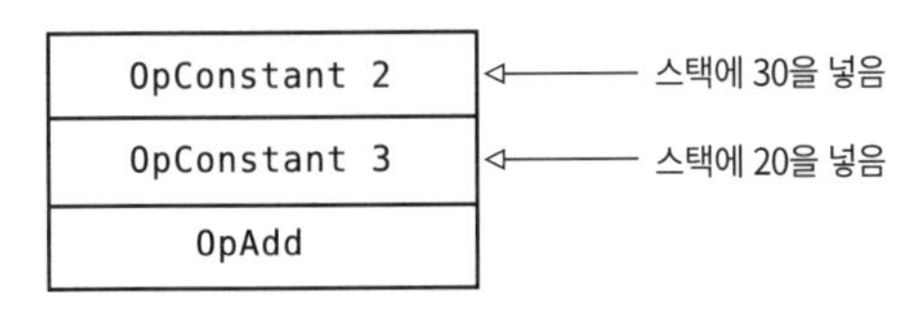

그림 4-2

얼터너티브 50 - 25는 변형에 불과하다.

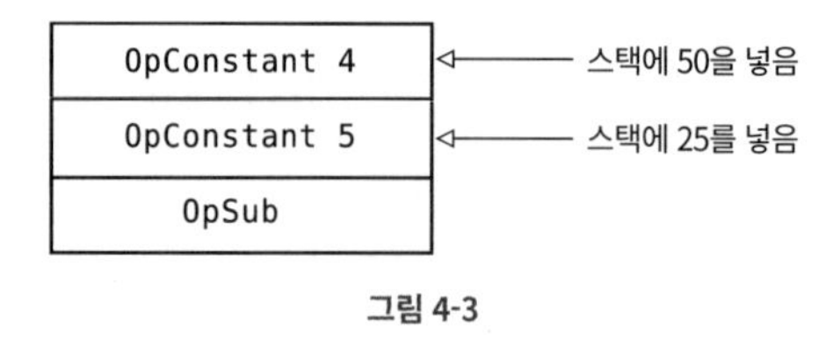

그림 4-3

그러면 어떻게 만들어야 가상 머신에게 OpGreaterThan 명령어의 결과에 따라 어느 한 쪽을 실행하도록 명령할 수 있을까?

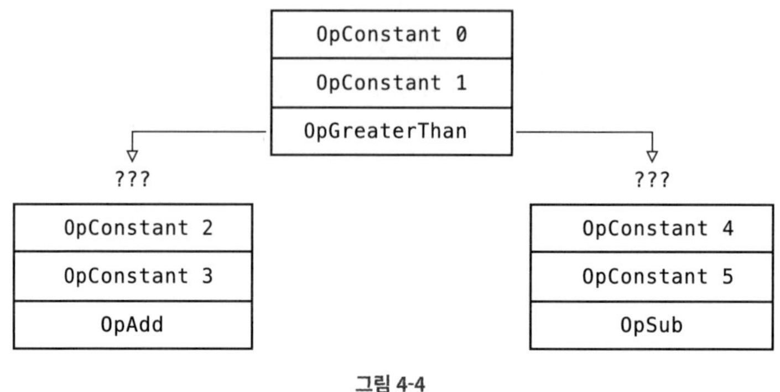

그림 4-4

만약 우리가 이런 명령어를 받아서 가상 머신에 평탄화된 명령어 열(a flat sequence)을 넘기면 어떤 일이 일어날까? 가상 머신은 아마도 명령어를 하나씩 차례대로 실행할 것이다. 아무 생각 없이 어떤 결정도 내리지 않고, 명령어 포인터를 단순히 하나씩 증가시키면서, 인출(fetch)하고 복호화(decode)하고 실행(execute)할 것이다. 당연하지만, 이렇게 만들 수는 없는 노릇이다.

우리는 가상 머신이 OpAdd 명령어를 실행하거나 OpSub 명령어를 실행하도록 만들어야 한다. 한편 우리는 바이트코드를 평탄화된 명령어 열로 전달하기 때문에, 그럴듯한 방법을 생각해야 한다. 만약 우리가 앞서 봤던 명령어 도식 간에 순서를 조정해, 평탄화된 명령어 열에서 순서를 표현할 수 있다면 어떨까? 질문을 바꿔보자. [그림 4-5]의 빈칸은 무엇으로 채워야 할까?

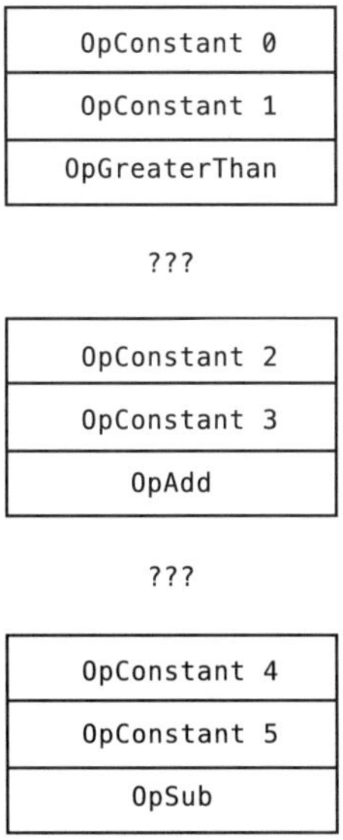

```
OpConstant 0
OpConstant 1
OpGreaterThan

???

OpConstant 2
OpConstant 3
OpAdd

???

OpConstant 4
OpConstant 5
OpSub
```

그림 4-5

우리는 빈칸에 무언가를 채워야 한다. 그래야 `OpGreaterThan` 명령어의 결과에 기반해, 가상 머신이 컨시퀀스나 얼터너티브에 있는 명령어를 무시할 수 있다. 즉, 그냥 지나쳐야(skip) 한다는 말이다. '지나치기(skip)'라는 말 대신에 '점프(jump)'라고 부르는 건 어떨까?

점프

점프는 가상 머신이 다른 명령어로 건너뛰도록 만드는 명령어이다. 점프 명령어는 머신 코드에서 분기 처리(branching, conditionals 조건식)를 구현하기 위해 사용한다. 그렇기 때문에 이름도 '분기 명령어(branch instructions)'이다. 여기서 머신 코드(machine code)란 컴퓨터의 실행 코드이면서, 동시에 가상 머신이 구동하는 데 사용할 바이트코드이다. 가상 머신 관점으로 표현하면, 점프 명령어는 가상 머신에게 현재 가리키고 있는 명령어 포인터(instruction pointer)를 변경해 다른 위치를 가리키라고 말해준다. [그림 4-6]에서 어떻게 동작하는지 더 자세히 설명해보겠다.

[그림 4-6]과 같이 JUMP_IF_NOT_TRUE, JUMP_NO_MATTER_WHAT(어쨌든 점프)이라고 하는 점프 명령코드를 두 개 정의했다고 가정해보자. [그림 4-5]에 있던 빈칸을 위의 명령어로 채울 수 있다.

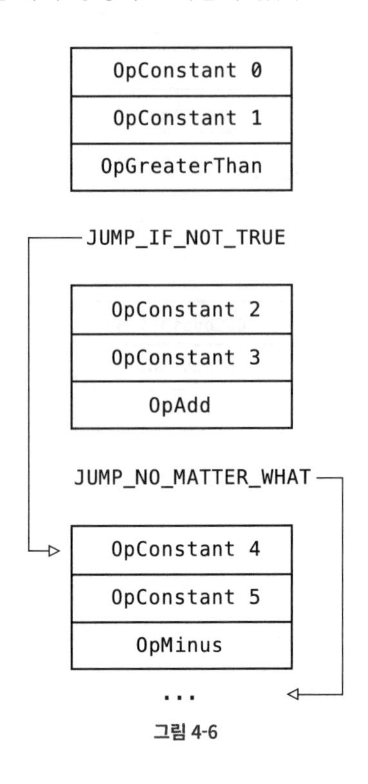

그림 4-6

가상 머신이 명령어를 위에서 아래로 차례대로 실행하면, 가장 먼저 조건을 구성하는 명령어 묶음을 실행하게 된다. 그리고 명령어 묶음이 실행된 결과는, OpGreaterThan 명령어를 배출하게 되고, OpGreaterThan 명령어를 처리하고 나면 스택에는 불값 하나가 남게 된다. 앞 장에서 정의하고 구현한 그대로 동작한다.

다음 명령어 JUMP_IF_NOT_TRUE는 가상 머신에게 OpConstant 4 명령어로 점프하라고 말한다. 단, 스택에 남아있는 불값이 true가 아닐 때 점프해야 한다. 만약 스택에 남아 있는 불값이 true가 아니라면, 가상 머신은 컨시퀀스를 '점프'해서 조건식 else인 얼터너티브에 도달해야 한다. 그리고 스택에 남은 불값이 true라면 JUMP_IF_NOT_TRUE는 가상 머신에 아무런 영향도 주지 않는다. 따라서 그냥 조건식의 컨시퀀스만 실행한다. 가상 머신은 명령어 포인터(ip)를 증가하고, 다음 명령어로 인출-복호화-실행 사이클을 수행한다. 위 도식으로 설명하면, 컨시퀀스 첫 번째 명령어인 `OpConstant 2`부터 명령어 사이클을 처리하게 된다.

지금부터 아주 재밌다. 조건식 컨스퀀스(`OpAdd` 명령어로 끝나는 명령어 묶음)를 실행하면, 가상 머신은 `JUMP_NO_MATTER_WHAT` 명령어를 만나게 된다. 이 명령어는 아무런 부가적인 조건 없이, 조건식 얼터너티브 다음에 나오는 첫 번째 명령어로 점프하라고 가상 머신에게 말해준다. 즉 조건식 얼터너티브를 완전히 지나가게 된다.

여기서 우리의 사고 실험(thought experiment)은 끝난다. 실험 결과는 대단히 명확하다. 앞서 가정한 두 명령코드로 조건식을 구현할 수 있다. 한편 아직도 풀어야 할 문제가 남아 있다.

> "점프 목적지를 가리키는 화살표는 어떻게 표현해야 할까? 가상 머신에게 어디로 점프하라고 말해줘야 할까?"

글쎄, 그냥 숫자로 표현하면 안 될까? 점프 명령어는 가상 머신이 명령어 포인터(ip) 값을 바꾸도록 만든다. 그리고 [그림 4-6]에서 화살표는 잠재적 명령어 포인터값이다. 따라서 숫자로 표현해도 무방하며, 점프 명령어가 갖는 피연산자에 이 숫자값이 들어가야 한다. 그리고 이 값은 가상 머신이 점프해서 도착하게 될 명령어 인덱스값이 되어야 한다. 이 값을 '오프셋(offset)'이라고 부른다. 점프 목적지를 명령어 인덱스로 사용하는 방식을 '절대 오프셋(absolute offset)'이라고 부른다. 물론 '상대 오프셋(relative offset)'이란 용어도 있다. 상대 오프셋은 해당 점프 명령어를 기준으로 계산한 값으로, 정확히 어디인지가 아니라 얼마나 떨어져 있는지 말해준다.

화살표를 오프셋으로 대체하고, 각 명령어의 (설명을 위해) 크기와 관계없이 유일한 인덱스값을 부여하면 [그림 4-7]과 같다.

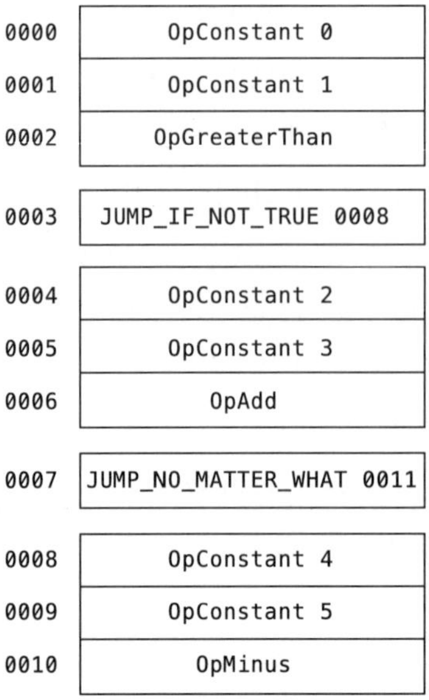

```
0000  OpConstant 0
0001  OpConstant 1
0002  OpGreaterThan

0003  JUMP_IF_NOT_TRUE 0008

0004  OpConstant 2
0005  OpConstant 3
0006  OpAdd

0007  JUMP_NO_MATTER_WHAT 0011

0008  OpConstant 4
0009  OpConstant 5
0010  OpMinus
```

그림 4-7

JUMP_IF_NOT_TRUE의 피연산자는 값 0008을 갖는다. 0008은 OpConstant 4 명령어가 위치한 인덱스값으로 조건이 참이 아닐 때 가상 머신이 점프할 위치이다. JUMP_NO_MATTER_WHAT이 갖는 피연산자는 값 0011을 가지며, 0011은 전체 조건식 다음에 나올 명령어를 가리킨다.

지금까지 설명한 방식으로 조건식을 구현해보자! 그리고 점프 명령코드 둘을 정의해보자. '조건이 참이 아닐 때만 점프'하는 명령코드와 '그냥 점프'하는 명령코드를 정의해야 한다. 둘 다 피연산자를 가지며, 피연산자는 가상 머신이 점프해서 도착하는 명령어의 인덱스값을 가져야 한다.

목표는 정해졌다. 그런데 의문점이 생긴다. 목적지로 점프하게 만들려면 어떻게 해야 하는가?

조건식 컴파일하기

점프 명령어를 배출할 때, 적절한 명령코드를 선택하는 것이 어려운 게 아니다. 점프 명령어가 갖는 피연산자를 결정하는 게 어려운 일이다.

우리가 현재 재귀 호출된 `Compile` 메서드 안에 있다고 가정해보자. 또한, 재귀 호출이 `*ast.IfExpression`의 `.Condition` 필드를 인수로 호출했다고 해보자. 조건은 성공적으로 컴파일되었을 것이고, 번역된 명령어를 배출했을 것이다. 다음으로 점프 명령어를 배출해서 가상 머신에게 스택에 있는 값이 참 같은 값(truthy)으로 평가되지 않는다면 조건식 컨시퀀스를 건너뛰라고 말해주어야 한다.

점프 명령어에 어떤 피연산자를 달아줘야 할까? 가상 머신에게 어떤 위치로 점프하라고 말해주어야 할까? '아직'은 아무것도 알 수 없다. 아직 컨시퀀스와 얼터너티브를 컴파일하지 않은 상태이기 때문에, 명령어를 몇 개나 배출해야 하는지 모른다. 즉, 우리는 명령어를 몇 개나 점프해야 할지 알 수가 없다. 그렇기 때문에 피연산자를 결정하는 게 어려운 일이다.

이 문제를 풀어나가는 과정이 정말 재미있을 것이다. 이게 재미있는 이유는 테스트 작성도 생각보다 쉽고, 컴파일러에게 기대하는 것 역시 만들기 쉽기 때문이다. 계속 그래왔지만, 우리가 앞서 만들어둔 도구와 인프라 덕분이다. 그러면 테스트부터 차근차근 만들어보자.

어찌 되었든, 명령코드를 새로 정의해야 테스트를 짤 수 있으니, 명령코드부터 새로 만들어보자. 하나는 점프 명령어이고, 나머지 하나는 조건에 따라 점프하는 명령어이다.

```go
// code/code.go

const (
    // [...]

    OpJumpNotTruthy
    OpJump
)

var definitions = map[Opcode]*Definition{
    // [...]

    OpJumpNotTruthy: {"OpJumpNotTruthy", []int{2}},
    OpJump:          {"OpJump", []int{2}},
}
```

얼핏 봐도 쉽게 구별할 수 있는 이름으로 만들었다. OpJumpNotTruthy는 스택 가장 위에 있는 값이 참 같은 값(truthy, 즉 false도 null도 아니라면)으로 평가되지 않는다면 가상 머신에게 점프하라고 명령한다. 명령어 OpJumpNotTruthy는 피연산자를 하나 가지며 그 값은 가상 머신이 점프해서 도착해야 할 명령어 오프셋값이다. OpJump는 가상 머신에게 '특정 위치로 점프'하라고 명령한다. 여기서 '특정 위치'란 피연산자 값인 명령어 오프셋을 말한다.

두 명령코드에 들어갈 피연산자는 모두 16비트 크기를 갖는다. OpConstant 피연산자와 같은 크기이다. 즉 code 패키지에 작성해둔 도구(Make, ReadOperands)를 확장할 필요가 없다는 뜻이다.

첫 번째 테스트 코드를 작성할 준비가 끝났다. 우선은 조건식 else 부분은 고려하지 않고, 테스트를 작성하기로 하자. 아래 테스트는 단일 분기 조건식(single-branch conditional)을 넘겼을 때, 컴파일러가 배출하는 결과를 검사하고 있다.

```
// compiler/compiler_test.go

func TestConditionals(t *testing.T) {
    tests := []compilerTestCase{
        {
            input: `
            if (true) { 10 }; 3333;
            `,
            expectedConstants: []interface{}{10, 3333},
            expectedInstructions: []code.Instructions{
                // 0000
                code.Make(code.OpTrue),
                // 0001
                code.Make(code.OpJumpNotTruthy, 7),
                // 0004
                code.Make(code.OpConstant, 0),
                // 0007
                code.Make(code.OpPop),
                // 0008
                code.Make(code.OpConstant, 1),
                // 0011
                code.Make(code.OpPop),
            },
```

```
        },
    }

    runCompilerTests(t, tests)
}
```

파싱이 끝나면, input은 Condition과 Consequence를 필드로 가진 *ast.IfExpression으로 변환된다. Condition은 불 리터럴값 true를 가지며, Consequence는 정수 리터럴 10을 갖는다. 둘 다 의도적으로 단순하게 구성한 Monkey 표현식이다. 왜냐하면 여기서 우리의 관심사는 표현식이 아니기 때문이다. 우리는 컴파일러가 배출할 점프 명령어와 점프 명령어 피연산자가 올바르게 만들어졌는지에 관심을 두어야 한다.

이런 이유로 내가 각 expectedInstructions에 code.Make가 만든 명령어가 얼마의 간격으로 떨어져 있는지, 오프셋을 주석으로 달아놓았다. 나중에는 필요 없는 주석이 될 수도 있지만, 최소한 지금은 필요하다. 이 주석은 테스트 코드에서 우리가 원하는 점프 명령어를 작성하는 데 도움이 된다. 특히 우리가 점프해서 도착해야 하는 명령어가 갖는 오프셋은 각 명령어가 차지하는 바이트 수에 따라 달라진다. 예를 들어 OpPop 명령어는 1바이트 크기만 갖지만, OpConstant 명령어는 3바이트를 차지한다.

컴파일러가 첫 번째로 배출하는 명령어는 OpTrue이다. OpTrue는 가상 머신에게 vm.True를 스택에 넣으라고 말한다. 즉 Condition을 스택에 넣는다. 그리고 OpJumpNotTruthy 명령어를 배출해서 가상 머신이 Consequence를 지나가게 만들 수 있어야 한다. 이때 Consequence는 OpConstant 명령어이며, 정수 10을 스택에 넣는다.

그런데 첫 번째 OpPop 명령어(오프셋 0007)는 왜 갑자기 등장했을까? 심지어 Consequence에 들어 있지도 않다. OpPop이 나온 이유는 Monkey 조건식이 표현식이기 때문이다. 조건식 if (true) { 10 }은 10으로 평가되는데, 이 독립 표현식이 만든 값은 사용되지 않은 채 *ast.ExpressionStatement에 담겨 있다. 그렇게 가상 머신 스택을 비울 목적으로 OpPop 명령어를 붙여서 컴파일한다. 그러므로 첫 번째 OpPop 명령어가 전체 조건식 '다음에' 등장한 것이다. 따라서 OpPop 명령어가 가질 오프셋값을 계산할 수 있게 된다. 그리고 이 값은 OpJumpNotTruthy 명령어로 컨시퀀스를 넘어갈 때 필요한 오프셋값이다.

지금쯤 3333이 무슨 역할을 하는지 궁금해졌을 것이다. 3333은 기준점(point of reference) 역할을 한다. 꼭 필요하진 않지만, 점프 오프셋이 올바른지 확인하는 데 표현식 3333이 도움이 된다. 결과 명령어 묶음에서 3333을 쉽게 찾을 수 있을 뿐만 아니라, 3333을 점프해서는 안 되는 위치를 알려주는 표지판으로 사용할 수 있기 때문이다. 물론 3333을 스택에 넣는 OpConstant 1 명령어 다음에는 OpPop 명령어가 와야 한다. 3333은 표현식문이기 때문이다.

테스트 하나를 설명하는 데 꽤 오랜 시간을 소비한 듯하다. 아래 실행 결과는 컴파일러가 앞서 설명한 내용을 얼마나 이해하고 있는지 보여준다.

```
$ go test ./compiler
--- FAIL: TestConditionals (0.00s)
 compiler_test.go:195: testInstructions failed: wrong instructions length.
  want="0000 OpTrue\n0001 OpJumpNotTruthy 7\n0004 OpConstant 0\n0007 OpPop\
    \n0008 OpConstant 1\n0011 OpPop\n"
  got ="0000 OpPop\n0001 OpConstant 0\n0004 OpPop\n"
FAIL
FAIL    monkey/compiler 0.008s
```

조건(condition)과 조건식 컨시퀀스 모두 컴파일되지 않았다. 더 정확하게 말하자면, 컴파일러가 전체 *ast.IfExpression을 지나쳤다. 우선은 조건이 컴파일되지 않는 문제부터 고쳐보자. Compile 메서드를 아래처럼 확장하면 된다.

```
// compiler/compiler.go

func (c *Compiler) Compile(node ast.Node) error {
    switch node := node.(type) {
    // [...]

    case *ast.IfExpression:
        err := c.Compile(node.Condition)
```

```
        if err != nil {
            return err
        }

    // [...]
    }

    // [...]
}
```

이제 컴파일러는 *ast.IfExpression을 처리할 수 있게 됐고, node.Condition을 표현하는 명령어를 배출할 수 있게 됐다. 아직 컨시컨스와 조건부 점프를 구현하지 않았음에도, 아래처럼 전체 명령어 6개 중 4개는 올바르게 출력되는 것을 볼 수 있다.

```
$ go test ./compiler
--- FAIL: TestConditionals (0.00s)
 compiler_test.go:195: testInstructions failed: wrong instructions length.
  want="0000 OpTrue\n0001 OpJumpNotTruthy 7\n0004 OpConstant 0\n0007 OpPop\n\
    0008 OpConstant 1\n0011 OpPop\n"
  got ="0000 OpTrue\n0001 OpPop\n0002 OpConstant 0\n0005 OpPop\n"
FAIL
FAIL    monkey/compiler 0.009s
```

got="…" 안을 보면 OpTrue 명령어가 보일 텐데, 그곳에서 마지막 명령어 3개를 보자.

- OpPop - *ast.IfExpression 뒤에 나옴
- OpConstant - 3333을 스택에 넣음
- OpPop - 표현식문 뒤에 나와야 함

셋 모두 올바른 순서로 출력됐다. 이제 OpJumpNotTruthy 명령어를 배출하고, 이 명령어가 node.Consequence를 나타내게 만들면 끝이다!

물론 '~만하면 끝'이라는 말은 '그게 쉽지 않다는 뜻'이기도 하다. 여기에서의 어려움은 OpJumpNotTruthy 명령어가 올바른 오프셋값을 가진 피연산자를 배출하도록 만드는 데 있다. 올바른 오프셋값이라 함은 node.Consequence 명령어 '바로 다음'을 가리키는 값으로, node.

Consequence를 컴파일하기 전에 갖도록 해야 한다.

심지어 얼마만큼 크기로 점프해야 하는지 알 수 없는 상태에서, 어떤 오프셋값을 사용해야 할까? 꽤 실전적인 해법이 있다! "아무 쓰레깃값이나 넣고 나중에 바꾼다." 어처구니없다고? 나는 진지하다. 우선 의미 없는 오프셋값을 하나 넣고 나중에 고치자. 아래 코드를 보자.

```
// compiler/compiler.go

func (c *Compiler) Compile(node ast.Node) error {
    switch node := node.(type) {
    // [...]

    case *ast.IfExpression:
        err := c.Compile(node.Condition)
        if err != nil {
            return err
        }

        // OpJumpNotTruthy 명령어에 쓰레깃값 9999를 넣어서 배출
        c.emit(code.OpJumpNotTruthy, 9999)

        err = c.Compile(node.Consequence)
        if err != nil {
            return err
        }

    // [...]
    }

    // [...]
}
```

아마도 많은 프로그래머가 뭔가 이상한 낌새를 느끼고 9999를 유심히 보고 있을 것이다. 그럴까 봐 내가 미리 의도를 분명히 할 목적으로 주석을 달아놓았다. 여기서는 정말로 OpJumpNotTruthy 명령어에 쓰레기 오프셋값을 달아서 배출해야 한다. 그러고 나서 node.Consequence를 컴파일한다. 다시 말하지만, 쓰레깃값 9999를 방치한 상태로 가상 머신으로 넘어갈 일은 없다. 나중에 꼭 고치기로 하자. 어쨌든 지금은, 이렇게 하면 테스트에서 올바른 명령어를 더 많이 출력할 수 있다.

그런데 OpJumpNotTruthy 명령어 하나만 제대로 출력됐다.

```
$ go test ./compiler
--- FAIL: TestConditionals (0.00s)
 compiler_test.go:195: testInstructions failed: wrong instructions length.
  want="0000 OpTrue\n0001 OpJumpNotTruthy 7\n0004 OpConstant 0\n0007 OpPop\n\
    0008 OpConstant 1\n0011 OpPop\n"
  got ="0000 OpTrue\n0001 OpJumpNotTruthy 9999\n0004 OpPop\n\
    0005 OpConstant 0\n0008 OpPop\n"
FAIL
FAIL    monkey/compiler 0.008s
```

OpJumpNotTruthy 9999 명령어가 있음에도, Consequence가 아직 컴파일되지 않고 있다.

Consequence가 컴파일되지 않는 이유는 Consequence가 *ast.BlockStatement이기 때문이다. 다시 말해 우리 컴파일러가 아직 *ast.BlockStatement를 처리하는 방법을 모른다. 따라서 Consequence가 컴파일이 되도록 하려면, Compile 메서드에 *ast.BlockStatement를 처리할 case를 추가해 기능을 확장해야 한다.

```
// compiler/compiler.go

func (c *Compiler) Compile(node ast.Node) error {
    switch node := node.(type) {
    // [...]

    case *ast.BlockStatement:
        for _, s := range node.Statements {
            err := c.Compile(s)
            if err != nil {
                return err
            }
        }

    // [...]
    }

    // [...]
}
```

보다시피 *ast.Program을 처리하는 case와 완전히 일치하는 코드이다. 그리고 어쨌든 아래와 같이 잘 동작한다.

```
$ go test ./compiler
--- FAIL: TestConditionals (0.00s)
 compiler_test.go:195: testInstructions failed: wrong instructions length.
  want="0000 OpTrue\n0001 OpJumpNotTruthy 7\n0004 OpConstant 0\n\
    0007 OpPop\n0008 OpConstant 1\n0011 OpPop\n"
  got ="0000 OpTrue\n0001 OpJumpNotTruthy 9999\n0004 OpConstant 0\n\
    0007 OpPop\n0008 OpPop\n0009 OpConstant 1\n0012 OpPop\n"
FAIL
FAIL    monkey/compiler 0.010s
```

점점 목표에 가까워지고 있다. 애초에 쓰레기 오프셋값 9999는 사라질 것이라 기대하지 않았지만, 출력에서 갑자기 새로운 문제가 발생했다. 이번 것은 조금 더 미묘한 문제이다. 여러분이 혹시라도 문제를 찾지 못할까 봐 내가 무슨 일이 일어났는지 설명해보겠다. 컴파일러는 OpPop 명령어를 0007에 추가로 만들어냈다. 추가된 OpPop은 node.Consequence를 컴파일했기 때문에 생겨났다. 왜냐하면 node.Consequence는 표현식문이기 때문이다.

여기서 생긴 OpPop 명령어는 제거해야 한다. 왜냐하면 우리는 조건식 컨시퀀스와 얼터너티브가 스택에 값을 남기기를 원하기 때문이다. 값을 남기지 않는다면, 아래와 같은 코드를 컴파일할 수 없게 된다.

```
let result = if (5 > 3) { 5 } else { 3 };
```

위 코드는 유효한 Monkey 코드이다. 그리고 OpPop 명령어가 node.Consequence 안에 마지막 표현식문(5) 다음에 배출되면, 위 코드는 동작하지 않는다. 컨시퀀스가 만든 값(5)은 스택에서 빠지고, 표현식은 어떤 값으로도 평가될 수 없다. 따라서 let 문은 = 오른쪽에 어떤 값도 갖지 못한 상태가 된다.

이 문제가 특히 더 골치 아픈 이유는 node.Consequence에서 마지막 OpPop 명령어만 제거해야 하기 때문이다. 예를 들어 아래와 같은 Monkey 코드를 작성했다고 해보자.

```
if (true) {
    3;
    2;
    1;
}
```

여기서 3과 2는 스택에서 빠져야 한다. 그러나 1은 전체 조건식이 1로 평가되어야 하므로 스택에 남아 있어야 한다. 따라서 OpJumpNotTruthy 명령어에 '진짜' 오프셋값을 달기에 앞서, 추가로 만들어지는 OpPop 명령어를 제거하자.

가장 먼저 컴파일러를 고쳐서 마지막으로 배출한 명령어 둘을 추적해 보자. 두 명령어가 갖는 명령코드와 배출된 위치를 추적할 수 있어야 한다. 이를 위해 새로운 타입을 추가했고 컴파일러에도 필드 두 개를 더 추가했다. 아래 코드를 보자.

```
// compiler/compiler.go

type EmittedInstruction struct {
    Opcode   code.Opcode
    Position int
}

type Compiler struct {
    // [...]

    lastInstruction     EmittedInstruction
    previousInstruction EmittedInstruction
}

func New() *Compiler {
    return &Compiler{
        // [...]
        lastInstruction:     EmittedInstruction{},
        previousInstruction: EmittedInstruction{},
    }
}
```

lastInstruction은 가장 마지막으로 배출한 명령어이고, previous Instruction은 lastInstruction 직전에 배출된 명령어이다. 두 명령어를 추적해야 하는 이유는 곧 알게 될 테니, 우선은 컴파일러에 구현된 emit 메서드를 수정해 두 필드를 만들도록 바꿔보자.

```
// compiler/compiler.go

func (c *Compiler) emit(op code.Opcode, operands ...int) int {
    ins := code.Make(op, operands...)
    pos := c.addInstruction(ins)

    c.setLastInstruction(op, pos)

    return pos
}

func (c *Compiler) setLastInstruction(op code.Opcode, pos int) {
    previous := c.lastInstruction
    last := EmittedInstruction{Opcode: op, Position: pos}

    c.previousInstruction = previous
    c.lastInstruction = last
}
```

위 코드를 추가하면서, 마지막 명령어가 가진 명령코드를 타입 안정성(type-safe)[2] 있게 검사할 수 있게 됐다. *ast.IfExpression의 node.Consequence를 컴파일하고 마지막으로 배출된 명령어가 OpPop 명령어인지 여부를 검사해보고, 만약 마지막으로 배출된 명령어가 OpPop 명령어라면 제거해야 한다. 아래 코드를 보자.

```
// compiler/compiler.go

func (c *Compiler) Compile(node ast.Node) error {
    switch node := node.(type) {
    // [...]

    case *ast.IfExpression:
        // [...]
        c.emit(code.OpJumpNotTruthy, 9999)
```

2 (옮긴이) 여기서 타입 안정성(type-safety)이 있다는 말은 명령코드를 byte로 변환하거나, byte를 명령코드로 변환할 필요가 없다는 뜻이다.

```
        err = c.Compile(node.Consequence)
        if err != nil {
            return err
        }

        if c.lastInstructionIsPop() {
            c.removeLastPop()
        }

    // [...]
    }

    // [...]
}
```

위 코드를 보면, 도움 함수 lastInstructionIsPop과 removeLastPop을 사용하고 있다. 그리고 둘 다 구현은 아주 단순하다.

```
// compiler/compiler.go

func (c *Compiler) lastInstructionIsPop() bool {
    return c.lastInstruction.Opcode == code.OpPop
}

func (c *Compiler) removeLastPop() {
    c.instructions = c.instructions[:c.lastInstruction.Position]
    c.lastInstruction = c.previousInstruction
}
```

lastInstructionIsPop은 마지막 명령코드가 OpPop인지 검사한다. removeLastPop은 c.instruction에서 마지막 명령어를 잘라내고, c.lastInstruction을 c.previousInstruction으로 바꾼다. 위와 같이 구현해야 하므로, 마지막 명령어 둘을 알아야 한다. 그래야 마지막 OpPop 명령어를 잘라냈을 때, c.lastInstruction이 어긋나는 일이 생기지 않는다.

```
$ go test ./compiler
--- FAIL: TestConditionals (0.00s)
 compiler_test.go:195: testInstructions failed: wrong instruction at 2.
  want="0000 OpTrue\n0001 OpJumpNotTruthy 7\n0004 OpConstant 0\n\
    0007 OpPop\n 0008 OpConstant 1\n0011 OpPop\n"
```

```
  got ="0000 OpTrue\n0001 OpJumpNotTruthy 9999\n0004 OpConstant 0\n\
    0007 OpPop\n 0008 OpConstant 1\n0011 OpPop\n"
FAIL
FAIL    monkey/compiler 0.008s
```

이제 명령어 개수도 맞고 올바른 명령코드를 출력하고 있다. 테스트를 실패하게 만드는 장애물은 9999뿐이다. 이제 9999를 제거할 때가 됐다.

앞서 불필요한 OpPop 명령어를 처리하면서 확실히 알게 된 사실이 하나 있다. 이미 배출한 명령어라도 더는 바꿀 수 없는 존재가 아니라는 점이다. 이미 배출했더라도 얼마든지 바꿀 수 있다.

c.emit(code.OpJumpNotTruthy, 9999) 호출을 제거하지 않고, 그대로 두려 한다. 그리고 9999 역시 변경하지 않을 것이다. 대신에 c.lastInstruction이 가진 Position 필드를 활용해보자. Position 필드를 사용하면 배출한 OpJumpNotTruthy 명령어로 되돌아갈 수 있고, 따라서 피연산자 9999를 실제 피연산자 값으로 변경할 수 있다. 그럼 언제 변경해야 할까? 변경 시점이 아주 기가 막힌다! node.Consequence가 컴파일된 '다음'에 OpJumpNotTruthy 명령어가 갖는 피연산자를 변경해야 한다. 컴파일된 뒤에는, 가상 머신이 얼마나 점프해야 하는지 올바른 오프셋값을 알 수 있다. 따라서 9999를 올바른 오프셋값으로 대체할 수 있다.

이런 기법을 백 패칭(back-patching)이라고 말한다. 우리 컴파일러처럼 AST를 한 번만 순회하는 컴파일러를 단일 패스(single pass) 컴파일러라고 부르는데, 이런 컴파일러에서 백 패칭은 아주 흔히 사용되는 기법이다. 좀 더 발전된 컴파일러들은 점프 명령어가 뛰어야 할 목적지로 얼마나 뛰어야 할지 실제로 알기 전까지는 비워 두고, AST(혹은 다른 형태를 갖는 내부 표현)를 한 번 더 순회하는 다음 패스(pass)에서, 얼마나 뛰어야 할지 알아낸 뒤에 값을 채운다.

요약하면, 9999를 그냥 배출하게 둔다. 한편 피연산자 9999의 위치는 기억하고 있어야 한다. 어디로 점프해야 하는지 알게 되면, 9999로 다시 돌아가서 올바른 오프셋값으로 바꾼다. 곧 구현체를 볼 텐데, 이렇게 어려운 일을 하는 코드가 얼마나 짧은지 보면 놀랄지도 모른다.

가장 먼저, instructions 슬라이스의 임의의 오프셋값에 위치한 명령어를 바꿀 때 사용할 작은 메서드를 작성해보자.

```
// compiler/compiler.go

func (c *Compiler) replaceInstruction(pos int, newInstruction []byte) {
    for i := 0; i < len(newInstruction); i++ {
        c.instructions[pos+i] = newInstruction[i]
    }
}
```

changeOperand 메서드 안에서 replaceInstruction 메서드를 사용해서 피연산자를 바꿔보자.

```
// compiler/compiler.go

func (c *Compiler) changeOperand(opPos int, operand int) {
    op := code.Opcode(c.instructions[opPos])
    newInstruction := code.Make(op, operand)

    c.replaceInstruction(opPos, newInstruction)
}
```

changeOperand 메서드는 피연산자만 변경하는 게 아니라 (피연산자의 바이트 수가 많으면 변경할 때 지저분해지기 때문에), 바뀐 피연산자로 명령어를 다시 만들어 기존 명령어를 새 명령어로 갈아 치운다. 따라서 피연산자까지 바뀌게 된다.

이때, 명령어 타입이 같고 명령어 길이가 변하지 않는 명령어만 바꿀 수 있다는 전제가 있다. 만약 전제 조건에 맞지 않는다면, c.lastInstruction과 c.previousInstruction을 수정할 때 대단히 조심스럽게 바꿔야 할 것이다. 컴파일러와 컴파일러가 배출한 명령어가 복잡해짐에 따라, 내부 표현(IR, internal representation)이 타입 안정성을 갖고, 내부 표현이 부호화된 명령어의 바이트 크기와 무관하면 얼마나 편리한지 알 수 있다.

한편 우리가 가진 해결책은 지금도 충분히 요구 사항을 만족하고 있으며, 대체로 코드의 양도 많지 않다. replaceInstruction 메서드와

changeOperand 메서드를 구현했으니 이제 사용하면 된다. 아래 코드를 보자.

```
// compiler/compiler.go

func (c *Compiler) Compile(node ast.Node) error {
    switch node := node.(type) {
    // [...]

    case *ast.IfExpression:
        err := c.Compile(node.Condition)
        if err != nil {
            return err
        }

        // OpJumpNotTruthy 명령어에 쓰레깃값을 달아서 배출
        jumpNotTruthyPos := c.emit(code.OpJumpNotTruthy, 9999)

        err = c.Compile(node.Consequence)
        if err != nil {
            return err
        }

        if c.lastInstructionIsPop() {
            c.removeLastPop()
        }

        afterConsequencePos := len(c.instructions)
        c.changeOperand(jumpNotTruthyPos, afterConsequencePos)

    // [...]
    }

    // [...]
}
```

첫 변경점은 c.emit을 호출하여 얻은 반환값을 변수 jumpNotTruthyPos에 넣는 행이다. 변수 jumpNotTruthyPos가 갖는 값은 나중에 OpJumpNotTruthy 명령어를 찾을 때 사용할 값이다. 여기서 '나중에'라 함은 OpPop 명령어가 있는지 검사하고, 있다면 제거하는 작업을 마친 이후를 말한다. 그러고 나서 len(c.instructions)으로 다음에 배출할 명령어가 갖

는 오프셋값을 계산한다. 즉, 스택에 남은 값이 참 같은 값(truthy)으로 평가되지 않아서 조건식 Consequence를 실행하지 않을 때 점프할 위치를 가리킨다. 그렇기 때문에, 변수 afterConsequencePos에 오프셋값을 저장해야 한다. 변수 이름은 이 변수가 어디에 쓰이는지 잘 말해주고 있다.

그러고 나서 changeOperand 메서드를 사용해 OpJumpNotTruthy 명령어가 갖는 피연산자 9999를 제거한다. 이때 OpJumpNotTruthy 명령어는 jumpNotTruthyPos에 위치해 있으므로, 올바른 값인 afterConsequencePos로 대체한다.

순서를 기억하겠는가? 기억이 안 난다면, 내가 두 문장으로 요약해주겠다. 메서드 하나를 고쳤고, 메서드 둘을 추가했다. 그게 전부다.

```
$ go test ./compiler
ok   monkey/compiler 0.008s
```

우리 컴파일러가 조건식을 올바르게 컴파일할 수 있게 됐다. 구멍이 하나 있다면, 아직은 '컨시퀀스'만 컴파일할 수 있다는 것이다. 조건식에 포함된 컨시퀀스와 얼터너티브 모두를 컴파일하는 방법은 모른다는 뜻이다.

컴파일러는 모르지만 우리는 알고 있으니 테스트를 작성해보자.

```
// compiler/compiler_test.go

func TestConditionals(t *testing.T) {
    tests := []compilerTestCase{
        // [...]
        {
            input: `
            if (true) { 10 } else { 20 }; 3333;
            `,
            expectedConstants: []interface{}{10, 20, 3333},
            expectedInstructions: []code.Instructions{
                // 0000
                code.Make(code.OpTrue),
                // 0001
                code.Make(code.OpJumpNotTruthy, 10),
```

```
                // 0004
                code.Make(code.OpConstant, 0),
                // 0007
                code.Make(code.OpJump, 13),
                // 0010
                code.Make(code.OpConstant, 1),
                // 0013
                code.Make(code.OpPop),
                // 0014
                code.Make(code.OpConstant, 2),
                // 0017
                code.Make(code.OpPop),
            },
        },
    }

    runCompilerTests(t, tests)
}
```

TestConditionals에 추가한 테스트 케이스는 앞서 작성한 테스트 케이스와 아주 유사하다. 다만 input이 조건식 컨시퀀스뿐만 아니라 얼터너티브도 포함하고 있다. 여기서는 else { 20 }을 말한다.

expectedInstructions는 어떤 바이트코드가 나와야 하는지 보여준다. 이때 앞부분은 이전 테스트 케이스와 동일하다. 조건은 OpTrue로 컴파일되며, OpJumpNotTruthy 명령어가 뒤따라 나온다. OpJumpNotTruthy는 가상 머신이 컴파일된 컨시퀀스를 '지나치도록' 만든다.

그러고 나서 달라지기 시작한다. 다음 명령코드로 OpJump가 나오길 기대하고 있는데, 이는 곧 무조건 점프하라는 뜻이다. OpJump가 해당 위치에 있어야 하는 이유는, 만약 조건이 참 같은 값(truthy)이라면, 가상 머신은 컨시퀀스를 실행하고 얼터너티브를 실행해서는 안 된다. 따라서 OpJump 명령어로 가상 머신에게 얼터너티브를 지나치라고 말해줘야 한다.

OpJump 다음에는 얼터너티브를 이루는 명령어 묶음이 나와야 한다. 현재 테스트 케이스에서는 OpConstant 명령어로 20을 스택에 올리는 명령어 하나만 나온다.

이제부터는 다시 친숙한 내용이 나온다. OpPop이 나온 이유는 조건식이 만든 값을 스택에서 빼내고, 스택에 올려놓은 쓰레깃값인 3333 역시 빼내기 위해서다.

점프가 동작하는 방식을 이해하는 게 쉽지 않다는 것을 나도 잘 알고 있다. 그래서 아래와 같은 도식을 그려놨으며, 어떤 명령어가 조건식에서 어디에 속해있고 어디로 점프해 연결되는지 표시해뒀다.

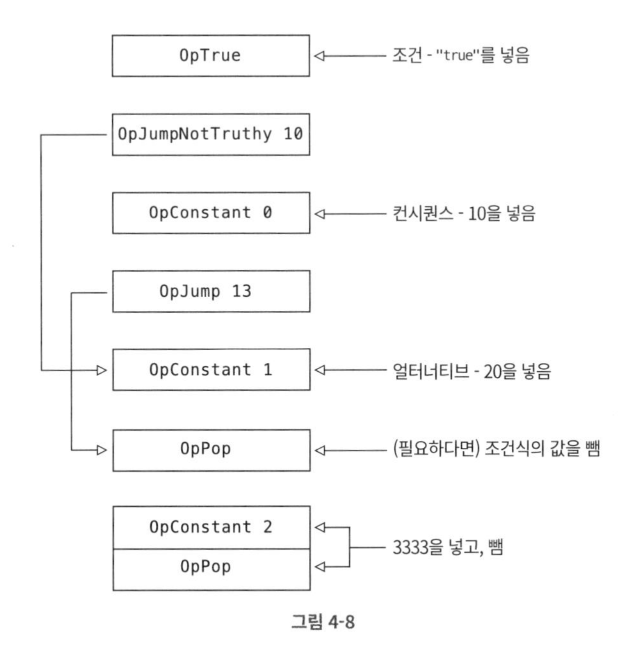

그림 4-8

만약 [그림 4-8]로도 잘 이해가 되지 않는다면, 테스트를 실행해보면서 실패하는 테스트를 고치다보면 이해가 될 것이라 확신한다. 왜냐하면 테스트 결과 어떤 것이 빠져 있는지 출력해주기 때문이다.

```
$ go test ./compiler
--- FAIL: TestConditionals (0.00s)
 compiler_test.go:220: testInstructions failed: wrong instructions length.
  want="0000 OpTrue\n0001 OpJumpNotTruthy 10\n0004 OpConstant 0\n\
    0007 OpJump 13\n0010 OpConstant 1\n\
    0013 OpPop\n0014 OpConstant 2\n0017 OpPop\n"
  got ="0000 OpTrue\n0001 OpJumpNotTruthy 7\n0004 OpConstant 0\n\
    0007 OpPop\n0008 OpConstant 1\n0011 OpPop\n"
```

```
FAIL
FAIL    monkey/compiler 0.007s
```

출력된 결과를 살펴보면, 가장 먼저 조건을 컴파일한 결과가 나온다. 그리고 전체 조건식 다음에 OpPop이 따라 나오고, 3333을 스택에 넣었다 뺀다. 빠진 것은 컨시퀀스 끝에 나왔어야 할 OpJump와 얼터너티브에 들어갈 명령어 묶음이다. 필요한 도구는 모두 갖추고 있으니, 앞서 구현한 코드를 조금씩 고쳐서 얼터너티브를 컴파일하면 된다.

가장 먼저 OpJumpNotTruthy 명령어를 변경하는 코드를 아래와 같은 조건문으로 감싸야 한다.

```
// compiler/compiler.go

func (c *Compiler) Compile(node ast.Node) error {
    switch node := node.(type) {
    // [...]

    case *ast.IfExpression:
        // [...]

        if node.Alternative == nil {
            afterConsequencePos := len(c.instructions)
            c.changeOperand(jumpNotTruthyPos, afterConsequencePos)
        }

    // [...]
    }

    // [...]
}
```

(위 코드에는 안 보이지만) node.Alternative == nil 앞에서 node.Consequence를 컴파일한다. 그리고 추가한 블록은 node.Alternative가 없을 때만 c.instructions가 있는 현재 위치로 점프하게 만든다.

그러나 여기서는 node.Alternative가 nil이 아니므로, 컨시퀀스에 포함될 OpJump 명령어를 배출해야 한다. 그리고 컨시퀀스를 점프해서 넘어가야 할 OpJumpNotTruthy 명령어도 배출해야 한다.

```
// compiler/compiler.go

func (c *Compiler) Compile(node ast.Node) error {
    switch node := node.(type) {
    // [...]

    case *ast.IfExpression:
        // [...]

        if node.Alternative == nil {
            afterConsequencePos := len(c.instructions)
            c.changeOperand(jumpNotTruthyPos, afterConsequencePos)
        } else {
            // OpJump 명령어에 쓰레깃값 9999를 넣어서 배출
            c.emit(code.OpJump, 9999)

            afterConsequencePos := len(c.instructions)
            c.changeOperand(jumpNotTruthyPos, afterConsequencePos)
        }

    // [...]
    }

    // [...]
}
```

중복되는 코드가 있지만 괜찮다. 나중에 고칠 테니 지금은 걱정하지 않아도 된다. 당장은 우리의 의도를 분명히 하는 게 중요하다.

우리는 OpJump 명령어 피연산자를 공란으로 남겨뒀다. 즉, 나중에 이 빈칸을 채워 넣어야 한다는 뜻이다. 그러나 지금 당장은, OpJump 명령어 덕에 OpJumpNotTruthy 명령어에 달린 피연산자를 올바른 값으로 바꿀 수 있다. 즉, 얼터너티브가 없을 때는 OpJumpNotTruthy의 피연산자 값을 컨시퀀스 바로 다음 명령어의 위치로 값을 바꾸면 되고, 얼터너티브가 있을 땐 OpJump 명령어의 위치로 값을 바꾸면 된다.

이게 올바른 피연산자인 이유는, OpJump는 조건이 참 같은 값으로 해석됐을 때, 조건식 else 분기를 지나가야 하기 때문이다. 그러므로 OpJump는 컨시퀀스에 속해 있는 셈이다. 그리고 만약 조건이 참 같은 값으로 해석되지 않아서 else 분기를 실행해야 한다면, OpJumpNotTruthy

명령어로 컨시퀀스 다음 위치로 넘어가야 한다. 즉 OpJump 뒤에 나오는 명령어로 넘어가야 한다.

테스트 결과를 보니 의도한 대로 동작하고 있다.

```
$ go test ./compiler
--- FAIL: TestConditionals (0.00s)
 compiler_test.go:220: testInstructions failed: wrong instructions length.
  want="0000 OpTrue\n0001 OpJumpNotTruthy 10\n0004 OpConstant 0\n\
    0007 OpJump 13\n0010 OpConstant 1\n\
    0013 OpPop\n0014 OpConstant 2\n0017 OpPop\n"
  got ="0000 OpTrue\n0001 OpJumpNotTruthy 10\n0004 OpConstant 0\n\
    0007 OpJump 9999\n\
    0010 OpPop\n0011 OpConstant 1\n0014 OpPop\n"
FAIL
FAIL    monkey/compiler 0.008s
```

OpJumpNotTruthy 명령어가 가진 피연산자도 맞게 출력됐고, OpJump도 올바른 위치에 있다. 다만, OpJump 명령어가 가진 피연산자가 아직 틀린 값을 갖고 있으며, 얼터너티브 전체가 빠져 있다. 앞서 컨시퀀스를 구현할 때 했던 작업을 똑같이 반복해보자.

```
// compiler/compiler.go

func (c *Compiler) Compile(node ast.Node) error {
    switch node := node.(type) {
    // [...]

    case *ast.IfExpression:
        // [...]

        if node.Alternative == nil {
            afterConsequencePos := len(c.instructions)
            c.changeOperand(jumpNotTruthyPos, afterConsequencePos)
        } else {
            // OpJump 명령어에 쓰레깃값 9999를 넣어서 배출
            jumpPos := c.emit(code.OpJump, 9999)

            afterConsequencePos := len(c.instructions)
            c.changeOperand(jumpNotTruthyPos, afterConsequencePos)

            err := c.Compile(node.Alternative)
            if err != nil {
```

```
                return err
            }

            if c.lastInstructionIsPop() {
                c.removeLastPop()
            }

            afterAlternativePos := len(c.instructions)
            c.changeOperand(jumpPos, afterAlternativePos)
        }

    // [...]
    }

    // [...]
}
```

먼저 OpJump 명령어 위치를 jumpPos에 저장한다. 그래야 나중에 돌아와서 피연산자를 바꿀 수 있다. 그러고 나서 앞서 배출한 OpJumpNotTruthy 명령어가 가진 피연산자 값을 변경한다. 이때 OpJumpNotTruthy 명령어는 변수 jumpNotTruthyPos가 가리키는 위치에 있으며, 이제 막 배출한 OpJump 명령어 '바로 다음' 위치로 점프하게 만든다.

그러고 나서 node.Alternative를 컴파일한다. 여기서도 필요하다면, c.removeLastPop을 호출해야 한다. 마지막으로 OpJump 명령어가 가진 피연산자를 다음 배출 명령어를 가리키는 오프셋값으로 변경한다. 그리고 그 위치는 얼터너티브 바로 다음이 된다.

그리고 테스트를 돌려보자.

```
$ go test ./compiler
ok   monkey/compiler 0.009s
```

드디어 다시 한번 ok를 출력하는 데 성공했다. 우리가 드디어 점프 명령어를 수행하기 위한 조건식을 컴파일하는 데 성공했다!

이제 고비는 모두 넘겼다. 이제 가상 머신이 점프를 실행하도록 가르쳐주면 된다. 그리고 가상 머신을 실행하게 만드는 작업이 점프 명령어를 배출하는 작업보다 훨씬 쉽다.

점프 명령어 실행

컴파일러 패키지에 조건식 테스트를 작성하기 전에는, 테스트를 통해 보장하고자 했던 것, 컴파일러가 해야 할 일 등을 아주 신중하게 고려했다. 이제부터 가상 머신 패키지에 조건식 테스트를 작성해볼 텐데, 여기서는 그렇게까지 안 해도 된다. 우리는 이미 Monkey 조건식이 어떻게 동작하는지 충분히 학습했다. 그럼 학습한 내용을 깔끔하게 테스트 케이스와 단정문으로 풀어 써보자.

```
// vm/vm_test.go

func TestConditionals(t *testing.T) {
    tests := []vmTestCase{
        {"if (true) { 10 }", 10},
        {"if (true) { 10 } else { 20 }", 10},
        {"if (false) { 10 } else { 20 } ", 20},
        {"if (1) { 10 }", 10},
        {"if (1 < 2) { 10 }", 10},
        {"if (1 < 2) { 10 } else { 20 }", 10},
        {"if (1 > 2) { 10 } else { 20 }", 20},
    }

    runVmTests(t, tests)
}
```

전체 테스트 케이스에서 절반만 있어도 충분했다. 그런데 테스트 케이스를 작성하는 것도, 의도를 드러내는 것도 쉬운데, 심지어 시간도 거의 들지 않는데 어쩌겠는가! 테스트하고 싶은 내용을 충분히 넣어도 별문제가 되지 않는다.

Monkey 언어 '참 같은 값(truthy)' 표준[3]에 따라 가상 머신이 올바르게 불 표현식을 평가하고 있는지 테스트한다. 그리고 불 표현식에 따라서 올바른 분기를 선택했는지 역시 검사한다. 조건식은 표현식이므로 값을 만든다. 그러므로 전체 조건식이 만든 값을 검사함으로써, 어느 쪽의 분기가 실행됐는지 추정할 수 있다.

3 (옮긴이) executeBangOperator 메서드를 참고하면 된다.

테스트는 너무나 마음에 들지만 에러 메시지는 그렇지가 않다.

```
$ go test ./vm
--- FAIL: TestConditionals (0.00s)
panic: runtime error: index out of range [recovered]
 panic: runtime error: index out of range

goroutine 20 [running]:
testing.tRunner.func1(0xc4200bc2d0)
 /usr/local/go/src/testing/testing.go:742 +0x29d
panic(0x11190e0, 0x11f1fd0)
 /usr/local/go/src/runtime/panic.go:502 +0x229
monkey/vm.(*VM).Run(0xc420050e38, 0x800, 0x800)
 /Users/mrnugget/code/04/src/monkey/vm/vm.go:46 +0x30c
monkey/vm.runVmTests(0xc4200bc2d0, 0xc420079eb8, 0x7, 0x7)
 /Users/mrnugget/code/04/src/monkey/vm/vm_test.go:101 +0x35a
monkey/vm.TestConditionals(0xc4200bc2d0)
 /Users/mrnugget/code/04/src/monkey/vm/vm_test.go:80 +0x114
testing.tRunner(0xc4200bc2d0, 0x1149b40)
 /usr/local/go/src/testing/testing.go:777 +0xd0
created by testing.(*T).Run
 /usr/local/go/src/testing/testing.go:824 +0x2e0
FAIL    monkey/vm   0.011s
```

심지어 에러가 발생하는 게 아니라 패닉(panic)이 발생한다.

코드를 보기 전에, 에러가 어디서 시작됐는지 생각해보자. 설명하자면, 가상 머신은 바이트코드를 살펴보다가 패닉에 빠져버린다. 왜냐하면 복호화 방법을 모르는 명령코드가 바이트코드에 포함되어 있기 때문이다. 그런데 알 수 없는 명령코드가 들어있는 게 문제가 아니다. 왜냐하면 모르면 그냥 지나가 버리기 때문이다. 그런데 피연산자도 이렇게 지나가 버릴 수 있을까? 피연산자는 그저 정수일 뿐이라는 것을 기억하자. 정수이기 때문에, 부호화된 명령코드와 같은 값을 가질 수도 있다. 그리고 같은 값을 가지게 되면, 피연산자임에도 가상 머신이 명령코드로 처리할 수 있다. 당연하지만, 이렇게 동작해서는 안 된다. 이제 '가상 머신'에게 점프 명령어를 가르쳐야 할 때다.

OpJump부터 처리해보자. 왜냐하면 가장 직관적인 점프 명령어이기 때문이다. 점프 명령어는 16비트 피연산자를 하나 가지며, 이 피연산자는 가상 머신이 점프해 도착해야 할 명령어의 오프셋을 값으로 가진다. 구현할 때 알아야 할 정보는 이게 전부다. 아래 코드를 보자.

```
// vm/vm.go

func (vm *VM) Run() error {
    // [...]
        switch op {
        // [...]

        case code.OpJump:
            pos := int(code.ReadUint16(vm.instructions[ip+1:]))
            ip = pos - 1

        // [...]
        }
    // [...]
}
```

code.ReadUint16 함수로 명령코드 바로 다음에 나오는 피연산자를 복호화한다. 다음으로는 명령어 포인터값인 ip를 설정한다. ip는 점프해서 도착해야 할 목적지를 가리킨다. 구현 내용에서 흥미로운 점이 있다. 반복할 때마다 ip 값을 증가시키는데, 루프 안에 있기 때문에, ip를 우리가 원하는 오프셋 위치 바로 앞에 놓으면, 다음번 반복 주기에서 우리가 원하는 위치에서 시작한다.

OpJump만 구현해서는 부족하다. 왜냐하면 OpJumpNotTruthy야말로 조건식에서 가장 필수적인 구현체이기 때문이다. 한편 code.OpJumpNotTruthy를 처리할 case에는 OpJump보다 조금 더 많은 코드를 작성해야 한다. 그렇다고 복잡하지는 않다. 아래를 보자.

```
// vm/vm.go

func (vm *VM) Run() error {
    for ip := 0; ip < len(vm.instructions); ip++ {
        op := code.Opcode(vm.instructions[ip])

        switch op {
        // [...]
```

```
        case code.OpJumpNotTruthy:
            pos := int(code.ReadUint16(vm.instructions[ip+1:]))
            ip += 2

            condition := vm.pop()
            if !isTruthy(condition) {
                ip = pos - 1
            }

        // [...]

        }
    }
    // [...]
}

func isTruthy(obj object.Object) bool {
    switch obj := obj.(type) {

    case *object.Boolean:
        return obj.Value

    default:
        return true
    }
}
```

다시 한번 code.ReadUint16 함수로 피연산자를 읽어서 복호화한다. 복호화하고 나면, 직접 ip를 2씩 올려준다. 그래야 피연산자의 크기인 2바이트씩 지나갈 수 있다. 이는 처음 보는 코드가 아니다. 이미 OpConstant 명령어를 실행할 때 구현해본 적이 있다.

지금부터 처음 보는 내용이 나온다. 스택에서 가장 위에 있는 요소를 뽑아서 그 값이 참 같은 값인지 검사한다. 이때 도움 함수 isTruthy를 사용한다. 만약 참 같은 값이 아니라면 점프한다. 즉 ip를 목표 지점 바로 직전 명령어 인덱스값으로 설정하고, for 루프가 다음 일을 처리하게 만든다.

만약 스택 가장 위에 있는 값이 참 같은 값이라면, 그냥 다음번 메인 루프를 시작하면 된다. 그러면 조건식 컨시퀀스를 실행하게 되는데, 컨시퀀스는 OpJumpNotTruthy 명령어 다음에 나오는 명령어들로 이루어져 있다.

이제 유튜브에서 신나는 행진곡을 준비해두고 냉장고에서 맥주를 꺼내오자. 영상을 재생하고 맥주를 마시며 아래의 실행 결과를 보자.

```
$ go test ./vm
ok   monkey/vm   0.009s
```

훌륭하다! 우리가 만든 바이트코드 컴파일러와 가상 머신이 Monkey 조건식을 컴파일하고 실행할 수 있게 됐다!

```
$ go build -o monkey . && ./monkey
Hello mrnugget! This is the Monkey programming language!
Feel free to type in commands
>> if (10 > 5) { 10; } else { 12; }
10
>> if (5 > 10) { 10; } else { 12; }
12
>>
```

우리가 만든 것이 장난감에서 대단한 무언가가 된 순간이다. 스택 연산도 훌륭했지만, 점프 명령어는 훨씬 대단하다. 이제 어디다 자랑해도 될 정도이다! 그런데 아래와 같이 입력하면 패닉이 발생한다.

```
>> if (false) { 10; }
panic: runtime error: index out of range

goroutine 1 [running]:
monkey/vm.(*VM).pop(...)
 /Users/mrnugget/code/04/src/monkey/vm/vm.go:117
monkey/vm.(*VM).Run(0xc42005be48, 0x800, 0x800)
 /Users/mrnugget/code/04/src/monkey/vm/vm.go:60 +0x40e
monkey/repl.Start(0x10f1080, 0xc42000e010, 0x10f10a0, 0xc42000e018)
 /Users/mrnugget/code/04/src/monkey/repl/repl.go:43 +0x47a
main.main()
 /Users/mrnugget/code/04/src/monkey/main.go:18 +0x107
```

우리가 뭔가를 놓친 듯하다.

돌아왔구나, Null!

이번 장 초입에서《인터프리터 in Go》에서 구현한 조건식을 살펴봤다. 그리고 조건식이 갖는 행위를 거의 다 구현했다. 그런데 우리가 아직 구현하지 않은 행위가 있다. 조건식 조건이 참 같은 값이 아니고, 조건식이 얼터너티브도 갖고 있지 않으면 어떻게 될까?《인터프리터 in Go》에서는 `*object.Null`을 반환하도록 만들었다. 즉 Monkey 언어에 정의된 `null` 값을 반환했다.

《인터프리터 in Go》에서는 수긍이 가는 설계였다. 왜냐하면 조건식은 표현식이며, 표현식은 값을 만들도록 정의되었다. 그러면 아무것도 만들지 않는 표현식은 무엇으로 평가해야 할까? Null로 평가해야 하지 않을까?

나는 정말로 Null이 좋은지 나쁜지 잘 모르겠다. Null은 수많은 문제의 원흉이기도 하지만 프로그래밍 언어에서 따라서 '어떤 것으로도 평가되지 않는 것'이 있게 마련이다. 따라서 어떤 것으로도 평가되지 않는 것을 표현할 방법이 필요하다. Monkey 언어에서는 `false` 조건을 갖는 조건식이 얼터너티브를 갖지 않는다면 Null로 평가되어야 한다. 그리고 여기서 '없음'을 `*object.Null`로 표현한다. 이야기가 길었는데 짧게 말하자면, `*object.Null`을 컴파일러와 가상 머신에 도입해야 하며, 앞서 말한 형태를 갖는 조건식이 잘 동작하도록 만들어야 한다.

가장 먼저 가상 머신에서 사용할 `*object.Null`을 정의해야 한다. `*object.Null`은 상수이므로, 전역 변수로 정의해도 무방하다. `vm.True`와 `vm.False`를 전역으로 정의한 것처럼 말이다.

```
// vm/vm.go

var Null = &object.Null{}
```

위와 같이 선언하면, `vm.True`, `vm.False`와 마찬가지로 Monkey 객체끼리 비교할 때 많은 작업을 줄일 수 있다. `object.Object`가 `*object.Null`인지 아닌지, `vm.Null`과 동등 비교로 검사할 수 있기 때문이다. 값을 꺼내 실젯값을 들여다볼 필요가 없다.

그동안 해왔던 것과는 달리, 컴파일러 테스트 작성 전에 vm.Null을 먼저 정의한 이유는, 이번에는 가상 머신 테스트를 먼저 작성하기 때문이다. 가상 머신 테스트를 먼저 작성해야 표현하고자 하는 바를 간결하게 나타낼 수 있다.

```
// vm/vm_test.go

func TestConditionals(t *testing.T) {
    tests := []vmTestCase{
        // [...]
        {"if (1 > 2) { 10 }", Null},
        {"if (false) { 10 }", Null},
    }

    runVmTests(t, tests)
}

func testExpectedObject(
    t *testing.T,
    expected interface{},
    actual object.Object,
) {
    t.Helper()

    switch expected := expected.(type) {
    // [...]
    case *object.Null:
        if actual != Null {
            t.Errorf("object is not Null: %T (%+v)", actual, actual)
        }
    }
}
```

기존 TestConditional 함수에 새로운 테스트 케이스를 2개 추가했다. 둘 다 조건이 참 같은 값이 아니므로 얼터너티브 평가가 강제된다. 그러나 둘 다 얼터너티브가 없으므로 스택에 남은 값이 Null이 되길 기대한다. 앞서 설명한 그대로를 테스트할 목적으로 testExpectedObject에 *object.Null을 처리할 case를 추가해 확장했다.

깔끔하게 잘 표현한 듯하다. 그런데 에러 메시지는 깔끔하지 않다.

```
$ go test ./vm
--- FAIL: TestConditionals (0.00s)
panic: runtime error: index out of range [recovered]
 panic: runtime error: index out of range

goroutine 7 [running]:
testing.tRunner.func1(0xc4200a82d0)
 /usr/local/go/src/testing/testing.go:742 +0x29d
panic(0x1119420, 0x11f1fe0)
 /usr/local/go/src/runtime/panic.go:502 +0x229
monkey/vm.(*VM).pop(...)
 /Users/mrnugget/code/04/src/monkey/vm/vm.go:121
monkey/vm.(*VM).Run(0xc420054df8, 0x800, 0x800)
 /Users/mrnugget/code/04/src/monkey/vm/vm.go:53 +0x418
monkey/vm.runVmTests(0xc4200a82d0, 0xc420073e78, 0x9, 0x9)
 /Users/mrnugget/code/04/src/monkey/vm/vm_test.go:103 +0x35a
monkey/vm.TestConditionals(0xc4200a82d0)
 /Users/mrnugget/code/04/src/monkey/vm/vm_test.go:82 +0x149
testing.tRunner(0xc4200a82d0, 0x1149f40)
 /usr/local/go/src/testing/testing.go:777 +0xd0
created by testing.(*T).Run
 /usr/local/go/src/testing/testing.go:824 +0x2e0
FAIL    monkey/vm   0.012s
```

패닉이 발생한 이유는 조건식 다음에 배출한 OpPop 명령어 때문이다. 어떤 값도 만들지 않았는데, 가상 머신은 빈 스택에서 뭔가를 꺼내려 하니 문제가 생긴 것이다. 그러면 vm.Null을 스택에 넣을 수 있게 고쳐 보자.

스택에 vm.Null을 넣으려면 두 가지 선결 조건이 있다. 우선, 명령코드를 정의해 가상 머신에게 vm.Null을 스택에 넣으라고 알려줘야 한다. 그리고 조건식이 얼터너티브를 갖지 않을 때, 얼터너티브를 삽입하도록 컴파일러를 고쳐야 한다. 그리고 이때 삽입된 얼터너티브에는 vm.Null을 스택에 넣는 새로 정의한 명령코드만 포함하게 된다.

먼저 명령코드를 정의해서, 컴파일러 테스트에서 사용할 수 있게 만들자.

```
// code/code.go

const (
    // [...]

    OpNull
)

var definitions = map[Opcode]*Definition{
    // [...]

    OpNull:  {"OpNull", []int{}},
}
```

불 명령어인 OpTrue, OpFalse와 아주 흡사하다. OpNull은 피연산자를 갖지 않으며, 가상 머신에게 값 하나를 스택에 넣으라고 지시한다.

컴파일러 테스트 함수를 추가하는 대신 TestConditionals에 작성된 기존 테스트 케이스를 수정해보자. 그리고 생성된 명령어에서 OpNull이 있는지 확인한다. 조건식에 얼터너티브가 없는 첫 번째 테스트 케이스를 수정해야 한다는 점에 유의하자.

나머지 테스트 케이스는 전과 동일하다.

```
// compiler/compiler_test.go

func TestConditionals(t *testing.T) {
    tests := []compilerTestCase{
        {
            input: `
            if (true) { 10 }; 3333;
            `,
            expectedConstants: []interface{}{10, 3333},
            expectedInstructions: []code.Instructions{
                // 0000
                code.Make(code.OpTrue),
                // 0001
                code.Make(code.OpJumpNotTruthy, 10),
                // 0004
                code.Make(code.OpConstant, 0),
                // 0007
                code.Make(code.OpJump, 11),
                // 0010
                code.Make(code.OpNull),
```

```
                // 0011
                code.Make(code.OpPop),
                // 0012
                code.Make(code.OpConstant, 1),
                // 0015
                code.Make(code.OpPop),
            },
        },
        // [...]
    }

    runCompilerTests(t, tests)
}
```

가운데쯤 새로 추가된 명령어 둘을 볼 수 있다. OpJump와 OpNull이다. OpJump는 얼터너티브를 건너뛰기 위해 추가됐다. 그리고 여기서는 OpNull이 얼터너티브이다. 두 명령어가 추가되면서 기존 다른 명령어가 갖는 인덱스에 변화가 생겼다. 따라서 OpJumpNotTruthy가 갖는 피연산자 역시 7에서 10으로 변경했다. 나머지는 동일하다.

업데이트한 테스트를 실행하면, 컴파일러가 조건식에 얼터너티브를 삽입하는 방법을 아직 학습하지 못했음을 확인할 수 있다.

```
$ go test ./compiler
--- FAIL: TestConditionals (0.00s)
 compiler_test.go:288: testInstructions failed: wrong instructions length.
  want="0000 OpTrue\n0001 OpJumpNotTruthy 10\n0004 OpConstant 0\n\
    0007 OpJump 11\n0010 OpNull\n\
    0011 OpPop\n0012 OpConstant 1\n0015 OpPop\n"
  got ="0000 OpTrue\n0001 OpJumpNotTruthy 7\n0004 OpConstant 0\n\
    0007 OpPop\n0008 OpConstant 1\n0011 OpPop\n"
FAIL
FAIL    monkey/compiler 0.008s
```

아래 코드를 보면 알겠지만, 컴파일러 코드를 간결하고 이해하기 쉽게 바꾸는데, 덤으로 테스트까지 통과하게 만들어주니 콧노래가 절로 나온다. 항상 OpJump를 배출하면 되기 때문에, OpJump의 배출 여부를 결정하기 위해 어떤 것도 검사할 필요가 없어졌다. 상황에 맞게, '실제' 얼터너티브를 점프로 넘어가거나 OpNull 명령어만 넘어가도록 만들면 된다. 아래는 Compile 메서드에서 작성한 코드로, 업데이트된 *ast.IfExpression을 보여준다.

```
// compiler/compiler.go

func (c *Compiler) Compile(node ast.Node) error {
    switch node := node.(type) {
    // [...]

    case *ast.IfExpression:
        err := c.Compile(node.Condition)
        if err != nil {
            return err
        }

        // OpJumpNotTruthy 명령어에 쓰레깃값 9999를 넣어서 배출
        jumpNotTruthyPos := c.emit(code.OpJumpNotTruthy, 9999)

        err = c.Compile(node.Consequence)
        if err != nil {
            return err
        }

        if c.lastInstructionIsPop() {
            c.removeLastPop()
        }

        // OpJump 명령어에 쓰레깃값 9999를 넣어서 배출
        jumpPos := c.emit(code.OpJump, 9999)

        afterConsequencePos := len(c.instructions)
        c.changeOperand(jumpNotTruthyPos, afterConsequencePos)

        if node.Alternative == nil {
            c.emit(code.OpNull)
        } else {
            err := c.Compile(node.Alternative)
            if err != nil {
                return err
            }

            if c.lastInstructionIsPop() {
                c.removeLastPop()
            }
        }
```

```
        afterAlternativePos := len(c.instructions)
        c.changeOperand(jumpPos, afterAlternativePos)

    // [...]
    }

    // [...]
}
```

드디어 case *ast.IfExpression를 완성했다. 절반 정도가 바뀌었는데, OpJumpNotTruthy 명령어를 수정하는 코드가 중복되지 않도록 변경했고, 중복을 없앤 자리에 node.Alternative가 있을 때 처리하는 코드를 새로 추가했다.

(두 번째 주석부터) 먼저 OpJump 명령어를 배출하고, OpJumpNotTruthy 명령어가 갖는 피연산자를 변경한다. 두 작업은 node.Alternative가 있든 없든 반드시 수행된다. 한편 node.Alternative가 nil인지 검사하고, 만약 nil이라면 명령코드 OpNull을 배출한다. 만약 nil이 아니라면, 이전 방식대로 진행한다. node.Alternative를 컴파일하고 OpPop 명령어가 생성됐다면 삭제한다.

그러고 나서, OpJump 명령어 피연산자를 바꿔서 방금 컴파일된 얼터너티브를 점프해서 넘어가야 한다. 이때 얼터너티브가 OpNull이든 아니든 관계없이 넘어가야 한다.

이제 패닉이 사라졌고 테스트를 통과한다.

```
$ go test ./compiler
ok   monkey/compiler 0.009s
```

이제 가상 머신으로 넘어가도 될 것 같다. 가상 머신에서는 아직 테스트 코드가 실패하고 있으니 명령코드 OpNull을 구현해 넣어주자.

```
// vm/vm.go

func (vm *VM) Run() error {
    // [...]
        switch op {
        // [...]
```

```
        case code.OpNull:
            err := vm.push(Null)
            if err != nil {
                return err
            }

        // [...]
        }
    // [...]
}
```

마찬가지로 패닉이 사라졌고 테스트를 통과한다.

```
$ go test ./vm
ok    monkey/vm    0.009s
```

위 테스트의 결과가 의미하는 것은, 참 같은 값이 아닌 조건을 가진 조건식을 컴파일해서 스택에 Null을 남기는 데 성공했다는 뜻이다. 이렇게 《인터프리터 in Go》에서 설명한 조건식의 동작을 완전히 구현해냈다!

기뻐해야 할 상황에서 유감이지만 구현해야 할 게 하나 남았다. 방금 통과한 테스트로, 우리는 공식적으로 새로운 세상에 진입했다. 조건식은 표현식이며 표현식이면 어떤 것과도 바꿔 쓸 수 있다. 즉 어떤 표현식이든 가상 머신에서 Null을 만들 수 있다는 뜻이다. 참 무서운 세상이다.

피부에 와닿게 이야기하자면, 이제부터는 표현식이 만들어낸 값을 사용하는 모든 코드에서 Null 처리를 해주어야 한다. 다행히 가상 머신 코드 대부분에서는 vm.executeBinaryOperation처럼 의도하지 않은 값이 발생하면 에러를 발생하도록 하고 있다. 한편 명시적으로 Null을 처리해야 하는 함수와 메서드가 있다.

첫 번째 메서드는 vm.executeBangOperator이다. 테스트를 추가해서 vm.executeBangOperator 메서드가 오류 없이 Null을 처리하도록 하자.

```
// vm/vm_test.go

func TestBooleanExpressions(t *testing.T) {
```

```
    tests := []vmTestCase{
        // [...]
        {"!(if (false) { 5; })", true},
    }

    runVmTests(t, tests)
}
```

테스트 코드를 추가하면 얼터너티브가 없고, 참 같은 값이 아닌(non-truthy) 조건을 갖는 조건식이 암묵적으로 `Null`로 처리되는 것을 확인할 수 있다. 그리고 `!` 연산자로 전체 조건식을 부정(negate)해서 `True`로 바꾼다. 테스트를 실행하면, 내부적으로 `vm.executeBangOperator`가 호출되기 때문에 테스트를 통과하려면 아래와 같이 바꿔야 한다.

```
// vm/vm.go

func (vm *VM) executeBangOperator() error {
    operand := vm.pop()

    switch operand {
    case True:
        return vm.push(False)
    case False:
        return vm.push(True)
    case Null:
        return vm.push(True)
    default:
        return vm.push(False)
    }
}
```

이제 `Null`을 부정하면 `True`가 된다. 《인터프리터 in Go》에서 구현한 내용과 완전히 일치한다. 그리고 테스트는 통과한다.

```
$ go test ./vm
ok   monkey/vm   0.009s
```

이번에는 조금 까다로운 코드를 가져왔다. 조건식은 표현식이고, 조건식의 조건 역시 표현식이다. 따라서 조건식을 다른 조건식의 조건으로 사용할 수 있다. 물론, 나나 여러분이나 이런 코드를 작성하지는 않을 것이다. 그러나 어쨌든 우리 가상 머신에서는 동작해야 한다. 아래 코드처럼 안쪽 조건식이 Null을 만들어내도 동작해야 한다.

```
// vm/vm_test.go

func TestConditionals(t *testing.T) {
    tests := []vmTestCase{
        // [...]
        {"if ((if (false) { 10 })) { 10 } else { 20 }", 20},
    }

    runVmTests(t, tests)
}
```

입력이 지저분해 고치는 게 까다로워 보일지 모른다. 그러나 우리가 짜둔 코드는 정갈하고 잘 관리해왔기 때문에 하나만 제대로 고치면 된다. 우리는 가상 머신에게 *object.Null이 isTruthy하지 않음을 알려주기만 하면 된다.

```
// vm/vm.go

func isTruthy(obj object.Object) bool {
    switch obj := obj.(type) {

    case *object.Boolean:
        return obj.Value

    case *object.Null:
        return false

    default:
        return true
    }
}
```

이렇게 코드 두 줄만 추가하면 끝난다.

```
$ go test ./vm
ok    monkey/vm    0.011s
```

이젠 정말로 끝났다! 우리가 만든 조건식도 완벽하게 동작한다. 그리고 우리 가상 머신은 Null 안정성(null-safety)도 확보했다.

```
$ go build -o monkey . && ./monkey
Hello mrnugget! This is the Monkey programming language!
Feel free to type in commands
>> if (false) { 10 }
null
```

훌륭하다! 냉장고에 넣어둔 맥주를 꺼내서 시원하게 들이켜보자.

5장

Writing A Compiler In Go

이름을 추적하는 방법

지금까지는 Monkey 코드 안에 선언된 값을 참조하기 위한 방편으로 불 리터럴, 정수 리터럴을 사용했다. 이제부터는 방식을 바꾸려 한다. 이번 장에서는 '바인딩(bindings)'을 구현한다. 구체적으로 `let` 문과 식별자 표현식을 추가해 구현한다. 이번 장 말미에서는 이름에 값을 바인딩할 수 있고, 바인딩된 이름을 값으로도 환원(resolve)하게 될 것이다.

몸을 좀 풀고, 기억도 상기할 겸 Monkey 코드로 된 `let` 문을 가져왔다.

```
let x = 5 * 5;
```

보다시피 Monkey `let` 문은 `let` 키워드 다음에 식별자가 따라 나오는 형태로 되어 있다. 식별자는 이름을 가지며, 식별자 이름에는 값이 바인딩된다. 여기서 식별자 이름은 `x`이다. `=` 우측에는 표현식이 있다. 표현식은 값으로 평가되고, 평가된 값이 이름에 바인딩된다. `let` 문은 명령문(statement)이기 때문에 세미콜론(`;`)이 `let` 문 다음에 따라 나와야 한다. 즉, 이름(name)은 표현식값(value of expression)이 된다.[1]

1 (옮긴이) 원문은 Let name equal value of expression이지만, 한글 어순으로는 표현에 한계가 있어서 이와 같이 표현했다.

x에 바인딩된 값을 참조하는 일은 아주 간단하다. 왜냐하면 x는 AST 관점에서 식별자이며, 식별자는 표현식이므로 표현식이면 다른 표현식으로 쉽게 바꿔 쓸 수 있기 때문이다. 표현식이 유효한 위치라면, 어디서든 x를 사용할 수 있다. 아래 코드를 보자.

```
x * 5 * x * 5;
if (x < 10) { x * 2 } else { x / 2 };
let y = x + 5;
```

let 문은 최상위 명령문(top-level statements)으로도 유효하며, 블록문(block statement) 안에서도 유효하다. 블록문에서 사용한다는 것은, 조건식의 각 분기 몸체는 물론 함수 몸체에서도 사용할 수 있다는 뜻이다. 이번 장에서는 let 문을 최상위 수준에서 지원한다. 또한 함수 몸체가 아닌 블록문에 사용되는 형태도 지원한다. 지역 변수는 나중에 함수와 클로저를 구현할 때 처리하기로 하자. 왜냐하면 지역 변수는 함수 안에서 let 문이 만들어낸 결과이기 때문이다.

이번 장에서는 아래 코드를 바이트코드로 변환하고, 가상 머신이 실행하게 하는 게 우리의 목표다.

```
let x = 5 * 5;

if (x > 10) {
    let y = x * 2;
    y;
}
```

당연하지만, '제대로' 실행해서 50이라는 값이 나오게 해야 한다.

구현 계획

어떻게 구현해야 할까? let 문과 식별자 표현식을 바이트코드 명령어로 컴파일해야 하고, 이렇게 만든 명령어들을 가상 머신에서 지원해야 한다는 것은 명확하다. 그러나 딱 이 정도까지만 분명하다. 우리는 아직 얼마나 많은 명령코드가 필요한지 논의하지 않았다. 우선 가상 머신에게 어떤 식별자에 값을 바인딩하는지 알려주는 명령코드가 필요하다. 그리고 가상 머신이, 이미 값이 바인딩된 식별자에서 값을 가져오게 할 명령코드도 필요하다. 그렇다면 이런 새로운 명령어는 어떤 형태로 만들어야 할까?

바인딩을 구현할 때 가장 중요한 작업은 이미 식별자에 바인딩된 값을 올바르게 환원하는 일이다. 평가기(evaluator)를 만들 때처럼, '코드를 실행할 때' 식별자를 주고받을 수 있다면, 바인딩을 구현하는 게 그리 어렵지 않다. 예를 들어, 식별자를 맵(map) 키로 사용해서 값을 저장하고 가져오는 방식으로 만들 수도 있다. 그러나, 지금은 그런 방식으로 구현할 수 없다.

우리는 평가기를 만드는 게 아니다. 지금 우리는 바이트코드를 만들고 있다. 따라서 식별자를 그저 바이트코드 형태로 넘길 수 없다. 명령코드에 달린 피연산자는 정수만 담을 수 있기 때문이다. 그러면 명령어를 새로 만든다면 식별자를 어떻게 표현할 수 있을까? 그리고 식별자에 바인딩된 값을 어떻게 참조할 수 있을까?

위 문단에서 마지막 질문에 먼저 답해보자. 식별자에 바인딩된 값을 어떻게 참조할 수 있을까? 답을 하자면, '스택'을 활용해야 한다. 정말로 스택 이외에 다른 게 필요치 않다. 바인딩된 값을 참조하기 위해 명시적으로 무언가를 참조할 필요가 없다. 왜냐하면 우리는 스택 머신을 이미 만들어놓았다. 필요한 값을 스택에 넣고 가상 머신에게 아래와 같이 말해주면 된다.

"스택 가장 위에 있는 값을 지금 처리하고 있는 식별자에 바인딩하면 돼!"

앞으로도 이렇게 필요한 값을 스택에 올려놓고 사용하는 형태로 명령어를 계속 구현할 예정이다.

그러면 이번엔 첫 번째 질문에 답해보자. 그러니까, "숫자만 피연산자로 사용이 가능한데, 어떻게 바이트코드를 식별자로 표현할 수 있을까?"라는 질문 안에 답이 있다. 간단하다! 숫자만 사용해 식별자를 표현해볼 것이다. 이제부터 Monkey 코드 예시를 보면서 설명하겠다.

```
let x = 33;
let y = 66;
let z = x + y;
```

위 let 문을 컴파일할 때, 우리는 각각의 식별자에 고윳값을 새로 만들어 할당하려 한다. 만약 이미 사용한 적이 있는 식별자를 처리한다면, 전에 할당한 값을 재사용해야 한다. 새로운 숫자값을 어떻게 생성해야 할까? 단순하게 만들어보면 어떨까? 그냥 숫자를 0부터 증가시켜보자. 예를 들어 위에서 x에는 0, y에는 1, z에는 2를 할당해보는 것이다.

또한 명령코드도 새로 정의해야 한다. 새로 만들 명령코드는 OpSetGlobal과 OpGetGlobal이다. 둘 다 숫자 하나를 담을 16비트 크기의 피연산자를 갖는다. 여기서 피연산자에 담는 숫자가 앞서 언급한 식별자에 할당한 고윳값이다. 그리고 let 문을 컴파일할 때, OpSetGlobal 명령어를 배출해서 바인딩을 만들어낸다. 그리고 식별자를 컴파일할 때는 OpGetGlobal 명령어를 배출해서 값을 가져온다. 한편 피연산자가 16비트 크기를 갖기 때문에 전역 바인딩은 최대 65536개까지만 만들 수 있다. 제한이 있지만 이 정도면 우리가 만들 Monkey 프로그램에는 충분하다.

위 let 문 세 개를 바이트코드로 보면 [그림 5-1]과 같다.

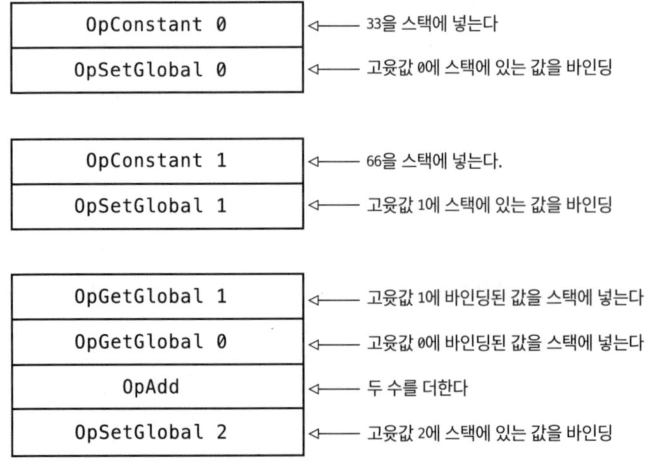

그림 5-1

컴파일러에서는 위와 같이 처리해야 한다. 가상 머신에서는 슬라이스로 전역 바인딩을 만들고 값을 조회할 것이다. 이때 사용된 슬라이스를 '전역 스토어(globals store)'라고 부르자. 그리고 OpSetGlobal과 OpGetGlobal 명령어가 가진 피연산자의 값은 전역 스토어 슬라이스의 인덱스값으로 사용된다.

가상 머신이 OpSetGlobal 명령어를 실행하면, OpSetGlobal 명령어에 달린 피연산자를 읽는다. 따라서 스택 가장 위에 있는 요소를 뽑아서 전역 스토어에 저장한다. 이때 피연산자에 담긴 인덱스값에 해당하는 위치에 저장한다. OpGetGlobal 명령어를 실행하면, OpGetGlobal 명령어에 달린 피연산자를 사용해서 전역 스토어에서 값을 가져오고, 가져온 값을 스택에 집어넣는다.

새로운 명령코드 OpGetGlobal과 OpSetGlobal은, 컴파일할 때 식별자, 고유 숫자값, 가상 머신에 정의된 전역 스토어를 연관시킨다. 이렇게 나누고 보니 그래도 꽤 할 만해 보이지 않는가?

물론 함수와 지역 변수가 도입되면 복잡하겠지만, 복잡한 주제는 때가 되면 그때 다루기로 하고, 지금은 컴파일러에 추가하기로 한 기능에 집중하자.

바인딩 컴파일하기

가장 먼저 OpSetGlobal과 OpGetGlobal을 정의해보자.

```
// code/code.go

const (
    // [...]

    OpGetGlobal
    OpSetGlobal
)

var definitions = map[Opcode]*Definition{
    // [...]
```

```
    OpGetGlobal: {"OpGetGlobal", []int{2}},
    OpSetGlobal: {"OpSetGlobal", []int{2}},
}
```

두 명령코드 모두 피연산자를 하나 가지며, 피연산자의 크기는 16비트, 즉 2바이트이다. 앞서 말한 것처럼 피연산자는 전역 바인딩 고유 숫자값을 갖고 있다. 다음으로 위 명령코드를 사용할 컴파일러 테스트를 새로 작성해보자.

```
// compiler/compiler_test.go

func TestGlobalLetStatements(t *testing.T) {
    tests := []compilerTestCase{
        {
            input: `
            let one = 1;
            let two = 2;
            `,
            expectedConstants: []interface{}{1, 2},
            expectedInstructions: []code.Instructions{
                code.Make(code.OpConstant, 0),
                code.Make(code.OpSetGlobal, 0),
                code.Make(code.OpConstant, 1),
                code.Make(code.OpSetGlobal, 1),
            },
        },
        {
            input: `
            let one = 1;
            one;
            `,
            expectedConstants: []interface{}{1},
            expectedInstructions: []code.Instructions{
                code.Make(code.OpConstant, 0),
                code.Make(code.OpSetGlobal, 0),
                code.Make(code.OpGetGlobal, 0),
                code.Make(code.OpPop),
            },
        },
        {
            input: `
            let one = 1;
            let two = one;
```

```
            two;
            `,
            expectedConstants: []interface{}{1},
            expectedInstructions: []code.Instructions{
                code.Make(code.OpConstant, 0),
                code.Make(code.OpSetGlobal, 0),
                code.Make(code.OpGetGlobal, 0),
                code.Make(code.OpSetGlobal, 1),
                code.Make(code.OpGetGlobal, 1),
                code.Make(code.OpPop),
            },
        },
    }

    runCompilerTests(t, tests)
}
```

전과 같이 테스트 환경을 구축했다. 먼저 위 코드에 나열된 테스트 케이스 세 개에서 각각 무엇을 테스트하는지 이야기해보자. 첫 번째 테스트 케이스에서는 let 문이 OpSetGlobal 명령어를 배출하는지 확인한다. 두 번째 테스트 케이스에서는 식별자가 앞서 만든 바인딩으로 환원되는지 OpSetGlobal 명령어를 통해 테스트한다. 이때 OpSetGlobal과 OpGetGlobal 명령어의 피연산자가 일치해야 한다는 점에 주목하자. 세 번째 테스트 케이스에서는 전역 바인딩에서 값을 가져오는 작업과 전역 바인딩에 값을 저장하는 작업을 섞어서 동작하는지 확인한다. 여기서도 같은 식별자를 참조하는 명령어의 피연산자는 서로 값이 일치해야 한다.

테스트 케이스를 하나씩 차례대로 처리해보자. 당연히 지금은 실패한다.

```
$ go test ./compiler
--- FAIL: TestGlobalLetStatements (0.00s)
 compiler_test.go:361: testInstructions failed: wrong instructions length.
  want="0000 OpConstant 0\n0003 OpSetGlobal 0\n0006 OpConstant 1\n\
    0009 OpSetGlobal 1\n"
  got =""
FAIL
FAIL    monkey/compiler 0.009s
```

실행 결과를 보니 아직 갈 길이 멀어 보인다. 그런데 결과가 비어 있는 이유는 Monkey 코드가 let 문으로 이루어져 있는데, 지금 컴파일러는 let 문을 그냥 지나쳐버리기 때문이다. 따라서 Compiler 메서드에 let 문을 다룰 case를 추가하면 훨씬 보기 좋은 피드백을 볼 수 있다.

```
// compiler/compiler.go

func (c *Compiler) Compile(node ast.Node) error {
    switch node := node.(type) {
    // [...]

    case *ast.LetStatement:
        err := c.Compile(node.Value)
        if err != nil {
            return err
        }

    // [...]
    }

    // [...]
}
```

let 문을 만나면 가장 먼저 연산자 = 오른편에 있는 표현식을 컴파일한다. 이 표현식이 만들어내는 Value가 식별자 이름에 바인딩된다. 여기서 표현식을 컴파일한다는 것은 표현식이 만들어낸 값을 가상 머신이 스택에 넣도록 지시한다는 뜻이다.

```
$ go test ./compiler
--- FAIL: TestGlobalLetStatements (0.00s)
 compiler_test.go:361: testInstructions failed: wrong instructions length.
  want="0000 OpConstant 0\n0003 OpSetGlobal 0\n0006 OpConstant 1\n\
    0009 OpSetGlobal 1\n"
  got ="0000 OpConstant 0\n0003 OpConstant 1\n"
FAIL
FAIL    monkey/compiler 0.009s
```

따라서 이제 이름에 바인딩할 수 있다. 즉 가상 머신에게 바인딩을 생성하라고 말해줄 OpSetGlobal 명령어를 처리할 수 있게 되었다. 한편, 식별자에는 어떤 숫자를 할당해야 할까? 이 질문에 답해줄 새로운 컴포넌트, 심벌 테이블(symbol table)을 우리 컴파일러에 추가해보자.

심벌 테이블 개괄

심벌 테이블[2]은 인터프리터와 컴파일러가 사용하는 자료구조로, 식별자에 정보를 연관시키기 위해 사용한다. 렉싱 단계에서 코드 생성 단계까지 컴파일 단계 전반에 걸쳐서 심벌 테이블을 사용할 수 있다. 주어진 식별자와 연관되어 데이터를 저장하거나 가져올 때 사용한다. 식별자를 심벌이라고 부르는 이유이기도 하다. 여기서 정보란 심벌이 사용된 위치(location), 스코프(scope), 전에 선언된 적이 있는지 여부, 연관된 값이 갖는 타입, 그 밖에 컴파일이나 인터프리팅 등에 유용한 모든 데이터를 말한다.

우리는 심벌 테이블을 사용해서 식별자에 스코프와 고윳값을 연관시키려 한다. 우선 지금은, 심벌 테이블이 아래와 같은 두 가지 동작을 할 수 있게 만들어보자.

1. 전역 스코프에 있는 식별자를 고윳값과 연관시킨다
2. 주어진 식별자에 이미 연관된 고윳값을 가져온다

위 두 동작을 흔히 사용하는 두 메서드로 바꿔 말하면, 1번은 '정의하기(define)'이며, 2번은 '환원하기(resolve)'이다. 우리는 특정 스코프에서 특정 정보를 특정 식별자에 '정의'한다. 그리고 나중에 해당 식별자를 정보로 '환원'한다. 우리는 이제부터 정보를 '심벌(symbol)'이라 부를 것이다. 식별자는 심벌과 연관되며 심벌은 정보를 담는다.

아래 코드가 어떻게 동작하는지 살펴보면 훨씬 이해가 잘될 것이다. 코드는 심벌 테이블을 구현할 때 필요한 타입을 정의하고 있다.

2 (옮긴이) 심벌 테이블(symbol table): 컴퓨터과학에서 심벌 테이블은 언어 변환기인 컴파일러나 인터프리터가 사용하는 자료구조로, 프로그램 소스코드의 식별자(심벌)를 소스코드에서 선언한 정보와 연관시킬 때 사용한다(참고 *https://en.wikipedia.org/wiki/Symbol_table*).

```
// compiler/symbol_table.go

package compiler

type SymbolScope string

const (
    GlobalScope SymbolScope = "GLOBAL"
)

type Symbol struct {
    Name  string
    Scope SymbolScope
    Index int
}

type SymbolTable struct {
    store          map[string]Symbol
    numDefinitions int
}

func NewSymbolTable() *SymbolTable {
    s := make(map[string]Symbol)
    return &SymbolTable{store: s}
}
```

가장 먼저 SymbolScope가 보일 텐데, 타입 별명(type alias)으로 선언한 string이다. SymbolScope가 갖는 값이 중요한 게 아니라 SymbolScope가 유일하다는 사실이 중요하다. 왜냐하면 스코프를 구분할 필요가 있기 때문이다. 정수나 다른 타입이 아닌 문자열을 타입 별명으로 선언한 이유는 디버깅을 더 편하게 하기 위해서다.

그러고 나서 첫 번째 스코프인 GlobalScope를 정의한다. 앞으로 나올 장에서 더 많은 스코프를 추가하게 될 것이다.

다음은 Symbol이다. Symbol은 Monkey 코드로 된 심벌을 처리할 때 필요한 정보를 담을 구조체이다. 즉, Name, Scope, Index를 담는다. 여기서 더 설명할 필요는 없을 것 같다.

SymbolTable은 string과 Symbol을 연관 지어 store 필드에 저장한다. 그리고 store에 저장된 정의가 몇 개나 있는지 numDefinitions로 관리한다. store에 저장할 때 사용한 string은 Monkey 코드에 있는 식별자 이름이다.

심벌 테이블을 전에 접해보지 못한 사람이라면 타입명과 필드명이 익숙지 않을 것이다. 그렇다고 걱정할 것은 없다. 심벌 테이블은 그냥 맵(map)이다. 문자열과 정보를 연관하여 사용할 뿐이다. 머리를 쥐어짤 만큼의 지식 따위가 숨어있는 게 아니다. 아래 테스트는 심벌 테이블이 그저 맵에 불과하다는 것을, 아직 구현하지 않은 SymbolTable 메서드인 Define과 Resolve가 가져야 하는 동작을 보임으로써 더욱 명확히 보여준다.

```
// compiler/symbol_table_test.go

package compiler

import "testing"

func TestDefine(t *testing.T) {
    expected := map[string]Symbol{
        "a": Symbol{Name: "a", Scope: GlobalScope, Index: 0},
        "b": Symbol{Name: "b", Scope: GlobalScope, Index: 1},
    }

    global := NewSymbolTable()

    a := global.Define("a")
    if a != expected["a"] {
        t.Errorf("expected a=%+v, got=%+v", expected["a"], a)
    }

    b := global.Define("b")
    if b != expected["b"] {
        t.Errorf("expected b=%+v, got=%+v", expected["b"], b)
    }
}

func TestResolveGlobal(t *testing.T) {
    global := NewSymbolTable()
    global.Define("a")
    global.Define("b")
```

```
    expected := []Symbol{
        Symbol{Name: "a", Scope: GlobalScope, Index: 0},
        Symbol{Name: "b", Scope: GlobalScope, Index: 1},
    }

    for _, sym := range expected {
        result, ok := global.Resolve(sym.Name)
        if !ok {
            t.Errorf("name %s not resolvable", sym.Name)
            continue
        }
        if result != sym {
            t.Errorf("expected %s to resolve to %+v, got=%+v",
                sym.Name, sym, result)
        }
    }
}
```

TestDefine 함수에서는 Define 메서드가 가져야 할 동작을 단정한다. Define은 식별자를 인수로 받아서 정의를 하나 만들어내고 Symbol을 반환한다. 여기서는 어떤 스코프에서 정의를 만드는지는 고려하지 않는다. 스코프를 추적하는 작업은 심벌 테이블이 해야 할 일이다. 단지 우리는 Define("a")을 호출할 뿐이다. Define("a")이 호출되면 심벌 테이블이 "a"를 Name, Scope, Index를 포함하는 새로운 Symbol과 연관시킨다. 여기서 Index는 우리가 식별자에 할당할 고윳값이다.

TestResolveGlobal에서는 역순으로 테스트한다. 심벌 테이블에 앞서 정의한 식별자를 넘겨, 연관된 Symbol을 가져오는지 확인한다. 마찬가지로 Resolve 메서드에 넘길 인수는 식별자 하나뿐이다. Resolve("a") 처럼 말이다. 만약 식별자가 정의되지 않았다면, Resolve가 반환하는 두 번째 반환값은 false가 되어야 한다.

테스트는 컴파일이 되지 않을 텐데, 아직은 두 메서드를 작성하지 않았기 때문이다. 그리고 메서드를 하나씩 추가할 때마다 테스트를 계속 돌려보면서 결과가 어떻게 출력되는지 확인해보길 권한다. 여러분이 직접 실행해보라는 뜻에서 테스트 실행 결과를 지면에 싣지 않았다. 대신 Define 메서드를 전부 구현해 두었다. 아래는 Define 메서드이다.

```
// compiler/symbol_table.go

func (s *SymbolTable) Define(name string) Symbol {
    symbol := Symbol{Name: name, Index: s.numDefinitions, Scope: GlobalScope}
    s.store[name] = symbol
    s.numDefinitions++
    return symbol
}
```

걱정할 것 없다고 말하지 않았던가! 추가 기능이 있는 맵을 하나 새로 만들었을 뿐이다. 보다시피 Symbol을 하나 만들고, Symbol을 name과 연관해서 store에 저장한다. 그리고 정의된 식별자 수를 의미하는 값인 numDefinitions를 하나 증가하고 새로운 Symbol을 반환한다. Define 메서드 구현은 끝났다.

Resolve 메서드는 더 단순하다.

```
// compiler/symbol_table.go

func (s *SymbolTable) Resolve(name string) (Symbol, bool) {
    obj, ok := s.store[name]
    return obj, ok
}
```

아쉽지만 Resolve 메서드는 아직 구현이 끝나지 않았다. 뒤에서 스코프를 도입할 때 코드를 확장해보자. 다만 지금은 이 정도면 테스트를 통과하는 데 충분하다.

```
$ go test -run TestDefine ./compiler
ok   monkey/compiler 0.008s
$ go test -run TestResolveGlobal ./compiler
ok   monkey/compiler 0.011s
```

컴파일러에서 심벌 사용하기

go test ./compiler로 컴파일러 테스트 코드 전체를 실행하면 아직은 실패하는 테스트가 있다. 때문에 ok 메시지를 보고 싶으면 TestDefine이나 TestResolveGlobal 함수를 선택적으로 실행해야 했다. 그런데 이제는 심벌 테이블을 만들어놓았으니, 테스트 코드 전체를 한꺼번에 통과하도록 만들어보자! 가장 먼저 심벌 테이블을 컴파일러에 장착해보자.

```
// compiler/compiler.go

type Compiler struct {
    // [...]

    symbolTable *SymbolTable
}

func New() *Compiler {
    return &Compiler{
        // [...]
        symbolTable:  NewSymbolTable(),
    }
}
```

위 코드 덕에 이제 *ast.LetStatement로 식별자를 정의할 수 있다.

```
// compiler/compiler.go

func (c *Compiler) Compile(node ast.Node) error {
    switch node := node.(type) {
    // [...]

    case *ast.LetStatement:
        err := c.Compile(node.Value)
        if err != nil {
            return err
        }
        symbol := c.symbolTable.Define(node.Name.Value)

    // [...]
    }

    // [...]
}
```

node.Name은 let 문에서 등호 왼쪽에 있는 *ast.Identifier이다. 그리고 node.Name.Value는 식별자가 갖는 문자열값을 담고 있다. 이 값을 심벌 테이블 Define 메서드에 인수로 넘겨서 호출한다. 호출하면 심벌은 GloalScope에 정의된다. 반환값은 symbol인데, 필드로 Name, Scope 그리고 다음으로 다룰 주제인 Index 필드를 갖는다.

Index 값을 OpSetGlobal 명령어의 피연산자로 사용해 명령어를 배출한다.

```
// compiler/compiler.go

func (c *Compiler) Compile(node ast.Node) error {
    switch node := node.(type) {
    // [...]

    case *ast.LetStatement:
        err := c.Compile(node.Value)
        if err != nil {
            return err
        }
        symbol := c.symbolTable.Define(node.Name.Value)
        c.emit(code.OpSetGlobal, symbol.Index)

    // [...]
    }

    // [...]
}
```

위 코드를 추가하면서 이번 장의 목표치에 성큼 다가서게 됐다.

```
$ go test ./compiler
--- FAIL: TestGlobalLetStatements (0.00s)
 compiler_test.go:361: testInstructions failed: wrong instructions length.
  want="0000 OpConstant 0\n0003 OpSetGlobal 0\n0006 OpGetGlobal 0\n\
    0009 OpPop\n"
  got ="0000 OpConstant 0\n0003 OpSetGlobal 0\n0006 OpPop\n"
FAIL
FAIL    monkey/compiler 0.011s
```

왜 테스트를 통과하지 못할까? 조금 전에 추가한 코드가 실패한 것일까? 아니다! 지금 실패한 테스트 케이스는 두 번째 테스트 케이스이다. 첫 번째 테스트 케이스는 잘 통과했다. 지금 실패한 것은 '전역 바인딩 환원'이 동작하는지 검사하는 테스트 케이스이다

앞에서는 식별자를 정의하고 OpSetGlobal 명령어를 배출했다면, 이

번에는 역순으로 진행해야 한다. *ast.Indentifier를 만나면 심벌 테이블에서 식별자가 let 문으로 사용됐는지 확인하고, 만약 사용됐다면 OpGetGlobal 명령어에 올바른 피연산자 값을 넣어 배출해야 한다. 여기서 '올바르다'는 것은 앞서 OpSetGlobal 명령어로 식별자를 정의할 때 사용한 피연산자와 같은 숫자값을 가져야 한다는 뜻이다.

가장 먼저 컴파일러에 *ast.Identifier가 무엇인지 알려주어야 한다. 그래야 컴파일러가 식별자를 보고, 심벌 테이블에서 찾아 환원할 테니 말이다.

```
// compiler/compiler.go

func (c *Compiler) Compile(node ast.Node) error {
    switch node := node.(type) {
    // [...]

    case *ast.Identifier:
        symbol, ok := c.symbolTable.Resolve(node.Value)
        if !ok {
            return fmt.Errorf("undefined variable %s", node.Value)
        }

    // [...]
    }

    // [...]
}
```

*ast.Identifier의 Value 값을 심벌 테이블에서 Resolve(환원) 할 수 있는지 검사한다. 만약 환원할 수 없다면 에러를 반환한다. 기존 Go에서 맵이 동작하는 방식과 크게 다르지 않다. 그러나 여기서 내가 짚고 넘어가고 싶은 점은 여기서 발생할 에러는 '컴파일 에러(compile time error)'라는 것이다. 《인터프리터 in Go》에서 평가기를 작성할 때는 Monkey 프로그램을 실행하는 동안, 즉 '런타임'에서 어떤 변수가 정의되었는지 정도만 결정할 수 있었다. 그러나 지금은 가상 머신에서 바이트코드를 넘기기 전에 에러를 던질 수 있다. 정말 괜찮은 기능이지 않은가?

식별자를 환원할 수 있다면, symbol을 가져왔을 테고, 따라서 OpGet Global 명령어를 배출하는 데 사용하면 된다.

```
// compiler/compiler.go

func (c *Compiler) Compile(node ast.Node) error {
    switch node := node.(type) {
    // [...]

    case *ast.Identifier:
        symbol, ok := c.symbolTable.Resolve(node.Value)
        if !ok {
            return fmt.Errorf("undefined variable %s", node.Value)
        }

        c.emit(code.OpGetGlobal, symbol.Index)

    // [...]
    }

    // [...]
}
```

피연산자는 OpSetGlobal 명령어에서 사용한 피연산자와 일치한다. 즉, 심벌을 정의할 때 symbol과 연관한 Index 값이라는 뜻이다. 인덱스값이 일치한다면 나머지 일은 심벌 테이블이 알아서 처리해준다. 즉 가상 머신은 식별자가 어떤 것인지 걱정하지 않아도 된다. 가상 머신은 Index 값을 사용해 값을 저장하고 가져오는 데만 집중할 뿐이다. 그러면 이제 아래 실행 결과를 보자.

```
$ go test ./compiler
ok   monkey/compiler 0.008s
```

훌륭하다! 이제 let 문으로 식별자에 값을 바인딩하고, 식별자에 바인딩한 값을 조회할 수도 있다. 단, 아직은 컴파일러에서만 가능하다.

가상 머신에 전역 바인딩 구현하기

이번 장에서 가장 어렵다고 할 만한 내용은 모두 끝났다. OpSetGlobal과 OpGetGlobal 명령어를 추가했는데, 가상 머신이 두 명령어를 처리하는 작업도 그리 어렵지 않다. 사실 어렵지 않은 게 아니라 재밌다. 가상 머신 테스트를 작성하는 작업도 재밌고, 테스트를 통과하게 하는 작업도 아주 흥미진진하다! 그러면 아래 코드를 보자.

```
// vm/vm_test.go

func TestGlobalLetStatements(t *testing.T) {
    tests := []vmTestCase{
        {"let one = 1; one", 1},
        {"let one = 1; let two = 2; one + two", 3},
        {"let one = 1; let two = one + one; one + two", 3},
    }

    runVmTests(t, tests)
}
```

각각의 테스트 케이스에서는 전역 바인딩을 하나 내지 두 개 만들고, 앞서 선언한 식별자에 바인딩한 값으로 환원해본다. 환원된 값은 스택에 놓여 있어야 한다. 그래야 runVmTests로 테스트할 수 있다. 안타깝지만 아직은 테스트가 실패한다. 아래 실행 결과를 보자.

```
$ go test ./vm
--- FAIL: TestGlobalLetStatements (0.00s)
panic: runtime error: index out of range [recovered]
 panic: runtime error: index out of range

goroutine 21 [running]:
testing.tRunner.func1(0xc4200c83c0)
 /usr/local/go/src/testing/testing.go:742 +0x29d
panic(0x111a5a0, 0x11f3fe0)
 /usr/local/go/src/runtime/panic.go:502 +0x229
monkey/vm.(*VM).Run(0xc420050eb8, 0x800, 0x800)
 /Users/mrnugget/code/05/src/monkey/vm/vm.go:47 +0x47c
monkey/vm.runVmTests(0xc4200c83c0, 0xc420073f38, 0x3, 0x3)
 /Users/mrnugget/code/05/src/monkey/vm/vm_test.go:115 +0x3c1
monkey/vm.TestGlobalLetStatements(0xc4200c83c0)
```

```
 /Users/mrnugget/code/05/src/monkey/vm/vm_test.go:94 +0xb5
testing.tRunner(0xc4200c83c0, 0x114b5b8)
 /usr/local/go/src/testing/testing.go:777 +0xd0
created by testing.(*T).Run
 /usr/local/go/src/testing/testing.go:824 +0x2e0
FAIL    monkey/vm    0.011s
```

어디선가 본 적이 있는 에러 메시지다. 가상 머신이 새로 작성한 명령코드를 어떻게 처리할지 몰라 그냥 지나쳐서 생긴 에러이다. 이때, 얼마만큼 피연산자를 건너뛰어야 할지 모르니 피연산자를 명령코드로 복호화하려 했고, 따라서 이해할 수 없는 에러가 발생했다.

에러를 고치기에 앞서 할 일이 있다. OpSetGlobal과 OpGetGlobal 명령어를 복호화하고 실행하기에 앞서, 전역 바인딩을 저장할 공간을 마련해야 한다.

OpSetGlobal과 OpGetGlobal 모두 16비트 크기의 피연산자를 가지므로, 가상 머신이 지원하는 전체 전역 바인딩 숫자에는 상한(upper limit)이 있다. 제한이 있기에 도리어 좋을 수 있다. 왜냐하면 사용할 메모리를 미리 할당할 수 있기 때문이다.

```
// vm/vm.go

const GlobalsSize = 65536

type VM struct {
// [...]

    globals []object.Object
}

func New(bytecode *compiler.Bytecode) *VM {
    return &VM{
// [...]

        globals: make([]object.Object, GlobalsSize),
    }
}
```

가상 머신에 새로 추가된 필드인 globals는 '전역 스토어(global store)' 이다. 기반 데이터 구조로 슬라이스를 사용하는데, 슬라이스를 사용하는 이유는 오버헤드 없이 인덱스 기반으로 단일 요소에 접근하기 위해서다.

그러고 나면 OpSetGlobal을 구현해볼 수 있다.

```
// vm/vm.go

func (vm *VM) Run() error {
    // [...]
        switch op {
        // [...]

        case code.OpSetGlobal:
            globalIndex := code.ReadUint16(vm.instructions[ip+1:])
            ip += 2

            vm.globals[globalIndex] = vm.pop()

        // [...]
        }
    // [...]
}
```

가장 먼저 피연산자에 담긴 globalIndex를 복호화한다. 그리고 가상 머신의 명령어 포인터값인 ip를 2바이트만큼 증가시킨다. 그리고 나서 이름에 바인딩할 값 하나를 스택에서 가져와, 새로 만든 필드인 globals의 globalIndex번째 인덱스에 저장한다. 그래야 스택에 다시 집어넣을 때 가져오기 편하다.

```
// vm/vm.go

func (vm *VM) Run() error {
    // [...]
        switch op {
        // [...]

        case code.OpGetGlobal:
            globalIndex := code.ReadUint16(vm.instructions[ip+1:])
            ip += 2
```

```
            err := vm.push(vm.globals[globalIndex])
            if err != nil {
                return err
            }

        // [...]
        }
    // [...]
}
```

OpGetGlobal을 처리하는 작업 역시 OpSetGlobal을 처리할 때와 마찬가지로 피연산자를 globalIndex로 복호화하고 ip 값을 증가시킨다. 그리고 vm.globals에서 값을 가져와서 스택에 올려놓는다. 그러고 나면 아래처럼 패닉이 사라진다.

```
$ go test ./vm
ok    monkey/vm    0.030s
```

테스트 통과 메시지인 ok가 너무 무미건조하니 나라도 여러분의 노고를 치하하며 엄지손가락을 한껏 들어 올려주겠다. 우리는 컴파일러와 가상 머신에게 전역 let 문을 어떻게 처리할지 알려줬다. 그럼 이제 아래 실행 결과를 보자.

```
$ go build -o monkey . && ./monkey
Hello mrnugget! This is the Monkey programming language!
Feel free to type in commands
>> let a = 1;
1
>> let b = 2;
2
>> let c = a + b;
Woops! Compilation failed:
 undefined variable a
>>
```

뭔가 잘못됐다. 분명히 테스트한 동작인데, 왜 REPL에서는 동작하지 않는 걸까? 이유는 우리가 REPL에서 '메인 루프를 반복할 때'마다 컴파일러와 가상 머신을 새로 만들어서 사용했기 때문이다. 즉, 매번 새로운 행으로 넘어갈 때마다 심벌 테이블과 전역 스토어를 새로 만들었다는 뜻이다. 고치기는 아주 쉽다.

REPL에서 전역 상태가 유지되도록 컴파일러와 가상 머신에 생성자 함수를 각각 하나씩 정의해보자.

```
// compiler/compiler.go

func NewWithState(s *SymbolTable, constants []object.Object) *Compiler {
    compiler := New()
    compiler.symbolTable = s
    compiler.constants = constants
    return compiler
}
```

새로 정의할 Compiler 생성자인 NewWithState는 *SymbolTable과 []object.Object 슬라이스를 인수로 받는다. 이때 슬라이스는 이전 컴파일에서 사용한 상수를 담고 있다. 지금 우리에게 생긴 문제는 어쩌면 *SymbolTable 하나만 잘 조작하면 해결할지도 모른다. 그러나 REPL에 막 입력한 행에서 이전에 입력한 상수에 접근해야 한다면 에러가 발생한다. 따라서 위와 같이 심벌 테이블과 상수를 같이 입력받아야 앞으로 생길 에러까지 고려한 올바른 구현이라 할 수 있다.

나도 위와 같이 만들면 중복 할당이 일어난다는 사실을 알고 있다. NewWithState 생성자 함수에서는 가장 먼저 New를 호출한다. 그리고 전달받은 인자를 각각 symbolTable과 constants에 할당하면서 기존 심벌 테이블과 상수를 덮어쓴다. 나는 이런 방식이 REPL에서는 꽤 괜찮은 방법이라고 생각한다. 그리고 이 정도면 Go 언어의 가비지 컬렉터가 알아서 처리할 만한 작업이고, 이렇게 중복 할당하지 않고 직접 구현하는 수고까지 고려한다면, 위 접근 방식이 가장 효율적이라고 생각한다.

아래는 가상 머신에서 사용할 새로운 생성자이다.

```
// vm/vm.go

func NewWithGlobalsStore(bytecode *compiler.Bytecode, s []object.Object) *VM {
    vm := New(bytecode)
```

```
    vm.globals = s
    return vm
}
```

이제 REPL 안에 메인 루프를 수정해야 한다. 그래야 전역 상태(전역 스토어, 심벌 테이블, 상수)를 유지할 수 있으며, 전역 상태를 새로운 컴파일러와 가상 머신에 넘겨줄 수 있다.

```
// repl/repl.go

import (
    // [...]
    "monkey/object"
    // [...]
)

func Start(in io.Reader, out io.Writer) {
    scanner := bufio.NewScanner(in)

    constants := []object.Object{}
    globals := make([]object.Object, vm.GlobalsSize)
    symbolTable := compiler.NewSymbolTable()

    for {
        // [...]

        comp := compiler.NewWithState(symbolTable, constants)
        err := comp.Compile(program)
        if err != nil {
            fmt.Fprintf(out, "Woops! Compilation failed:\n %s\n", err)
            continue
        }

        code := comp.Bytecode()
        constants = code.Constants

        machine := vm.NewWithGlobalsStore(code, globals)
        // [...]
    }
}
```

`constants`, `globals`, `symbolTable` 각각에 슬라이스를 할당한다. 그리고 반복할 때마다, `symbolTable`과 `constants`를 컴파일러에 넘긴다. 그래

야 REPL에서 컴파일러가 하던 작업을 지속할 수 있다. 컴파일러의 일이 끝나면, constants를 업데이트한다. 이처럼 constants를 업데이트하는 게 필수적인 이유는 컴파일러 내부에서 append를 호출[3]하기 때문이며, 따라서 처음에 할당한 constants 슬라이스는 컴파일이 끝난 다음의 constants와는 다르다. 한편 constants 슬라이스는 바이트코드에 들어 있으므로, 가상 머신 생성자에 명시적으로 넘겨줄 필요는 없다. 단 globals는 명시적으로 넘겨줘야 한다.

이제 REPL이 전역 상태를 갖게 됐다. 따라서 REPL에 입력한 각 행은 모두 프로그램의 한 부분이 된다. 엔터 키(Enter)를 칠 때마다 컴파일과 실행 프로세스를 다시 시작하는데도 프로그램이 하나로 동작한다. 문제를 해결했으니, REPL에서 전역 바인딩을 정의하면서 놀아보자!

```
$ go build -o monkey . && ./monkey
Hello mrnugget! This is the Monkey programming language!
Feel free to type in commands
>> let a = 1;
1
>> let b = 2;
2
>> let c = a + b;
3
>> c
3
```

잠시 의자에 등을 기대고 쉬어도 좋다. 다음 장부터는 지금까지 만들어온 모든 것을 결합해볼 예정이다. 그리고 재미는 내가 보장한다.

3 (옮긴이) addConstant 메서드 안에서 append를 호출한다.

6장

W r i t i n g A C o m p i l e r I n G o

문자열, 배열, 해시

현재 컴파일러와 가상 머신에서 지원하는 Monkey 데이터 타입은 정수(integers), 불(booleans), 널(null)로서 모두 셋이다. 그러나 문자열(strings), 배열(arrays), 해시(hashes)와 같은 데이터 타입 셋을 더 추가해야 한다. 《인터프리터 in Go》에서는 위에서 언급한 데이터 타입을 인터프리터에서 구현했다. 그러니 이번 편에서는 컴파일러와 가상 머신에 위 데이터 타입을 구현해 넣어보자.

그렇다고 《인터프리터 in Go》에서 구현한 내용을 답습한다는 뜻은 아니다. 데이터 타입을 표현할 객체 시스템(`object.String`, `object.Array`, `object.Hash`)은 그대로 재사용하면 되니, 새로운 구현체를 만드는 데 집중하겠다는 뜻이다.

이번 장에서의 우리 목표는 문자열, 배열, 해시를 컴파일러와 가상 머신에 추가하는 것이다. 그리고 최종적으로는 아래와 같은 코드를 실행할 수 있어야 한다.

```
[1, 2, 3][1]
// => 2

{"one": 1, "two": 2, "three": 3}["o" + "ne"]
// => 1
```

보다시피 위 Monkey 코드를 실행하려면, 리터럴과 데이터 타입을 추가하는 작업 외에도 '문자열 결합(concatenation)', 배열과 해시에서 사용할 '인덱스 연산자'도 구현해야 한다.

먼저 object.String을 사용할 수 있도록 만들어보자.

문자열

문자열 리터럴이 컴파일할 때 갖는 값과 런타임에서 갖는 값은 다르지 않다. 따라서 문자열은 상수 표현식(constant expressions)으로 처리할 수 있다. 정수 리터럴 구현체와 마찬가지로, 컴파일할 때 문자열을 *object.String으로 변환하고, compiler.Bytecode 상수 풀에 추가하면 된다.

정수 리터럴을 구현할 때 느꼈겠지만, 컴파일러에 코드 몇 줄 추가한 게 전부다. 그러니 좀 더 도전적으로 만들어보는 게 어떨까? 문자열 리터럴만 구현할 게 아니라, 이번 섹션의 목표를 문자열 결합(string concatenation)까지 구현하는 것으로 정해보자. 여기서 문자열 결합이란 문자열 둘을 + 연산자로 이어 붙이는 기능을 말한다.

아래는 이번 장에서 새로 추가한 컴파일러 테스트로, 문자열 리터럴과 문자열 결합이 동작하도록 만든다.

```
// compiler/compiler_test.go

func TestStringExpressions(t *testing.T) {
    tests := []compilerTestCase{
        {
            input:             `"monkey"`,
            expectedConstants: []interface{}{"monkey"},
            expectedInstructions: []code.Instructions{
                code.Make(code.OpConstant, 0),
                code.Make(code.OpPop),
            },
        },
        {
            input:             `"mon" + "key"`,
            expectedConstants: []interface{}{"mon", "key"},
```

```
            expectedInstructions: []code.Instructions{
                code.Make(code.OpConstant, 0),
                code.Make(code.OpConstant, 1),
                code.Make(code.OpAdd),
                code.Make(code.OpPop),
            },
        },
    }

    runCompilerTests(t, tests)
}
```

첫 번째 테스트 케이스는 컴파일러가 문자열을 상수로 처리하는지 확인한다. 그리고 두 번째 테스트는 중위 연산자 +로 두 문자열을 이어 붙일 수 있는지 확인한다.

새로운 명령코드가 없음을 눈여겨보자. 필요한 명령코드는 이미 만들어져 있다. 상수 표현식을 스택에 올릴 때 사용할 OpConstant와 스택에 있는 두 수를 더할 때 사용할 OpAdd 모두 이미 구현되어 있다.

두 명령코드를 사용하는 방법 역시 달라진 게 없다. OpConstant에 달린 피연산자는 상수 풀에서 해당 상수가 위치한 인덱스 값을 갖는다. 그리고 OpAdd는 피연산자로 사용할 요소 둘을 스택의 가장 위에서 가져온다. 그리고 이때 두 요소가 *object.Integer인지, *object.String인지는 중요하지 않다.

새롭게 추가할 코드는 상수 풀에서 문자열이 나오는지 검사해야 한다. 즉, bytecode.Constants가 올바른 *object.String을 담고 있는지 테스트한다. 이를 위해 testConstants 함수에 새로운 case를 추가했다.

```
// compiler/compiler_test.go

func testConstants(
    t *testing.T,
    expected []interface{},
    actual []object.Object,
) error {
    // [...]

    for i, constant := range expected {
```

```
        switch constant := constant.(type) {
        // [...]

        case string:
            err := testStringObject(constant, actual[i])
            if err != nil {
                return fmt.Errorf("constant %d - testStringObject failed: %s",
                    i, err)
            }

        }
    }

    return nil
}

func testStringObject(expected string, actual object.Object) error {
    result, ok := actual.(*object.String)
    if !ok {
        return fmt.Errorf("object is not String. got=%T (%+v)",
            actual, actual)
    }

    if result.Value != expected {
        return fmt.Errorf("object has wrong value. got=%q, want=%q",
            result.Value, expected)
    }

    return nil
}
```

testConstants 함수에서 문자열을 처리할 case를 추가했다. 그리고 그 안에서 새로 정의한 testStringObject 함수를 호출하고 있다. testStringObject는 앞서 작성한 testIntegerObject와 대응되는데, 주어진 상수가 기대하는 문자열과 같은지 확인한다.

테스트 함수를 실행하면, 문제는 상수 기댓값이 아니라 명령어에서 먼저 발생한다는 것을 알 수 있다.

```
$ go test ./compiler
--- FAIL: TestStringExpressions (0.00s)
 compiler_test.go:410: testInstructions failed: wrong instructions length.
  want="0000 OpConstant 0\n0003 OpPop\n"
```

```
  got ="0000 OpPop\n"
FAIL
FAIL    monkey/compiler 0.009s
```

물론 예상하지 못한 것은 아니다. 문자열 리터럴을 컴파일하면 OpConstant 명령어를 배출해야 하니까 말이다. 따라서 OpConstant 명령어를 배출할 수 있도록 Compile 메서드에 *ast.StringLiteral을 처리할 case를 추가해서 *object.String을 만들 수 있게 바꿔보자.

```
// compiler/compiler.go

func (c *Compiler) Compile(node ast.Node) error {
    switch node := node.(type) {
    // [...]

    case *ast.StringLiteral:
        str := &object.String{Value: node.Value}
        c.emit(code.OpConstant, c.addConstant(str))

    // [...]
    }

    // [...]
}
```

변수 하나, 식별자 하나를 빼면, 사실상, *ast.IntegerLiteral을 처리하는 case를 복사한 것이나 다름없다. AST 노드에서 값을 가져와, 문자열 객체를 하나 만들고, 상수 풀에 추가한다.

테스트 결과를 보니 문자열 리터럴을 제대로 처리한 듯하다.

```
$ go test ./compiler
ok   monkey/compiler 0.009s
```

깔끔하게 두 테스트 모두 통과한다. OpAdd 명령어를 배출한 것 말고는 별다른 작업을 하지 않았는데, 문자열 결합이 잘 동작했다는 점에 주목하자. 컴파일러는 이미 *ast.InfixExpression을 잘 처리하고 있다. Left와 Right를 컴파일하고 중위 연산자가 +이므로 OpAdd를 배출했을 뿐이다. 그리고 위 테스트 케이스에서 Left와 Right는 조금 전에 처리한

*ast.StringLiteral이므로 이제는 문제없이 컴파일할 수 있다.

다음으로 가상 머신 테스트를 작성해볼 텐데, 바이트코드 명령어로 컴파일한 Monkey 코드를 가상 머신에서 실행되도록 만들어보자.

```go
// vm/vm_test.go

func TestStringExpressions(t *testing.T) {
    tests := []vmTestCase{
        {`"monkey"`, "monkey"},
        {`"mon" + "key"`, "monkey"},
        {`"mon" + "key" + "banana"`, "monkeybanana"},
    }

    runVmTests(t, tests)
}
```

위 테스트 케이스는 앞서 작성한 컴파일러 테스트와 거의 동일하다. 다만, 문자열을 둘 이상 더하는 연산이 포함된 테스트 케이스를 추가했을 뿐이다. 동작하지 않을 이유가 없다.

전과 마찬가지로 testStringObject라는 새로운 도움 함수를 만든다. 그리고 testStringObject 함수는 *object.String이 가상 머신 스택에 남는지 확인한다. 또한 testStringObject는 testIntegerObject와 대응되는 함수로 가상 머신이 만든 문자열이 우리가 기대한 값과 같은지 확인한다.

```go
// vm/vm_test.go

func testExpectedObject(
    t *testing.T,
    expected interface{},
    actual object.Object,
) {
    t.Helper()

    switch expected := expected.(type) {
    // [...]

    case string:
        err := testStringObject(expected, actual)
```

```
        if err != nil {
            t.Errorf("testStringObject failed: %s", err)
        }

    }
}

func testStringObject(expected string, actual object.Object) error {
    result, ok := actual.(*object.String)
    if !ok {
        return fmt.Errorf("object is not String. got=%T (%+v)",
            actual, actual)
    }

    if result.Value != expected {
        return fmt.Errorf("object has wrong value. got=%q, want=%q",
            result.Value, expected)
    }

    return nil
}
```

테스트를 실행하면 스택에 문자열을 넣는 동작이 잘 동작하고 있음을 볼 수 있다. 그러나 문자열 결합은 제대로 동작하지 않고 있다.

```
$ go test ./vm
--- FAIL: TestStringExpressions (0.00s)
 vm_test.go:222: vm error:\
   unsupported types for binary operation: STRING STRING
FAIL
FAIL    monkey/vm   0.029s
```

기술적으로는 추가 작업 없이 동작해야 했다. 사실 앞서 가상 머신에서 작성한 OpAdd 명령어 구현체를 좀 더 일반화해서 만들었다면 동작할 수도 있었다. 예를 들어 Add 메서드를 갖는 object.Object라면, 타입과 관계없이 동작하는 방식으로 말이다. 다만 우리는 그렇게 만들지 않았다. 우리는 타입을 검사해서, 지원하는 데이터 타입과 지원하지 않는 데이터 타입을 명시적으로 구분하였다. 따라서 이제는 다른 타입도 처리할 수 있게 확장해야 할 때다.

```
// vm/vm.go

func (vm *VM) executeBinaryOperation(op code.Opcode) error {
    right := vm.pop()
    left := vm.pop()

    leftType := left.Type()
    rightType := right.Type()

    switch {
    case leftType == object.INTEGER_OBJ && rightType == object.INTEGER_OBJ:
        return vm.executeBinaryIntegerOperation(op, left, right)
    case leftType == object.STRING_OBJ && rightType == object.STRING_OBJ:
        return vm.executeBinaryStringOperation(op, left, right)
    default:
        return fmt.Errorf("unsupported types for binary operation: %s %s",
            leftType, rightType)
    }
}

func (vm *VM) executeBinaryStringOperation(
    op code.Opcode,
    left, right object.Object,
) error {
    if op != code.OpAdd {
        return fmt.Errorf("unknown string operator: %d", op)
    }

    leftValue := left.(*object.String).Value
    rightValue := right.(*object.String).Value

    return vm.push(&object.String{Value: leftValue + rightValue})
}
```

executeBinaryOperation 메서드 안의 조건식을 switch 문으로 변경했고, 조건식에는 문자열을 처리할 새로운 case를 추가했다. 그리고 여기서 두 문자열을 실제로 더하는 작업은 executeBinaryStringOperation 메서드에 넘긴다. executeBinaryStringOperation 메서드는 *object.String을 풀어서 Go 언어 문자열로 합치고 합친 결과를 가상 머신 스택에 집어넣는다.

그러고 나면 아래처럼 테스트를 통과하게 된다.

```
$ go test ./vm
ok    monkey/vm    0.028s
```

드디어 Monkey 문자열과 문자열 결합 기능을 완전히 구현했다. 그럼 이제 다음 섹션 배열(arrays)로 넘어가자.

배열

배열은 컴파일러와 가상 머신에 추가할 첫 번째 '복합 데이터 타입'[1]이다. 쉽게 말하면 배열은 여러 가지 데이터 타입으로 '구성된다'는 말이다. 언어 구현자인 우리에게 실질적으로 와닿게 말하자면, 배열 리터럴을 상수 표현식으로는 처리할 수 없다는 뜻이다.

배열은 다수의 요소와 이들 요소가 만든 다수의 표현식으로 구성되기 때문에, 배열 리터럴의 값은 컴파일 타임과 런타임에서 갖는 값이 다를 수 있다. 그러면, 아래 예시를 보자.

```
[1 + 2, 3 + 4, 5 + 6]
```

정수 표현식에 초점을 맞춰서는 안 된다. 위 표현식은 너무 단순하기 때문에, 최적화를 하는 컴파일러라면 사전에 값을 계산할 수도 있다. 여기서의 핵심은 배열 안에서는 다양한 형태로 표현식을 나타낼 수 있다는 것이다. 정수 리터럴일 수도 있고, 문자열 결합으로 표현될 수도 있고, 함수 리터럴 또는 함수 호출일 수도 있다. 따라서 런타임까지 와야만 표현식이 어떤 값으로 귀결되는지 확신할 수 있다.

정수 리터럴, 문자열 리터럴과는 다르게, 배열 리터럴의 구현은 접근법을 조금 달리해야 한다. 컴파일 타임에 배열을 만들어서 상수 풀에 넣은 후 가상 머신에 전달하는 게 아니라, 가상 머신이 직접 배열을 만들도록 어떤 정보를 주어야 한다.

1 (옮긴이) 복합 데이터 타입(composite data type): 복합 데이터 타입은 프로그래밍 언어의 원시 데이터 타입과 또 다른 복합 데이터 타입으로 구성되며, 종종 구조체(structure) 혹은 집합(aggregation) 데이터 타입이라고 한다. 한편 집합 데이터 타입을 배열(arrays), 리스트(list) 등으로 부르기도 한다(참고 *https://en.wikipedia.org/wiki/Composite_data_type*).

그러면, 피연산자를 하나 갖는 OpArray라는 새로운 명령코드를 정의해보자. 피연산자는 배열 리터럴이 갖는 요소 개수를 값으로 갖는다. 그리고 *ast.ArrayLiteral을 컴파일할 때가 되면, 가장 먼저 각 요소를 컴파일한다. 모든 요소는 ast.Expression이기 때문에, 이들 모두를 컴파일하면 명령어가 여러 개 만들어지고, 따라서 가상 머신 스택에 값을 N개 만들게 된다. 그리고 N은 배열 리터럴에 포함된 요소 개수이다. 그러고 나서 OpArray 명령어에 배열에 포함된 요소 개수 N을 피연산자로 하여 배출한다. 그러면 컴파일이 끝난다.

가상 머신이 OpArray 명령어를 실행하면 N개 요소를 스택에서 가져오고, *object.Array를 만든 다음, 만든 *object.Array를 다시 스택에 집어넣으면 된다. 지금까지 설명한 내용이 우리의 계획이다. 이 순서 그대로 수행하도록 가상 머신에게 알려주면 된다.

그러면 계획대로 진행해보자. 아래는 OpArray를 정의한 코드이다.

```
// code/code.go

const (
    // [...]

    OpArray
)

var definitions = map[Opcode]*Definition{
    // [...]

    OpArray: {"OpArray", []int{2}},
}
```

단일 피연산자는 2바이트 크기를 갖는다. 따라서 배열 크기는 최대 65535로 제한된다. 혹시라도 여러분이 65535보다 큰 배열이 필요한 Monkey 프로그램을 만들게 되면 내게 메일을 한 통 날려주기 바란다.

계획한 대로 새로운 명령코드를 컴파일러 코드로 바꾸기에 앞서, 늘 그랬던 것처럼 테스트부터 작성해보자.

```
// compiler/compiler_test.go

func TestArrayLiterals(t *testing.T) {
    tests := []compilerTestCase{
        {
            input:             "[]",
            expectedConstants: []interface{}{},
            expectedInstructions: []code.Instructions{
                code.Make(code.OpArray, 0),
                code.Make(code.OpPop),
            },
        },
        {
            input:             "[1, 2, 3]",
            expectedConstants: []interface{}{1, 2, 3},
            expectedInstructions: []code.Instructions{
                code.Make(code.OpConstant, 0),
                code.Make(code.OpConstant, 1),
                code.Make(code.OpConstant, 2),
                code.Make(code.OpArray, 3),
                code.Make(code.OpPop),
            },
        },
        {
            input:             "[1 + 2, 3 - 4, 5 * 6]",
            expectedConstants: []interface{}{1, 2, 3, 4, 5, 6},
            expectedInstructions: []code.Instructions{
                code.Make(code.OpConstant, 0),
                code.Make(code.OpConstant, 1),
                code.Make(code.OpAdd),
                code.Make(code.OpConstant, 2),
                code.Make(code.OpConstant, 3),
                code.Make(code.OpSub),
                code.Make(code.OpConstant, 4),
                code.Make(code.OpConstant, 5),
                code.Make(code.OpMul),
                code.Make(code.OpArray, 3),
                code.Make(code.OpPop),
            },
        },
    }

    runCompilerTests(t, tests)
}
```

위 코드 역시 계획을 그대로 테스트 코드로 옮겨놨을 뿐이다. 단정문으로 표현되어 있을 뿐이며 아직 동작하지 않는다. 우리는 컴파일러가 배열 리터럴 안의 요소들을 컴파일했을 때, 스택에 값을 남기는 명령어로 컴파일하길 기대한다. 그리고 배출한 `OpArray` 명령어가 피연산자로 배열에 포함된 요소 개수를 가지는지 확인해볼 것이다.

당연하지만 테스트는 통과할 리가 없다.

```
$ go test ./compiler
--- FAIL: TestArrayLiterals (0.00s)
 compiler_test.go:477: testInstructions failed: wrong instructions length.
  want="0000 OpArray 0\n0003 OpPop\n"
  got ="0000 OpPop\n"
FAIL
FAIL    monkey/compiler 0.009s
```

고맙게도, 설명이 길었던 것에 비하면 테스트 코드를 통과하게 만들어 줄 코드는 얼마 되지 않는다.

```
// compiler/compiler.go

func (c *Compiler) Compile(node ast.Node) error {
    switch node := node.(type) {
    // [...]

    case *ast.ArrayLiteral:
        for _, el := range node.Elements {
            err := c.Compile(el)
            if err != nil {
                return err
            }
        }

        c.emit(code.OpArray, len(node.Elements))

    // [...]
    }

    // [...]
}
```

앞서 계획한 대로 만들어냈다.

```
$ go test ./compiler
ok   monkey/compiler 0.011s
```

다음은 가상 머신이다. 당연히 가상 머신에도 OpArray를 처리할 코드를 구현해주어야 한다. 그러니 테스트부터 작성해보자.

```
// vm/vm_test.go

func TestArrayLiterals(t *testing.T) {
    tests := []vmTestCase{
        {"[]", []int{}},
        {"[1, 2, 3]", []int{1, 2, 3}},
        {"[1 + 2, 3 * 4, 5 + 6]", []int{3, 12, 11}},
    }

    runVmTests(t, tests)
}

func testExpectedObject(
    t *testing.T,
    expected interface{},
    actual object.Object,
) {
    t.Helper()

    switch expected := expected.(type) {
    // [...]

    case []int:
        array, ok := actual.(*object.Array)
        if !ok {
            t.Errorf("object not Array: %T (%+v)", actual, actual)
            return
        }

        if len(array.Elements) != len(expected) {
            t.Errorf("wrong num of elements. want=%d, got=%d",
                len(expected), len(array.Elements))
            return
        }

        for i, expectedElem := range expected {
            err := testIntegerObject(int64(expectedElem), array.Elements[i])
            if err != nil {
```

```
                t.Errorf("testIntegerObject failed: %s", err)
            }
        }
    }
}
```

테스트 케이스에 작성된 Monkey 코드는 컴파일러 테스트와 동일하다. 한편, 여기서 중요하게 봐야 할 테스트 케이스는 첫 번째 테스트 케이스이다. 즉, 빈 배열 리터럴이 동작하는지 확인해야 한다. 왜냐하면, 컴파일러보다 가상 머신 쪽에서 오프바이원(off-by-one)[2] 에러가 더 발생하기 쉽기 때문이다.

그리고 *object.Array가 스택에 들어가는지 확인해야 한다. 이를 위해 testExpectedObject에 []int를 처리할 case를 추가한다. 그리고 그 안에서 []int 슬라이스 기댓값을 *object.Array 기댓값으로 변환한다.

너무나 깔끔하고 재사용하기 좋게 만들지 않았는가? 다만, 테스트를 돌려보면 에러 메시지가 나오는 게 아니라 패닉이 발생한다. 차근차근 스택 트레이스를 읽어보기 바란다. 가상 머신이 패닉에 빠진 이유는 아직 OpArray와 OpArray 피연산자를 어떻게 처리해야 하는지 모르기 때문이다. 그래서 피연산자를 다른 명령어로 번역하려다 문제가 생겼다. 이제 패닉이 발생한 이유가 납득이 될 것이다.

그러나 패닉이 발생했든, 테스트가 실패하여 에러 메시지가 출력됐든, 우리가 가상 머신에 OpArray를 구현해야 한다는 사실에는 변함이 없다. 피연산자를 복호화하고, 알맞은 개수만큼 스택에서 가져와서 *object.Array를 만들고, 스택에 다시 집어넣는다. 이 모든 작업을 case 하나로 처리해보자.

```
// vm/vm.go

func (vm *VM) Run() error {
```

2 (옮긴이) 오프바이원 에러(off-by-one errors): 경계에서 하나를 빼먹어서 발생하는 에러. 반복문에서 하나를 더 많이 혹은 더 적게 진행해서 발생하는 에러를 말한다. 논리적으로 잘못 설계해서 발생하기도 하지만, 프로그래머의 실수로 유발되기도 한다. if (x <= 10)으로 썼어야 할 조건문을 if (x < 10)으로 작성할 때를 예로 들 수 있다.

```
    // [...]
        switch op {
        // [...]

        case code.OpArray:
            numElements := int(code.ReadUint16(vm.instructions[ip+1:]))
            ip += 2

            array := vm.buildArray(vm.sp-numElements, vm.sp)
            vm.sp = vm.sp - numElements

            err := vm.push(array)
            if err != nil {
                return err
            }

        // [...]
        }
    // [...]
}

func (vm *VM) buildArray(startIndex, endIndex int) object.Object {
    elements := make([]object.Object, endIndex-startIndex)

    for i := startIndex; i < endIndex; i++ {
        elements[i-startIndex] = vm.stack[i]
    }

    return &object.Array{Elements: elements}
}
```

code.OpArray를 처리하는 case에서는 피연산자를 복호화하고 있다. 그리고 ip 값을 증가시키고 새로 작성한 buildArray 메서드를 호출한다.

그러면 buildArray 메서드는 스택의 특정 영역에 위치한 요소들을 순회하면서 각각의 요소를 새로 만들 *object.Array에 추가한다. 그리고 buildArray 메서드가 만든 배열을 스택에 만든 배열을 넣는다. 이때, 배열에 들어갈 요소를 모두 스택에서 꺼낸 다음에 집어넣는다는 사실이 아주 중요하다. 결과적으로 스택 가장 위에는 *object.Array가 나머지 요소를 담은 채 들어 있어야 한다.

```
$ go test ./vm
ok    monkey/vm   0.031s
```

아주 좋다! 배열 리터럴을 완전히 구현했다!

해시

Monkey 언어의 해시 자료구조를 구현하려면, 배열과 마찬가지로 새로운 명령코드가 필요하다. 배열과 마찬가지로, 해시가 갖는 최종값은 컴파일 타임에 결정할 수 없다. 심지어 해시에는 결정할 수 없는 값이 두 배나 된다. 왜냐하면 키가 N개이면 밸류[3]도 N개이며, 키와 밸류 모두 표현식으로 만들어지기 때문이다.

```
{1 + 1: 2 * 2, 3 + 3: 4 * 4}
```

위 표현식은 아래 해시 리터럴과 동일하다.

```
{2: 4, 6: 16}
```

나와 여러분 모두 첫 번째 예시처럼 코드를 작성하진 않겠지만, 우리는 저런 코드조차 동작하게 만들어야 한다. 그러면, 배열 리터럴을 구현할 때 사용했던 전략을 똑같이 따라가자. 가상 머신에게 어떻게 해시 리터럴을 만드는지 알려주자.

전과 마찬가지로 처음에는 새로운 명령코드를 정의한다. 이번 명령코드는 `OpHash`이며 마찬가지로 피연산자를 하나 갖는다.

```
// code/code.go

const (
    // [...]

    OpHash
)
```

3 (옮긴이) 여기서는 해시에서 키와 연결된 값일 때, 'value'를 '값'으로 번역하기보다는 의도적으로 '밸류'라는 단어를 사용해 해시에서 키와 연관된 값임을 강조함과 동시에 일반 명사 '값'과 구분한다.

```
var definitions = map[Opcode]*Definition{
    // [...]

    OpHash:  {"OpHash", []int{2}},
}
```

피연산자는 키와 밸류를 합쳐서 모두 몇 개가 스택에 들어있는지 나타낸다. 물론 쌍이 몇 개 있는지 피연산자 값으로 정하는 방법도 있다. 그러나 그렇게 만들면 가상 머신에서 스택에 있는 값의 개수를 구할 때, 피연산자의 값에 2를 곱해야 한다. 컴파일러에서 미리 계산할 수 있는데, 안 할 이유가 없지 않을까?

OpHash가 갖는 피연산자를 사용하여 가상 머신은 스택에서 올바른 개수의 요소를 꺼내온다. 꺼내온 요소로 object.HashPair를 만들고, object.HashPair로 *object.Hash를 만든다. 그리고 만든 *object.Hash를 스택에 넣는다. 앞서 Monkey 배열 구현체를 만들 때 사용했던 전략과 같다. 다만 *object.Hash를 만드는 게 좀 더 손이 갈 뿐이다.

그러면 구현에 앞서, 테스트를 먼저 작성해보자. 테스트를 작성해서 컴파일러가 OpHash 명령어를 처리하는지 확인하자.

```
// compiler/compiler_test.go

func TestHashLiterals(t *testing.T) {
    tests := []compilerTestCase{
        {
            input:             "{}",
            expectedConstants: []interface{}{},
            expectedInstructions: []code.Instructions{
                code.Make(code.OpHash, 0),
                code.Make(code.OpPop),
            },
        },
        {
            input:             "{1: 2, 3: 4, 5: 6}",
            expectedConstants: []interface{}{1, 2, 3, 4, 5, 6},
            expectedInstructions: []code.Instructions{
                code.Make(code.OpConstant, 0),
                code.Make(code.OpConstant, 1),
                code.Make(code.OpConstant, 2),
                code.Make(code.OpConstant, 3),
```

```
                code.Make(code.OpConstant, 4),
                code.Make(code.OpConstant, 5),
                code.Make(code.OpHash, 6),
                code.Make(code.OpPop),
            },
        },
        {
            input:             "{1: 2 + 3, 4: 5 * 6}",
            expectedConstants: []interface{}{1, 2, 3, 4, 5, 6},
            expectedInstructions: []code.Instructions{
                code.Make(code.OpConstant, 0),
                code.Make(code.OpConstant, 1),
                code.Make(code.OpConstant, 2),
                code.Make(code.OpAdd),
                code.Make(code.OpConstant, 3),
                code.Make(code.OpConstant, 4),
                code.Make(code.OpConstant, 5),
                code.Make(code.OpMul),
                code.Make(code.OpHash, 4),
                code.Make(code.OpPop),
            },
        },
    }

    runCompilerTests(t, tests)
}
```

바이트코드가 정말 많아 보이지만, 해시 리터럴에 표현식이 많기 때문이지 별다른 이유는 없다. 우리는 바이트코드가 올바르게 컴파일되기를 원한다. 그리고 바이트코드 명령어는 스택에 올바른 값을 남겨야 한다. 그러고 나서 테스트에서는 OpHash 명령어가 올바른 피연산자 값을 갖고 만들어지기를 기대한다. 여기서 올바른 값이란 스택에 들어갈 키와 밸류 개수를 말한다.

테스트는 실패하며 OpHash 명령어가 빠져있다고 말해준다.

```
$ go test ./compiler
--- FAIL: TestHashLiterals (0.00s)
 compiler_test.go:336: testInstructions failed: wrong instructions length.
  want="0000 OpHash 0\n0003 OpPop\n"
  got ="0000 OpPop\n"
FAIL
FAIL    monkey/compiler 0.009s
```

앞서, 가상 머신에서 *object.Hash를 만드는 게 *object.Array를 만드는 작업보다 조금 더 수고가 드는 작업이라고 말한 적이 있다. 그런데 컴파일하는 작업 역시 안정적으로 동작하게 만들려면 요령이 좀 필요하다.

```
// compiler/compiler.go

import (
    // [...]
    "sort"
)

func (c *Compiler) Compile(node ast.Node) error {
    switch node := node.(type) {
    // [...]

    case *ast.HashLiteral:
        keys := []ast.Expression{}
        for k := range node.Pairs {
            keys = append(keys, k)
        }
        sort.Slice(keys, func(i, j int) bool {
            return keys[i].String() < keys[j].String()
        })

        for _, k := range keys {
            err := c.Compile(k)
            if err != nil {
                return err
            }
            err = c.Compile(node.Pairs[k])
            if err != nil {
                return err
            }
        }

        c.emit(code.OpHash, len(node.Pairs)*2)

    // [...]
    }

    // [...]
}
```

node.Pairs가 map[ast.Expression]ast.Expression 타입이고, Go 언어는 맵(map)의 키와 밸류를 순회할 때 일관된 순서를 보장해주지 않기 때문에 컴파일하기 전에 직접 키를 정렬해야 한다.[4] 만약 정렬하지 않는다면, 명령어가 무작위 순서로 배출된다.

순서가 무작위적이라는 것만으로 문제가 되지는 않는다. 왜냐하면, 사실 컴파일러와 가상 머신은 정렬하지 않아도 잘 동작하기 때문이다. 그러나 우리가 작성한 테스트 코드에는 나오길 기대하는 상숫값에 순서가 있기 때문에 무작위적으로 나오면 실패하게 된다. 따라서 순서를 보장하기 위함이 아니라, 단지 맞는 대상이 나오게 하려고 작성한 코드다.

우리 테스트는 무작위성에 완전히 무방비하기에, 키를 정렬해서 배열 순서가 특정될 수 있게 보장해야 한다. 앞서 말했듯이 어떤 순서로 나오는지는 중요치 않기 때문에 순서가 있기만 하면 된다. 따라서 해시 키에 String 메서드를 호출한 값으로 정렬했다.

그러고 나서, 키를 반복하면서 컴파일한 뒤에, node.Pairs에서 대응하는 밸류도 가져와 컴파일한다. 키를 먼저 컴파일한 다음에 밸류를 컴파일한다. 이 순서를 꼭 기억하자. 왜냐하면 가상 머신도 같은 순서로 재생성해야 하기 때문이다.

마지막으로 OpHash 명령어를 배출한다. OpHash 명령어는 키 개수와 밸류 개수를 모두 합친 값을 피연산자로 갖는다.

그리고 테스트를 실행해보자.

```
$ go test ./compiler
ok    monkey/compiler 0.009s
```

보다시피 이제 가상 머신으로 넘어갈 차례다.

가상 머신에서 *object.Hash를 만드는 작업은 어렵지 않지만, 동작하게 만들려면 앞에서 만들 때와는 다르게 몇 가지 작업이 더 필요하다.

4 (옮긴이) Go 언어에서 맵(map)으로 range를 사용해서 반복하면, 순회 순서가 특정되지 않으며 다음에 다시 반복했을 때 같은 순서가 보장되지 않는다. 만약 안정(stable)된 반복 순서가 필요하다면 이런 반복 순서를 명시하고 있는 별도의 자료구조를 관리해야 한다(참고 *https://blog.golang.org/maps#TOC_7*).

그러므로 우리가 잘 만들었다는 사실을 뒷받침해줄 테스트를 작성해 보자.

```
// vm/vm_test.go

func TestHashLiterals(t *testing.T) {
    tests := []vmTestCase{
        {
            "{}", map[object.HashKey]int64{},
        },
        {
            "{1: 2, 2: 3}",
            map[object.HashKey]int64{
                (&object.Integer{Value: 1}).HashKey(): 2,
                (&object.Integer{Value: 2}).HashKey(): 3,
            },
        },
        {
            "{1 + 1: 2 * 2, 3 + 3: 4 * 4}",
            map[object.HashKey]int64{
                (&object.Integer{Value: 2}).HashKey(): 4,
                (&object.Integer{Value: 6}).HashKey(): 16,
            },
        },
    }

    runVmTests(t, tests)
}

func testExpectedObject(
    t *testing.T,
    expected interface{},
    actual object.Object,
) {
    t.Helper()

    switch expected := expected.(type) {
    // [...]

    case map[object.HashKey]int64:
        hash, ok := actual.(*object.Hash)
        if !ok {
            t.Errorf("object is not Hash. got=%T (%+v)", actual, actual)
            return
        }
```

```
        if len(hash.Pairs) != len(expected) {
            t.Errorf("hash has wrong number of Pairs. want=%d, got=%d",
                len(expected), len(hash.Pairs))
            return
        }

        for expectedKey, expectedValue := range expected {
            pair, ok := hash.Pairs[expectedKey]
            if !ok {
                t.Errorf("no pair for given key in Pairs")
            }

            err := testIntegerObject(expectedValue, pair.Value)
            if err != nil {
                t.Errorf("testIntegerObject failed: %s", err)
            }
        }
    }
}
```

위 테스트와 testExpectedObject 메서드 안에 새로 추가한 case는 가상 머신이 *object.Hash를 어떻게 만드는지 알려줄 뿐만 아니라, 《인터프리터 in Go》에서 구현한 *object.Hash가 어떻게 동작하는지 상기시켜 준다.

object.Hash는 필드 Pairs를 가진다. 그리고 Pairs는 map[HashKey]HashPair이다. HashKey는 object.Hashable에 정의된 HashKey 메서드를 호출해서 만든다. 그리고 *object.String, *object.Boolean, *object.Integer 모두 object.Hashable 인터페이스를 구현하고 있다. HashPair는 Key와 Value 필드를 갖는다. 그리고 Key와 Value 모두 object.Object 타입이다. 즉, 실제 키값과 밸류값이 저장되는 위치가 Key와 Value라는 뜻이다. 한편 HashKey는 반드시 Monkey 객체를 일관된 규칙으로 해싱한 값을 가져야 한다. 구현 상세를 더 확실히 짚고 넘어가고 싶다면, object 패키지에서 (Hashable 인터페이스를 구현하는 타입에 정의된) HashKey 메서드들을 훑어보면 된다.

우리는 가상 머신이 올바른 HashKey에 올바른 HashPair를 저장하길 바란다. 무엇을 저장하는지가 중요한 게 아니다. 어떻게 저장하는지에 더 초점을 두어야 한다. 저장 방법이 더 중요하기 때문에 단순한 정수 몇 개로만 테스트 입력을 구성했으며, 만들어야 할 해시가 map[object.HashKey]int64 타입을 갖도록 구성했다. 이렇게 해야 올바른 키로 올바른 밸류를 가져오는 행위에 더 집중할 수 있다.

지금 테스트를 실행하면, 배열 테스트를 처음 실행했을 때 발생한 문제가 여기서도 똑같이 발생한다. 패닉이 발생한다는 뜻이다. 실행 결과를 지면에 담기에 다소 지저분해서 의도적으로 생략했다. 어쨌든, 여기서도 원인은 동일하다. 가상 머신이 OpHash와 OpHash에 달린 피연산자를 어떻게 처리할지 모른다. 그럼, 고쳐보자.

```
// vm/vm.go

func (vm *VM) Run() error {
    // [...]
        switch op {
        // [...]

        case code.OpHash:
            numElements := int(code.ReadUint16(vm.instructions[ip+1:]))
            ip += 2

            hash, err := vm.buildHash(vm.sp-numElements, vm.sp)
            if err != nil {
                return err
            }
            vm.sp = vm.sp - numElements

            err = vm.push(hash)
            if err != nil {
                return err
            }

        // [...]
        }
    // [...]
}
```

보다시피 OpArray와 매우 비슷하다. 다만, 여기서는 buildArray가 아닌 buildHash를 호출하고, 배열이 아니라 해시를 만드는 게 다를 뿐이다. 그리고 buildHash는 buildArray와는 다르게 에러를 반환할 수도 있다.

```
// vm/vm.go

func (vm *VM) buildHash(startIndex, endIndex int) (object.Object, error) {
    hashedPairs := make(map[object.HashKey]object.HashPair)

    for i := startIndex; i < endIndex; i += 2 {
        key := vm.stack[i]
        value := vm.stack[i+1]

        pair := object.HashPair{Key: key, Value: value}

        hashKey, ok := key.(object.Hashable)
        if !ok {
            return nil, fmt.Errorf("unusable as hash key: %s", key.
Type())
        }

        hashedPairs[hashKey.HashKey()] = pair
    }

    return &object.Hash{Pairs: hashedPairs}, nil
}
```

buildArray와 비슷하게 buildHash는 스택에 있는 요소를 가리킬 startIndex와 endIndex를 인수로 받는다. 그리고 인덱스값으로 훑으면서 스택에서 key와 value를 가져와 object.HashPair를 만든다. 그리고 쌍 하나에서, key 값으로 object.HashKey를 만들고 이 값을 키로 사용해 hashedPairs에 키-밸류 쌍을 추가한다. 마지막으로 *object.Hash를 만들고 반환한다.

vm.Run 메서드의 case code.OpHash에서는 새로 만든 *object.hash를 스택에 집어넣는다. 그리고 배열과 마찬가지로 해시에 사용될 모든 요소를 스택에서 꺼내어 해시를 만들고, 만든 해시를 스택에 집어넣어야 한다.

이렇게 가상 머신이 해시도 만들 수 있게 됐다.

```
$ go test ./vm
ok   monkey/vm   0.033s
```

훌륭하지 않은가! 이렇게 Monkey 데이터 타입 구현은 모두 끝냈다. 다만, 다음 섹션에서 만들 인덱스 연산자가 없으면, 지금까지 만든 데이터 타입으로 아무런 작업도 할 수 없으니 다음 섹션으로 넘어가자.

인덱스 연산자 구현하기

이번 장 초입에서 아래 Monkey 코드가 동작하는 게 목표라고 말한 적이 있다.

```
[1, 2, 3][1]
{"one": 1, "two": 2, "three": 3}["o" + "ne"]
```

정말 거의 다 왔다. 배열 리터럴, 해시 리터럴, 그리고 문자열 결합을 구현했다. 그런데 아직도 구현하지 않은 동작이 있으니, 바로 인덱스 연산자다. 인덱스 연산자가 있어야 배열이나 해시에 요소 단위로 접근할 수 있을 텐데 말이다.

우리는 배열과 해시에서만 인덱스 연산자를 쓰도록 정의하고 있지만, 인덱스 연산자 구문이 허용하는 범위는 훨씬 넓다.

<expression>[<expression>]

인덱스값이 달릴 자료구조와 인덱스 모두 표현식으로 만들 수 있다. 의미상으로는 Monkey 표현식은 모든 Monkey 객체를 만들 수 있으므로, 어떤 `object.Object`든지 인덱스로 사용될 수도 있고, 인덱스값이 달릴 자료구조가 될 수도 있다.

그러면 앞서 말한 대로 구현해보자. 인덱스 연산자를 특정 자료구조와 조합해 매번 특수한 케이스로 처리하지 않고, 일반화된 인덱스 연산자를 컴파일러와 가상 머신에 만들려 한다. 늘 그랬듯이, 처음에는 명령코드를 새로 정의한다.

명령코드 OpIndex는 피연산자를 갖지 않는다. 그렇지만 OpIndex가 동작하려면 스택에 놓일 값이 두 개 있어야 한다.

- 인덱스가 달릴 객체
- 인덱스로 사용할 객체

가상 머신이 OpIndex를 실행할 때, 가상 머신은 스택에서 두 값을 가져와서 인덱스 연산을 수행하고, 수행 결과를 다시 스택에 집어넣는다.

이 정도면 배열과 해시에 인덱스 연산자를 사용해도 충분할 만큼 일반화한 듯하다. 스택을 사용했기에 구현도 아주 쉽다.

아래는 OpIndex 정의이다.

```
// code/code.go

const (
    // [...]

    OpIndex
)

var definitions = map[Opcode]*Definition{
    // [...]

    OpIndex: {"OpIndex", []int{}},
}
```

이제 컴파일러 테스트에서 OpIndex 명령어가 잘 동작하는지 확인해 보자.

```
// compiler/compiler_test.go

func TestIndexExpressions(t *testing.T) {
    tests := []compilerTestCase{
        {
            input:             "[1, 2, 3][1 + 1]",
            expectedConstants: []interface{}{1, 2, 3, 1, 1},
            expectedInstructions: []code.Instructions{
                code.Make(code.OpConstant, 0),
                code.Make(code.OpConstant, 1),
                code.Make(code.OpConstant, 2),
```

```
                code.Make(code.OpArray, 3),
                code.Make(code.OpConstant, 3),
                code.Make(code.OpConstant, 4),
                code.Make(code.OpAdd),
                code.Make(code.OpIndex),
                code.Make(code.OpPop),
            },
        },
        {
            input:             "{1: 2}[2 - 1]",
            expectedConstants: []interface{}{1, 2, 2, 1},
            expectedInstructions: []code.Instructions{
                code.Make(code.OpConstant, 0),
                code.Make(code.OpConstant, 1),
                code.Make(code.OpHash, 2),
                code.Make(code.OpConstant, 2),
                code.Make(code.OpConstant, 3),
                code.Make(code.OpSub),
                code.Make(code.OpIndex),
                code.Make(code.OpPop),
            },
        },
    }

    runCompilerTests(t, tests)
}
```

위 테스트 코드에서는 인덱스 연산자 표현식에 사용될 자료구조로서 배열 리터럴과 해시 리터럴을 컴파일할 수 있는지, 그리고 인덱스값으로 표현식을 사용할 수 있는지 확인한다.

컴파일러는 인덱스가 달릴 대상은 무엇이고, 인덱스는 무엇인지, 전체 연산은 유효한지 등에 관심을 두지 않는다. 이는 가상 머신이 해야 할 일이며, 위 테스트에서 빈 배열을 다루는 테스트 케이스나 존재하지 않는 인덱스를 다루는 테스트 케이스가 없는 까닭이기도 하다. 여기서는 컴파일러가 표현식 두 개를 컴파일해서 `OpIndex` 명령어를 배출할 수 있는지 확인하면 된다.

```
// compiler/compiler.go

func (c *Compiler) Compile(node ast.Node) error {
```

```
    switch node := node.(type) {
    // [...]

    case *ast.IndexExpression:
        err := c.Compile(node.Left)
        if err != nil {
            return err
        }

        err = c.Compile(node.Index)
        if err != nil {
            return err
        }

        c.emit(code.OpIndex)

    // [...]
    }

    // [...]
}
```

먼저 인덱스가 붙을 객체인 node.Left를 컴파일한다. 그러고 나서 node.Index를 컴파일한다. 둘 다 ast.Expression이므로, 두 표현식이 어떤 값을 가지는지는 걱정할 필요가 없다. 어차피 Compile 메서드가 알아서 처리해주기 때문이다.

```
$ go test ./compiler
ok   monkey/compiler 0.009s
```

이제는 아까 언급한 경계 조건을 테스트할 때가 됐다. 다시 말해 가상머신 구현으로 넘어간다는 뜻이다. 그러면 테스트를 작성해보자.

```
// vm/vm_test.go

func TestIndexExpressions(t *testing.T) {
    tests := []vmTestCase{
        {"[1, 2, 3][1]", 2},
        {"[1, 2, 3][0 + 2]", 3},
        {"[[1, 1, 1]][0][0]", 1},
        {"[][0]", Null},
        {"[1, 2, 3][99]", Null},
```

```
        {"[1][-1]", Null},
        {"{1: 1, 2: 2}[1]", 1},
        {"{1: 1, 2: 2}[2]", 2},
        {"{1: 1}[0]", Null},
        {"{}[0]", Null},
    }

    runVmTests(t, tests)
}
```

위 코드는 컴파일러 테스트에서 의도적으로 다루지 않은 테스트 케이스를 담고 있다.

인덱스가 유효한지 혹은 유효하지 않은지, 배열 안의 배열, 빈 해시, 빈 배열 등 다양한 테스트 케이스로 구성된다. 그리고 모든 테스트 케이스에서 가상 머신이 제대로 동작해야 한다.

인덱스가 유효하다면 인덱스에 대응하는 요소가 스택에 있어야 하고, 인덱스가 유효하지 않다면 vm.Null이 스택에 있어야 한다는 게 핵심이다.

```
$ go test ./vm
--- FAIL: TestIndexExpressions (0.00s)
 vm_test.go:400: testIntegerObject failed: object has wrong value.\
   got=1, want=2
 vm_test.go:400: testIntegerObject failed: object has wrong value.\
   got=2, want=3
 vm_test.go:400: testIntegerObject failed: object has wrong value.\
   got=0, want=1
 vm_test.go:404: object is not Null: *object.Integer (&{Value:0})
 vm_test.go:404: object is not Null: *object.Integer (&{Value:99})
 vm_test.go:404: object is not Null: *object.Integer (&{Value:-1})
 vm_test.go:404: object is not Null: *object.Integer (&{Value:0})
 vm_test.go:404: object is not Null: *object.Integer (&{Value:0})
FAIL
FAIL    monkey/vm   0.036s
```

출력된 에러 메시지가 친절하긴 하지만, 구현 방향을 제대로 말해주지는 않는다. 우리는 가상 머신이 OpIndex 명령어를 복호화하고 실행하도록 해야 한다.

```
// vm/vm.go

func (vm *VM) Run() error {
    // [...]
        switch op {
        // [...]

        case code.OpIndex:
            index := vm.pop()
            left := vm.pop()

            err := vm.executeIndexExpression(left, index)
            if err != nil {
                return err
            }

        // [...]
        }
    // [...]
}
```

스택에서 가장 위의 요소는 인덱스값이어야 한다. 따라서 스택에서 요소 하나를 먼저 가져온다. 그리고 인덱스 연산자 `left`(왼쪽)에 있는 인덱스값이 달릴 객체를 스택에서 가져온다. 다시 한번 강조하지만 스택에서 값을 가져오는 순서는, 컴파일러에서 `OpIndex`를 배출할 때 `node.Left`와 `node.Index`를 컴파일한 순서를 반영해야 한다. 순서가 바뀌면 어떻게 될지는 여러분의 상상에 맡기겠다.

`index`와 `left`를 가져왔으니 준비는 끝났다. `executeIndexExpression` 메서드에 나머지 작업을 맡기면 된다.

```
// vm/vm.go

func (vm *VM) executeIndexExpression(left, index object.Object) error {
    switch {
    case left.Type() == object.ARRAY_OBJ && index.Type() == object.INTEGER_OBJ:
        return vm.executeArrayIndex(left, index)
    case left.Type() == object.HASH_OBJ:
        return vm.executeHashIndex(left, index)
    default:
        return fmt.Errorf("index operator not supported: %s", left.Type())
    }
}
```

코드를 보니 앞에서 만든 executeBinaryOperation 메서드와 거의 유사하다. left와 index의 타입을 검사하는 동작도 비슷하고, 인덱스에 실제로 접근해서 요소를 찾아오는 작업을 다른 메서드에 맡기는 동작도 유사하다. 먼저 살펴볼 메서드는 executeArrayIndex이다. 이름 그대로 동작하는 메서드이다.

```
// vm/vm.go

func (vm *VM) executeArrayIndex(array, index object.Object) error {
    arrayObject := array.(*object.Array)
    i := index.(*object.Integer).Value
    max := int64(len(arrayObject.Elements) - 1)

    if i < 0 || i > max {
        return vm.push(Null)
    }

    return vm.push(arrayObject.Elements[i])
}
```

인덱스 범위를 검사하는 코드가 없다면 코드가 훨씬 짧았을 것이다. 하지만 인덱스로 사용할 값이 배열이 허용하는 범위 안에 있는지는 검사해야 한다. 이것이 우리가 테스트에서 기대하는 것이다. 만일 어떤 인덱스를 배열에서 사용할 수 없다면 Null을 스택에 넣고, 반대로 사용할 수 있다면 찾은 요소를 스택에 넣는다.

executeHashIndex는 범위를 검사할 필요가 없다. 그러나 주어진 인덱스를 object.HashKey로 사용할 수 있는지는 검사해야 한다.

```
// vm/vm.go

func (vm *VM) executeHashIndex(hash, index object.Object) error {
    hashObject := hash.(*object.Hash)

    key, ok := index.(object.Hashable)
    if !ok {
        return fmt.Errorf("unusable as hash key: %s", index.Type())
    }

    pair, ok := hashObject.Pairs[key.HashKey()]
```

```
    if !ok {
        return vm.push(Null)
    }

    return vm.push(pair.Value)
}
```

만약 인덱스를 object.Hashable 인터페이스로 변환할 수 있다면, hashObject.Pairs에서 맞는 요소를 가져온다. 그리고 가져오는 데 성공하면 pair.Value를 스택에 넣고, 실패한다면 vm.Null을 스택에 넣는다. 그것이 우리가 테스트에서 기대하는 동작이다.

이제 테스트를 실행해보자.

```
$ go test ./vm
ok   monkey/vm   0.036s
```

테스트가 성공했다는 말은, 우리가 해냈고 목표를 달성했다는 말이다! 이제 우리가 구현한 코드를 아래와 같이 실행해볼 수 있다.

```
$ go build -o monkey . && ./monkey
Hello mrnugget! This is the Monkey programming language!
Feel free to type in commands
>> [1, 2, 3][1]
2
>> {"one": 1, "two": 2, "three": 3}["o" + "ne"]
1
>>
```

이번 장은 여기서 끝난다. 이제 문자열, 배열, 해시, 문자열 결합하기, 인덱스 연산자 모두 만들 수 있게 됐다. 그리고 복합 데이터 타입에 요소 단위로 접근할 수 있다. 그런데 안타깝지만 이게 전부다.

전편에서는 처음이나 끝에 있는 요소를 가져오는 내장 함수와 길이를 구하는 내장 함수도 구현했다. 이런 함수들은 아주 유용하므로 컴파일러와 가상 머신에서도 동작하도록 구현해보려 한다. 그러나 내장 함수를 추가하기에 앞서, '함수'를 먼저 구현해야 한다.

7장

W r i t i n g A C o m p i l e r I n G o

함수

아마 이 책에서 가장 까다롭고 할 것도 많은 게 이번 장일 것이다. 이번 장이 끝날 때쯤이면, 함수와 함수 호출을 모두 구현했을 테고, 지역 바인딩(local bindings)과 함수 호출 인수도 역시 구현되어 있을 것이다. 한편 이 모두를 구현하려면 정말 많은 생각을 거쳐야 하는 것은 물론이고, 별것 아닌 것 같지만 컴파일러와 가상 머신에 지대한 영향을 주는 작은 변경점도 여러 개 건드려야 한다. 그리고 이런 과정에서 아주 까다로운 문제를 몇 개 해결해야 한다. 곧 알게 되겠지만, 함수를 구현할 때 생기는 어려움은 하나로 특정하기 어렵다.

가장 먼저 던져볼 질문은 함수를 어떻게 표현할 것인가이다. 우선 가장 단순하게, 함수를 명령어 묶음이라고 가정해보자. 그런데 Monkey 언어에서 함수는 1급 시민(first-class citizens)이기에 함수를 함수 호출 시에 인수로 넘길 수 있음을 물론이고, 반환값으로 함수 자체를 반환할 수도 있다. 그러면, 주고받을 수 있는 명령어 묶음을 어떻게 표현할 수 있을까?

어떻게 표현하는지 알게 되어도, 제어 흐름(control flow)을 처리하는 문제가 있다. 어떻게 하면 함수 안에 담긴 명령어 묶음을 가상 머신이 실행하도록 만들 수 있을까? 제어 흐름도 어떻게 처리했다고 치자. 그렇다면 원래 명령어를 실행하던 위치로 가상 머신을 '되돌려 보내

(return back)'려면 어떻게 해야 할까? 그리고 가상 머신이 함수에 '인수(arguments)'를 전달하도록 만들려면 어떻게 해야 할까?

위에서 던진 질문은 모두 중요한 문제를 시사한다. 그리고 각각의 문제에는 수많은 무시할 수 없는 작은 문제들이 딸려 있다. 미리 말하자면, 우리는 모든 문제를 해결해볼 것이다. 단, 한 번에 모두 해결하려고 하지는 않겠다. 대신, 단계별로 신중하게 밟아가며, 여러 가지 상이한 부분과 문제들을 일관성 있는 전체로 잘 엮어내려 한다. 그리고 만들어 가는 과정이 정말 재밌으리라고 내가 보장한다!

시작은 단순한 함수부터

첫 섹션에서는 아래처럼 아주 단순해 보이는 Monkey 코드를 컴파일하고 실행하는 게 목표다.

```
let fivePlusTen = fn() { 5 + 10 };
fivePlusTen();
```

fivePlusTen 함수는 파라미터를 갖지 않는다. 그리고 지역 바인딩(local bindings)도 쓰지 않는다. 호출될 때도 인수 없이 호출되며, 전역 바인딩에도 접근하지 않는다. 당연하지만, 현존하는 Monkey 프로그램에서 정말로 복잡한 프로그램은 몇 개 없을 것이다. 그러면 나머지 프로그램은 대부분 단순할 텐데, 위 프로그램은 그중에서도 아주 단순한 편에 속한다. 그렇지만 이 프로그램이 우리에게 안겨주는 과제는 결코 단순하지 않다.

함수 표현하기

어떻게 함수를 컴파일하거나 실행할지 생각하기에 앞서 풀어야 할 문제가 있다. 바로 '함수를 어떻게 표현할지'이다.

함수는 Monkey 코드로 구성된다. 그리고 Monkey 코드는 Monkey 바이트코드로 컴파일된다. 따라서 컴파일러는 아무리 못해도, 함수를 Monkey 바이트코드 명령어 묶음으로는 변환할 수 있어야 한다. 그러면 다음으로 던져야 할 질문은, '만든 명령어를 어디에 저장하며, 어떻게 가상 머신에 넘기는지'이다.

지금까지는 메인 프로그램에 있는 명령어를 가상 머신에 넘기는 방식으로 처리했다. 그러나 메인 프로그램 명령어와 함수 안의 명령어를 같은 방식으로 처리할 수는 없다. 만약 똑같이 처리한다면, 명령어 하나를 순서대로 실행하기 위해 가상 머신 안에서 뒤엉켜있는 여러 명령어를 다시 올바른 순서대로 풀어야 한다. 따라서 처음부터 분리하는 편이 바람직하다.

질문에 대한 답은 Monkey 함수는 'Monkey 값'이라는 사실에서 찾을 수 있다. Monkey 함수는 값이기 때문에, 이름에 바인딩할 수 있고 함수 결과로 반환할 수 있으며, 다른 함수에 인수로 넘길 수 있다. 일반적인 Monkey 값과 똑같이 동작한다는 뜻이다. 따라서 Monkey 함수 역시 표현식으로 만들 수 있다.

함수를 만드는 표현식을 '함수 리터럴'이라고 말한다. 함수 리터럴은 Monkey 코드로 함수를 표현한 형태이다. 위 예제에서 함수 리터럴만 가져오면 아래와 같다.

```
fn() { 5 + 10 }
```

그러면 함수 리터럴이 만드는 값은 변하지 않아야 할까? 그렇다. 함수 리터럴은 상수여야 한다는 게 마지막 힌트다.

우리는 함수 리터럴을 상숫값을 만드는 다른 리터럴과 마찬가지로 취급한다. 그리고 '가상 머신에 상수로 전달'하려 한다. 함수 리터럴을 명령어 열로 컴파일하고, 만든 명령어들을 컴파일러 상수 풀에 추가한다. 상숫값이기 때문에 `OpConstant` 명령어로 컴파일된 함수를 스택에 집어넣는다. 보통의 값을 처리하는 방식과 똑같이 처리한다는 말이다.

그럼 남은 질문은 '어떻게 명령어 열을 정확히 표현하는지'이다. 정확하게 표현해야만 상수 풀에 추가하고 스택에도 넣을 수 있다.

《인터프리터 in Go》에서 우리는 `object.Function`을 정의한 적이 있다. `object.Function` 객체는 평가된 함수 리터럴을 나타내며, `object.`

Function 역시도 평가될 수 있다. 지금 우리에게는 object.Function을 입맛에 맞게 수정한 어떤 것이 필요하다. 다시 말해 AST 노드가 아닌 '바이트코드를 담고 있는 함수 객체'가 필요하다.

그러면 object 패키지에 object.CompiledFunction이라는 새로운 객체 타입을 정의해보자.

```
// object/object.go

import (
    // [...]
    "monkey/code"
    // [...]
)

const (
    // [...]

    COMPILED_FUNCTION_OBJ = "COMPILED_FUNCTION_OBJ"
)

type CompiledFunction struct {
    Instructions code.Instructions
}

func (cf *CompiledFunction) Type() ObjectType { return COMPILED_FUNCTION_OBJ }
func (cf *CompiledFunction) Inspect() string {
    return fmt.Sprintf("CompiledFunction[%p]", cf)
}
```

object.CompiledFunction은 필요한 모든 요소를 갖추고 있다. Instructions 필드에 함수 리터럴을 컴파일한 결과인 code.Instructions를 담을 수 있다. 그리고 object.CompiledFunction 역시 object.Object이므로 상수로 compiler.Bytecode에 추가할 수 있고, 가상 머신이 가져다 쓸 수 있다.

이렇게 함수를 어떻게 표현할 것인지 하는 문제는 해결했다. 그럼 컴파일을 어떻게 할지 생각해보자.

함수 호출에 사용할 명령코드

가장 먼저, 함수를 컴파일하고 실행하는 데 쓸 명령코드를 새로 정의할 필요가 있는지부터 생각해보자.

우선 정의할 필요가 '없는' 것, 즉 함수 리터럴부터 시작해보자. 우리가 이미 *object.CompiledFunction으로 컴파일하고 상수로 취급하기로 했기 때문에, *object.CompiledFunction은 가상 머신 스택에 OpConstant 명령어로 들어가게 된다.

따라서 명령코드 관점에서, 아래 코드의 첫 줄은 처리할 수 있다는 뜻이다.

```
let fivePlusTen = fn() { 5 + 10 };
fivePlusTen();
```

함수 리터럴을 *object.CompiledFunction으로 컴파일하고, fivePlusTen이라는 이름에 값을 바인딩하면 된다. 전역 바인딩은 이미 구현해두었고, 전역 바인딩에는 어떤 object.Object를 사용해도 무관하기 때문이다.

한편 두 번째 줄, fivePlusTen을 처리하려면 새로운 명령코드가 필요해 보인다.

fivePlusTen은 호출 표현식이며, AST로는 *ast.CallExpression으로 표현된다. 호출 표현식은 어떤 명령어로 컴파일되어야 하며, 그 명령어는 가상 머신에게 현재 다루고 있는 대상이 함수이므로 실행하라고 말해주어야 한다.

아직 이렇게 동작하는 명령코드가 없기 때문에 새로 정의해야 한다. 새롭게 정의할 명령코드를 OpCall이라고 하자. 그리고 OpCall은 피연산자를 갖지 않는다.

```
// code/code.go

const (
    // [...]
```

```
    OpCall
)

var definitions = map[Opcode]*Definition{
    // [...]

    OpCall: {"OpCall", []int{}},
}
```

지금부터 어떻게 OpCall을 사용할지 설명하겠다. 먼저 호출하고 싶은 함수를 스택에서 가져온다. 예를 들어 OpConstant 명령어로 호출할 함수를 스택에 올려놓는다. 그리고 OpCall 명령어를 배출한다. 그러면 가상 머신은 OpCall 명령어를 보고 스택 가장 위에서 함수를 가져와서 실행한다.

위와 같이 OpCall 명령어를 처리하는 규칙을 '호출 규약(calling convention)'이라고 한다. 뒤에서 함수 호출 인수를 지원하게 되면 호출 규약을 다시 바꿔야겠지만, 지금은 아래와 같이 두 단계로 충분하다.

- 호출할 함수를 스택에 올려두는 단계
- OpCall 명령어를 배출하는 단계

OpCall을 정의했기에 이론적으로는 가상 머신 스택에서 함수를 가져다 호출할 수 있게 됐다. 다만 여전히 호출된 함수에서 되돌아올 방법을 가상 머신에게 어떻게 알려줄지는 생각해볼 필요가 있다.

더 구체적으로 말하자면, 가상 머신이 함수에서 원래 위치로 반환되어야 하는 형태 두 가지를 구분해야 한다. 첫 번째는 실제로 '어떤 결과'를 암묵적이든 명시적이든 반환하는 형태이다. 두 번째는 함수 호출 결과로 어떤 것도 남기지 않는 형태이다. 예를 들어 함수 몸체가 비어 있는 형태가 여기에 해당한다.

첫 번째 형태에는 명시적 반환과 암묵적 반환이 있는데, Monkey 언어에서는 둘 다 가능하다.

```
let explicitReturn = fn() { return 5 + 10; };
let implicitReturn = fn() { 5 + 10; };
```

명시적 return 문은 함수 몸체 안에 남은 나머지 문장의 실행을 중단한다. 그리고 return 키워드 다음에 나오는 표현식이 만든 값을 반환한다. 위 예시 기준으로는 중위 표현식 5 + 10을 반환한다.

return 문이 없을 때의 함수 호출은 함수 몸체 안에서 마지막으로 만들어진 값으로 평가된다. 이를 '암묵적 반환(implicit return)'이라고 한다.

《인터프리터 in Go》에서 작성한 평가기에서는 암묵적인 값의 반환을 기본 형태로 처리했다. 달리 말해서 명시적인 반환문을 부가기능으로 만들었다.

그러나 이번에는 암묵적 반환을 명시적 반환의 변형으로 처리할 것이다. 달리 말하면, 두 형태 모두 같은 바이트코드로 컴파일된다.

```
fn() { 5 + 10 }
fn() { return 5 + 10 }
```

즉, 암묵적이든 명시적이든, 내부적으로 같은 방식으로 처리한다는 뜻이다. 한편, 두 형태를 모두 처리하는 코드를 구현해야만 fivePlusTen 함수를 컴파일하고 실행할 수 있다. 설령 우리가 암묵적 반환 형태만 사용한다고 하더라도 구현이 더 쉬워지지는 않는다. 그리고 지금 컴파일러 구현에 시간을 더 쏟는다면 뒤에서 가상 머신을 구현할 때는 한결 수월하게 진행할 수 있다.

둘 다 같은 바이트코드로 컴파일되어야 하므로, 명시적이든 암묵적이든 같은 명령코드로 표현되어야 한다. OpReturnValue라는 명령코드를 정의해서, 가상 머신이 함수 실행 도중 '반환값'을 반환하도록 만들어 보자.

```
// code/code.go

const (
    // [...]

    OpReturnValue
)
```

```
var definitions = map[Opcode]*Definition{
    // [...]

    OpReturnValue: {"OpReturnValue", []int{}},
}
```

OpReturnValue는 피연산자를 갖지 않는다. 반환할 값은 스택 가장 위에 놓아두면 되기 때문이다.

명시적 반환일 때 OpReturnValue를 배출하는 방법은 비교적 명확하다. 먼저 return 문을 컴파일하면 반환값이 스택에 들어간다. 그러고 나서 OpReturnValue를 배출한다.

한편 암묵적 반환은 조금 생각할 거리가 있다. 왜냐하면 함수 몸체에서 마지막으로 실행된 명령문이 표현식문이고, 그 표현식문이 만들어내는 값을 반환해야 하기 때문이다. 그런데 앞서 우리는 표현식문이 스택에 값을 남기지 않도록 처리했다. 명시적으로 OpPop 명령어를 배출해서 표현식문이 만들어낸 값을 제거했다. 따라서 OpPop으로 스택을 비워야 하는 기존 요구 사항에 암묵적 반환값을 처리할 방법을 녹여낼 필요가 있다. 다만 구현은 조금 뒤로 미루기로 하자. 지금은 먼저 다뤄야 할 주제가 있다.

이번에는 드물긴 하지만 두 번째 형태, 즉 아무것도 반환하지 않는 함수를 다뤄보자. 즉, 명시적이든 암묵적이든 어떤 것도 반환하지 않는 함수를 말한다. Monkey 언어에서는 거의 모든 것이 표현식이고 따라서 값을 만들어내기 때문에, 아무것도 반환하지 않는 함수를 생각하는 게 쉽지는 않다. 그래서 내가 가져왔다. 아래 Monkey 코드를 보자.

```
fn() { }
```

함수 몸체가 비어 있다. 이런 함수를 컴파일하면, 유효한 *object.CompiledFunction이 만들어지고 호출 대상이 될 수 있다. 그러나 명령어를 갖지는 않는다. 아래에 또 다른 형태가 있다. 뒤에서 지역 바인딩을 다룰 때 다시 보게 될 테니 눈에 익혀두기 바란다.

```
fn() { let a = 1; }
```

나도 위 함수가 경계 조건을 다룰 때 빼고는 사용되지 않는다는 것을 잘 알고 있다. 심지어 《인터프리터 in Go》에서는 이런 예제를 다루지도 않았다. 그러나 지금 우리는 함수가 어떤 값을 만들어야 하는지 결정해야 하므로 그때와는 다르다. 함수 호출은 표현식이고 표현식은 값을 만들기 때문에, 일관성을 위해 이런 함수조차 어떤 값을 만들어야 한다.

우선 *object.Null을 반환하도록 만들 수 있지 않을까? Monkey에서 *object.Null은 값이 존재하지 않는다는 것을 나타내므로, 이런 함수가 *object.Null을 반환하게 되면 값을 만들지 않는다는 것을 표현할 수 있을 것 같다.

어떻게 만들지 결정된 것 같다. 즉, 어떤 함수가 마지막 명령어로 OpReturnValue 명령어를 갖지 않을 때, vm.Null을 반환하도록 하면 된다. 이런 동작을 위해 또 다른 명령코드 하나를 새로 정의해서 구현해 보자.

앞서 정의한 명령코드 OpReturnValue는 가상 머신에게 스택 가장 위에 있는 값을 반환하라고 말해준다. 새로 정의할 명령코드 OpReturn은 가상 머신에게 현재 함수에서 빠져나오라고(return) 말해준다. 단, 이번에는 스택에 아무것도 없다. 즉 반환값이 없다는 뜻이다. 그냥 현재 호출 중인 함수를 중단하고 돌아가라고 말해줄 뿐이다.

아래는 OpReturn을 정의한 코드이다.

```
// code/code.go

const (
    // [...]

    OpReturn
)

var definitions = map[Opcode]*Definition{
    // [...]

    OpReturn: {"OpReturn", []int{}},
}
```

이렇게 새로운 명령코드를 세 개 정의했다. 이 정도면 컴파일러 작성으로 넘어가도 충분할 듯하다.

함수 리터럴 컴파일하기

compiler/compiler_test.go 파일을 열어 작업하기에 앞서, 우리가 지금까지 어떤 것들을 만들어뒀는지 확인해보자.

- object.CompiledFunction: 컴파일된 함수 안에 포함된 명령어를 담을 구조체. 컴파일러에서는 이 구조체를 상수 OpConstant 피연산자를 통해 상수로 가상 머신에 넘긴다
- code.OpCall: 가상 머신 스택의 가장 위에 있는 *object.CompiledFunction을 실행한다
- code.OpReturnValue: 가상 머신이 스택의 가장 위에 있는 값을 호출 문맥(calling context)으로 반환하게 만들며, 호출 문맥에서 실행을 재개하도록 한다
- code.OpReturn: code.OpReturnValue와 비슷하지만, 명시적 반환값 대신 vm.Null을 반환하게 한다

이제 컴파일러 구현으로 돌입해도 될 것 같다. 대신 차근차근 밟아 나가자. 함수 '호출'을 컴파일하기에 앞서, 호출할 함수를 컴파일할 수 있는지 확인해보자.

다시 말해 함수 리터럴을 컴파일하면 된다. 아래 코드를 컴파일하는 작업부터 시작해보자.

```
fn() { return 5 + 10 }
```

위 함수는 함수 호출 인수를 갖지 않으며, 정수 연산 표현식을 갖고 있다. 그리고 '명시적인 return 문'을 사용하고 있다. 명시적으로 반환한다는 점에 주목하자. 우리는 함수 리터럴을 *object.CompiledFunction으로 변환하되 Instructions 필드에 [그림 7-1]과 같은 명령어를 담아서 변환해야 한다.

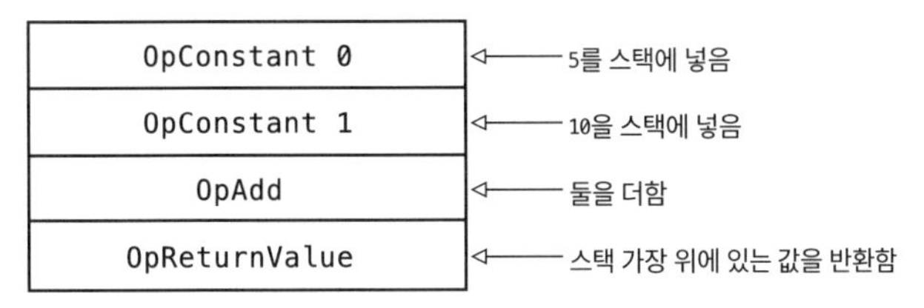

그림 7-1

그리고 메인 프로그램에서는, 즉 Bytecode.Instructions에서 OpConstant 명령어로 위 함수를 스택에 집어넣어야 한다. 따라서 OpPop 명령어가 뒤따라 나와야 한다. 왜냐하면 반환값을 사용하지 않기 때문이다.

별로 어렵지 않아 보이니, 테스트부터 작성해보자.

```
// compiler/compiler_test.go

func TestFunctions(t *testing.T) {
    tests := []compilerTestCase{
        {
            input: `fn() { return 5 + 10 }`,
            expectedConstants: []interface{}{
                5,
                10,
                []code.Instructions{
                    code.Make(code.OpConstant, 0),
                    code.Make(code.OpConstant, 1),
                    code.Make(code.OpAdd),
                    code.Make(code.OpReturnValue),
                },
            },
            expectedInstructions: []code.Instructions{
                code.Make(code.OpConstant, 2),
                code.Make(code.OpPop),
            },
        },
    }

    runCompilerTests(t, tests)
}
```

얼핏 보아도 앞서 본 테스트와 별반 다르지 않다. 다만, expectedConstants에 []code.Instructions도 포함하고 있다는 사실을 눈여겨보자.

expectedConstants에 들어 있는 명령어가 *object.CompiledFunction의 Instructions 필드에 들어가 있어야 한다. *object.CompiledFunction은 위 코드상에서는 2번째 인덱스의 상숫값으로 가상 머신에 전달된다. *object.CompiledFunction을 직접 expectedConstants에 넣어도 됐지만, 우리의 관심사는 명령어이므로 *object.CompiledFunction으로 묶어내는 대신 테스트에 가독성을 더하는 방향으로 작성했다.

한편 앞서 작성했던 도구 함수를 업데이트해야 한다. 그래야 expectedConstants 안에 []code.Instructions를 대상으로 행위를 단정할 수 있기 때문이다.

```
// compiler/compiler_test.go

func testConstants(
    t *testing.T,
    expected []interface{},
    actual []object.Object,
) error {
    // [...]

    for i, constant := range expected {
        switch constant := constant.(type) {
        // [...]

        case []code.Instructions:
            fn, ok := actual[i].(*object.CompiledFunction)
            if !ok {
                return fmt.Errorf("constant %d - not a function: %T",
                    i, actual[i])
            }

            err := testInstructions(constant, fn.Instructions)
            if err != nil {
                return fmt.Errorf("constant %d - testInstructions failed: %s",
                    i, err)
            }
        }
```

```
    }

    return nil
}
```

[]code.Instructions를 처리할 case를 추가해서 앞서 구현해둔 testInstructions 함수로 상수 풀에 있는 *object.CompiledFunction이 올바른 명령어를 담고 있는지 확인한다.

함수 컴파일을 테스트하는 코드는 이게 전부이다. 그럼 테스트를 실행해서 테스트가 실패하는지 확인해보자.

```
$ go test ./compiler
--- FAIL: TestFunctions (0.00s)
 compiler_test.go:296: testInstructions failed: wrong instructions length.
  want="0000 OpConstant 2\n0003 OpPop\n"
  got ="0000 OpPop\n"
FAIL
FAIL    monkey/compiler 0.008s
```

테스트는 컴파일된 함수가 갖는 명령어를 검사조차 하지 못하고 있다. 함수를 스택에 넣어야 할 명령어가 메인 프로그램에 없기 때문이다. 그리고 우리 컴파일러가 아직 *ast.FunctionLiteral을 컴파일하지 못하기 때문이다. 코드를 고쳐야 할 때가 됐다.

*ast.FunctionLiteral의 Body 필드는 *ast.BlockStatement이며 ast.Statement 배열을 담고 있다. *ast.BlockStatement를 컴파일하는 방법은 *ast.IfExpressions를 참고하면 되므로, 함수 몸체에 담긴 명령문을 컴파일하는 게 문제가 되지는 않는다.

그러나 단순하게 Compile 메서드에, 컴파일해야 할 *ast.FunctionLiteral의 Body를 넘겨서 호출하면 문제가 된다. 왜냐하면 결과로 나온 명령어가 메인 프로그램의 명령어와 섞이기 때문이다. 어떻게 하면 좋을까? 해법은, 컴파일러에 '스코프(scope)' 개념을 도입하면 된다.

스코프 추가하기

"스코프를 추가한다"라는 말을 들으면 무언가 정교한 작업이 필요할 것 같지만 실은 아주 직관적이다. 스코프를 추가한다는 말을 구체적으로 풀어보면, 슬라이스 하나와 두 개의 개별 필드 lastInstruction과 previousInstruction을 이용해 배출한 명령어를 추적하는 대신, 이 셋을 '컴파일 스코프(compilation scope)'로 엮고 '컴파일 스코프 스택(a stack of compilation scopes)'으로 사용한다는 뜻이다.

```
// compiler/compiler.go

type CompilationScope struct {
    instructions        code.Instructions
    lastInstruction     EmittedInstruction
    previousInstruction EmittedInstruction
}

type Compiler struct {
    // [...]

    scopes     []CompilationScope
    scopeIndex int
}
```

함수 몸체를 컴파일하기에 앞서 해야 할 작업이 있다. 예를 들어, 새로운 스코프에 진입했다고 가정해보자. CompilationScope를 새로 만들어서 scopes 스택에 집어넣는다. 이 스코프에서 컴파일하는 동안에는, 컴파일러에 작성된 emit 메서드는 현재 CompilationScope의 필드만 변경하게 된다. 함수 컴파일을 마치면 스코프를 떠나면서 scopes 스택에서 CompilationScope를 빼고, CompilationScope의 instructions 필드를 새로 만들 *object.CompiledFunction에 집어넣는다.

전보다 훨씬 복잡해진 듯하다. 우리가 원하는 동작을 아래 테스트에 기술했다.

```
// compiler/compiler_test.go

func TestCompilerScopes(t *testing.T) {
```

```
compiler := New()
if compiler.scopeIndex != 0 {
    t.Errorf("scopeIndex wrong. got=%d, want=%d", compiler.scopeIndex, 0)
}

compiler.emit(code.OpMul)

compiler.enterScope()
if compiler.scopeIndex != 1 {
    t.Errorf("scopeIndex wrong. got=%d, want=%d", compiler.scopeIndex, 1)
}

compiler.emit(code.OpSub)

if len(compiler.scopes[compiler.scopeIndex].instructions) != 1 {
    t.Errorf("instructions length wrong. got=%d",
        len(compiler.scopes[compiler.scopeIndex].instructions))
}

last := compiler.scopes[compiler.scopeIndex].lastInstruction
if last.Opcode != code.OpSub {
    t.Errorf("lastInstruction.Opcode wrong. got=%d, want=%d",
        last.Opcode, code.OpSub)
}

compiler.leaveScope()
if compiler.scopeIndex != 0 {
    t.Errorf("scopeIndex wrong. got=%d, want=%d",
        compiler.scopeIndex, 0)
}

compiler.emit(code.OpAdd)

if len(compiler.scopes[compiler.scopeIndex].instructions) != 2 {
    t.Errorf("instructions length wrong. got=%d",
        len(compiler.scopes[compiler.scopeIndex].instructions))
}

last = compiler.scopes[compiler.scopeIndex].lastInstruction
if last.Opcode != code.OpAdd {
    t.Errorf("lastInstruction.Opcode wrong. got=%d, want=%d",
        last.Opcode, code.OpAdd)
}

previous := compiler.scopes[compiler.scopeIndex].previousInstruction
if previous.Opcode != code.OpMul {
```

```
        t.Errorf("previousInstruction.Opcode wrong. got=%d, want=%d",
            previous.Opcode, code.OpMul)
    }
}
```

테스트 코드를 보면 새로 추가된 메서드 enterScope와 leaveScope를 테스트하고 있다. 두 메서드 모두 이름이 말해주는 대로 스코프에 진입하고 빠져나오는 동작을 한다. scopes 스택에 CompilationScope를 넣고 빼는 방식으로, 기존 emit 메서드가 동작하는 방식을 변경한다. 위 테스트 코드의 핵심은 어떤 스코프에서 배출된 명령어는 다른 스코프에서 배출된 명령어에 영향을 주지 않아야 한다는 것이다.

한편 아직 메서드를 구현하지 않았기 때문에 테스트는 실패한다. 출력은 여러분이 직접 해보길 바란다. 어쨌든 테스트를 통과하게 만들려면 스택을 활용해야 한다. 그리고 우리는 이제 스택을 활용하는 데 꽤 익숙해졌기에 구현이 어렵지는 않을 것이다.

먼저 instructions, lastInstruction, previousInstruction 필드를 컴파일러에서 제거해야 한다. 그리고 *Compiler를 초기화할 때, CompilationScope를 새로 만들어 제거한 필드를 대체하도록 만들어야 한다.

```
// compiler/compiler.go

type Compiler struct {
    constants []object.Object

    symbolTable *SymbolTable

    scopes     []CompilationScope
    scopeIndex int
}

func New() *Compiler {
    mainScope := CompilationScope{
        instructions:        code.Instructions{},
        lastInstruction:     EmittedInstruction{},
        previousInstruction: EmittedInstruction{},
    }
```

```
    return &Compiler{
        constants:   []object.Object{},
        symbolTable: NewSymbolTable(),
        scopes:      []CompilationScope{mainScope},
        scopeIndex:  0,
    }
}
```

이제 삭제한 필드를 참조하는 모든 코드를 업데이트해서 현재의 스코프 정보를 활용하게 만들어야 한다. 이를 위해 새로운 메서드 currentInstructions를 정의해보자.

```
// compiler/compiler.go

func (c *Compiler) currentInstructions() code.Instructions {
    return c.scopes[c.scopeIndex].instructions
}
```

그리고 currentInstructions 메서드를 addInstruction에서 호출하게 만들자. addInstruction은 emit 메서드에서 호출하는 메서드이다.

```
// compiler/compiler.go

func (c *Compiler) addInstruction(ins []byte) int {
    posNewInstruction := len(c.currentInstructions())
    updatedInstructions := append(c.currentInstructions(), ins...)

    c.scopes[c.scopeIndex].instructions = updatedInstructions

    return posNewInstruction
}
```

코드를 보면 가장 먼저 c.currentInstructions를 호출해서 현재의 명령어 슬라이스를 가져온다. 그리고 현재 스코프를 변경하기 위해, scopes에서 현재 CompilationScope를 찾아 instructions 필드를 업데이트한다.

instructions, lastInstruction, previousInstruction 필드에 직접 접근하는 다른 도움 메서드에서도 scopes 스택에서 현재의 CompilationScope를 찾아 바꿀 수 있도록 코드를 변경해야 한다.

```
// compiler/compiler.go

func (c *Compiler) setLastInstruction(op code.Opcode, pos int) {
    previous := c.scopes[c.scopeIndex].lastInstruction
    last := EmittedInstruction{Opcode: op, Position: pos}

    c.scopes[c.scopeIndex].previousInstruction = previous
    c.scopes[c.scopeIndex].lastInstruction = last
}

func (c *Compiler) lastInstructionIsPop() bool {
    return c.scopes[c.scopeIndex].lastInstruction.Opcode == code.OpPop
}

func (c *Compiler) removeLastPop() {
    last := c.scopes[c.scopeIndex].lastInstruction
    previous := c.scopes[c.scopeIndex].previousInstruction

    old := c.currentInstructions()
    new := old[:last.Position]

    c.scopes[c.scopeIndex].instructions = new
    c.scopes[c.scopeIndex].lastInstruction = previous
}

func (c *Compiler) replaceInstruction(pos int, newInstruction []byte) {
    ins := c.currentInstructions()

    for i := 0; i < len(newInstruction); i++ {
        ins[pos+i] = newInstruction[i]
    }
}

func (c *Compiler) changeOperand(opPos int, operand int) {
    op := code.Opcode(c.currentInstructions()[opPos])
    newInstruction := code.Make(op, operand)

    c.replaceInstruction(opPos, newInstruction)
}
```

위와 같이 변경했으면, `Compile` 메서드를 변경해보자. 전에는 `c.instructions`에 접근했지만 이제는 `c.currentInstructions`를 호출하도록 바꿔야 한다.

```
// compiler/compiler.go

func (c *Compiler) Compile(node ast.Node) error {
    switch node := node.(type) {
    // [...]
    case *ast.IfExpression:
        // [...]

        afterConsequencePos := len(c.currentInstructions())
        c.changeOperand(jumpNotTruthyPos, afterConsequencePos)

        // [...]

        afterAlternativePos := len(c.currentInstructions())
        c.changeOperand(jumpPos, afterAlternativePos)

    // [...]
    }

    // [...]
}
```

또한 아래처럼 컴파일러가 만들어낸 바이트코드를 반환해야 할 때 현재 명령어를 담아서 반환하도록 만들어야 한다.

```
// compiler/compiler.go

func (c *Compiler) Bytecode() *Bytecode {
    return &Bytecode{
        Instructions: c.currentInstructions(),
        Constants:    c.constants,
    }
}
```

마지막으로 enterScope 메서드와 leaveScope 메서드를 새로 추가하면 된다.

```
// compiler/compiler.go

func (c *Compiler) enterScope() {
    scope := CompilationScope{
        instructions:        code.Instructions{},
        lastInstruction:     EmittedInstruction{},
```

```
        previousInstruction: EmittedInstruction{},
    }
    c.scopes = append(c.scopes, scope)
    c.scopeIndex++
}

func (c *Compiler) leaveScope() code.Instructions {
    instructions := c.currentInstructions()

    c.scopes = c.scopes[:len(c.scopes)-1]
    c.scopeIndex--

    return instructions
}
```

여러분이 직접 생각할 수 있도록 깊이 설명하진 않으려 한다. 그동안 만들어온 다른 스택을 활용하는 구현체에서 이미 본 적이 있는 내용이기 때문이다. 다만 이번에는 code.Instructions를 통째로 넣었다 빼는 형태로 바뀌었을 뿐이다.

테스트 결과는 아주 만족스럽다.

```
$ go test -run TestCompilerScopes ./compiler
ok   monkey/compiler 0.008s
```

적어도 TestCompilerScopes 함수는 잘 통과한다. 그러나 우리가 애초에 테스트하고자 했던 바는 그리 만족스럽지 않은 결과를 보여준다.

```
$ go test ./compiler
--- FAIL: TestFunctions (0.00s)
 compiler_test.go:396: testInstructions failed: wrong instructions length.
  want="0000 OpConstant 2\n0003 OpPop\n"
  got ="0000 OpPop\n"
FAIL
FAIL    monkey/compiler 0.008s
```

그럼 테스트를 통과할 수 있게 고쳐보자.

스코프를 고려한 컴파일

이제 우리 컴파일러는 스코프를 이해할 수 있게 됐으며 어떻게 사용할

지도 알게 됐다. 즉, *ast.FunctionLiteral을 컴파일할 수 있게 됐다는 뜻이다.

```
// compiler/compiler.go

func (c *Compiler) Compile(node ast.Node) error {
    switch node := node.(type) {
    // [...]

    case *ast.FunctionLiteral:
        c.enterScope()

        err := c.Compile(node.Body)
        if err != nil {
            return err
        }

        instructions := c.leaveScope()

        compiledFn := &object.CompiledFunction{Instructions: instructions}
        c.emit(code.OpConstant, c.addConstant(compiledFn))

    // [...]
    }

    // [...]
}
```

위 코드의 핵심은, 함수를 컴파일할 때 배출될 명령어가 저장되는 위치를 바꾸는 것이다.

따라서 *ast.FunctionLiteral을 만나면 c.enterScope를 호출해서 새로운 스코프로 진입한다. 그러고 나서, 함수 몸체를 구성하는 AST 노드인 node.Body를 컴파일한다. 다음으로 이제 막 채워 넣은 명령어 슬라이스를 스택에서 가져온다. 이때 현재 CompilationScope에서 가져와야 하므로, c.leaveScope를 호출해 CompilationScope의 명령어를 가져온다. 그리고 Instructions 필드에 가져온 명령어를 넣어 *object.CompiledFunction을 새로 만든다. 그리고 이 함수를 상수 풀에 추가한다.

드디어 함수를 컴파일했다.

```
$ go test ./compiler
--- FAIL: TestFunctions (0.00s)
 compiler_test.go:654: testInstructions failed: wrong instruction at 2.
  want="0000 OpConstant 2\n0003 OpPop\n"
  got ="0000 OpConstant 0\n0003 OpPop\n"
FAIL
FAIL    monkey/compiler 0.008s
```

테스트 결과를 보니 함수 리터럴을 컴파일하는 방법은 알고 있는 듯한데, *ast.ReturnStatement를 어떻게 컴파일할지 모르는 것 같다. 더욱이 이때 함수 몸체는 리턴문 하나로만 구성되므로, 사실 이 함수 안에 포함된 어떤 것도 컴파일하지 않는다. 단지 *object.CompiledFunction 상수를 명령어 없이 만들고 있을 뿐이다.

그리고 앞서 작성한 테스트 인프라가 이제는 구식이 되어서 문제가 발생한 지점이 어딘지 정확히 집어주지 못한다. 대신 내가 미리 어떻게 해야 할지 골똘하게 생각해왔으니 잠시 기다려 주기 바란다.

그럼 *ast.ReturnStatement를 처리해보자. 앞서 어떻게 처리할지 계획을 세워두었기에, 우리는 마지막에 어떤 명령코드가 나와야 할지 잘 알고 있다. 다시 말해 명령코드 OpReturnValue가 나와야 한다.

```
// compiler/compiler.go

func (c *Compiler) Compile(node ast.Node) error {
    switch node := node.(type) {
    // [...]

    case *ast.ReturnStatement:
        err := c.Compile(node.ReturnValue)
        if err != nil {
            return err
        }

        c.emit(code.OpReturnValue)

    // [...]
    }
```

```
    // [...]
}
```

가장 먼저 표현식인 반환값 자체를 컴파일한다. 즉, 스택에 반환값을 남기는 명령어로 컴파일해야 한다. 그러고 나서 OpReturnValue 명령어를 배출한다.

그럼 다시 테스트를 실행해보자.

```
$ go test ./compiler
ok   monkey/compiler 0.009s
```

훌륭하다! 함수 몸체를 명령어 열로 바꾸는 데 성공했다!

그런데 기뻐하기에는 아직 해야 할 일이 있다. 다만 앞서 구현한 내용을 변형해서 만들면 되기 때문에 그리 어려운 일은 아니다. 우리는 암묵적인 반환이 동작하는지 확인해야 한다. 명시적인 반환문에서 사용한 바이트코드로 말이다.

테스트 작성은 앞서 구현한 테스트를 복사해 넣고, Monkey 코드에서 return만 제거하면 된다.

```
// compiler/compiler_test.go

func TestFunctions(t *testing.T) {
    tests := []compilerTestCase{
        // [...]
        {
            input: `fn() { 5 + 10 }`,
            expectedConstants: []interface{}{
                5,
                10,
                []code.Instructions{
                    code.Make(code.OpConstant, 0),
                    code.Make(code.OpConstant, 1),
                    code.Make(code.OpAdd),
                    code.Make(code.OpReturnValue),
                },
            },
            expectedInstructions: []code.Instructions{
                code.Make(code.OpConstant, 2),
                code.Make(code.OpPop),
```

```
            },
        },
    }

    runCompilerTests(t, tests)
}
```

위의 문제는 OpPop 명령어를 처리하는 문제까지 포함하고 있다. 왜냐하면 우린 위 테스트 케이스에서 컴파일러가 함수 몸체 마지막에 배출할 OpPop 명령어를 제거하길 원하기 때문이다. 다시 말해 우리는 암묵적인 반환값을 스택에서 제거하길 바라지 않는다. 한편, OpPop 명령어가 여느 때처럼 나와야 할 때도 있다. 마지막에 OpPop 명령어가 없는지 확인하기에 앞서 OpPop 명령어가 필요한 곳에 제대로 나오는지 확인해보자. 그리고 이를 위한 테스트 케이스도 추가하자.

```
// compiler/compiler_test.go

func TestFunctions(t *testing.T) {
    tests := []compilerTestCase{
        // [...]
        {
            input: `fn() { 1; 2 }`,
            expectedConstants: []interface{}{
                1,
                2,
                []code.Instructions{
                    code.Make(code.OpConstant, 0),
                    code.Make(code.OpPop),
                    code.Make(code.OpConstant, 1),
                    code.Make(code.OpReturnValue),
                },
            },
            expectedInstructions: []code.Instructions{
                code.Make(code.OpConstant, 2),
                code.Make(code.OpPop),
            },
        },
    }

    runCompilerTests(t, tests)
}
```

위 테스트 케이스는 우리가 OpPop 명령어가 어떻게 동작해야 하는지 간결하게 보여주고 있다. 첫 번째 표현식문인 정수 리터럴 1을 컴파일하면 OpPop 명령어가 따라 나와야 한다. 이게 원래 동작하는 방식이었다. 그러나 두 번째 표현식문 2는 암묵적인 반환값이므로 OpPop 명령어를 OpReturnValue 명령어로 대체해야 한다.

이제 통과하게 할 테스트 케이스가 두 개가 됐다. 테스트를 실행해보면, 출력된 메시지가 제법 도움이 되는 내용이다.

```
$ go test ./compiler
--- FAIL: TestFunctions (0.00s)
 compiler_test.go:693: testConstants failed: constant 2 -\
   testInstructions failed: wrong instruction at 7.
  want="0000 OpConstant 0\n0003 OpConstant 1\n0006 OpAdd\n0007
   OpReturnValue\n"
  got ="0000 OpConstant 0\n0003 OpConstant 1\n0006 OpAdd\n0007 OpPop\n"
FAIL
FAIL    monkey/compiler 0.009s
```

생각했던 대로, 함수 안에 마지막 표현식문이 암묵적인 반환값으로 변환되지 않았고, 표현식문 뒤에 OpPop 명령어가 따라 나오고 있다.

몸체를 컴파일한 다음부터, 해당 스코프를 떠나기 전까지 일어나는 동작을 변경하면 된다. 그사이에는 이제 막 배출된 명령어에 접근할 수 있다. 마지막 명령어가 OpPop 명령어인지 확인할 수 있으므로, 필요하다면 OpPop 명령어를 OpReturnValue로 변환하면 된다.

반드시 바꿔야 할 코드가 있는데, 이들을 더 쉽게 고치기 위해 기존 lastInstructionIsPop 메서드에 방어적으로 검사하는 코드를 추가하고, 좀 더 일반화된 메서드 이름인 lastInstructionIs로 리팩터링해보자.

```
// compiler/compiler.go

func (c *Compiler) lastInstructionIs(op code.Opcode) bool {
    if len(c.currentInstructions()) == 0 {
        return false
    }

    return c.scopes[c.scopeIndex].lastInstruction.Opcode == op
}
```

위 코드를 고치면 기존에 lastInstructionsIsPop을 호출하는 곳 모두를 바꿔야 한다.

```
// compiler/compiler.go

func (c *Compiler) Compile(node ast.Node) error {
    switch node := node.(type) {
    // [...]
    case *ast.IfExpression:
        // [...]

        if c.lastInstructionIs(code.OpPop) {
            c.removeLastPop()
        }

        // [...]

        if node.Alternative == nil {
            // [...]
        } else {
            // [...]
            if c.lastInstructionIs(code.OpPop) {
                c.removeLastPop()
            }
            // [...]
        }

    // [...]
    }

    // [...]
}
```

그러고 나서 Compile 메서드의 case *ast.FunctionLiteral에서 c.lastInstructionIs를 사용하도록 변경하면 된다.

```
// compiler/compiler.go

func (c *Compiler) Compile(node ast.Node) error {
    switch node := node.(type) {
    // [...]

    case *ast.FunctionLiteral:
```

```
        c.enterScope()

        err := c.Compile(node.Body)
        if err != nil {
            return err
        }

        if c.lastInstructionIs(code.OpPop) {
            c.replaceLastPopWithReturn()
        }

        instructions := c.leaveScope()

        compiledFn := &object.CompiledFunction{Instructions: instructions}
        c.emit(code.OpConstant, c.addConstant(compiledFn))

    // [...]
    }

    // [...]
}

func (c *Compiler) replaceLastPopWithReturn() {
    lastPos := c.scopes[c.scopeIndex].lastInstruction.Position
    c.replaceInstruction(lastPos, code.Make(code.OpReturnValue))

    c.scopes[c.scopeIndex].lastInstruction.Opcode = code.OpReturnValue
}
```

함수 몸체를 컴파일한 직후에, 마지막으로 배출된 명령어가 OpPop인지 검사해보고 OpPop이면 OpPop을 OpReturnValue로 대체한다. 꽤 직관적으로 변경했다. 테스트를 실행해보면 새롭게 작성한 두 테스트 케이스가 모두 테스트를 통과한다는 것을 알 수 있다.

```
$ go test ./compiler
ok   monkey/compiler 0.008s
```

어차피 방어적으로 OpPop 명령어로 끝나는지 검사하는 거라면, 왜 lastInstructionIsPop을 lastInstructionIs로 리팩터링했을까? 이유는 간단하다. 아직 구현이 끝나지 않았기 때문이다. 경계 조건에 걸리는 몸체 없는 함수를 아직 처리하지 못하기 때문이다. 고지가 눈앞이다.

조금만 더 힘을 내보자!

컴파일러가 함수의 빈 몸체를 OpReturn 명령어 하나로 변환하도록 만들어야 한다.

```
// compiler/compiler_test.go

func TestFunctionsWithoutReturnValue(t *testing.T) {
    tests := []compilerTestCase{
        {
            input: `fn() { }`,
            expectedConstants: []interface{}{
                []code.Instructions{
                    code.Make(code.OpReturn),
                },
            },
            expectedInstructions: []code.Instructions{
                code.Make(code.OpConstant, 0),
                code.Make(code.OpPop),
            },
        },
    }

    runCompilerTests(t, tests)
}
```

테스트는 실패한다. 그리고 출력된 메시지는 아름답다고 밖에는 달리 표현할 말이 없다.

```
$ go test ./compiler
--- FAIL: TestFunctionsWithoutReturnValue (0.00s)
 compiler_test.go:772: testConstants failed: constant 0 -\
  testInstructions failed: wrong instructions length.
  want="0000 OpReturn\n"
  got =""
FAIL
FAIL    monkey/compiler 0.009s
```

OpReturn 명령어를 기대했지만 어떤 명령어도 배출되지 않았다. 그리고 출력 결과는 이보다 더 구체적일 수 없을 것 같다. 테스트를 통과하게 할 코드도 정말 아름답고 간결하다.

```
// compiler/compiler.go

func (c *Compiler) Compile(node ast.Node) error {
    switch node := node.(type) {
    // [...]

    case *ast.FunctionLiteral:
        // [...]

        if c.lastInstructionIs(code.OpPop) {
            c.replaceLastPopWithReturn()
        }
        if !c.lastInstructionIs(code.OpReturnValue) {
            c.emit(code.OpReturn)
        }
        // [...]

    // [...]
    }

    // [...]
}
```

먼저 OpPop 명령어를 OpReturnValue로 바꿔야 하는지 검사한다. 앞서 구현한 대로 말이다. 이 조건문에 따라 함수 몸체의 마지막 명령문은 (let 문이 아니라면) OpReturnValue가 된다. 명시적으로 *ast.ReturnStatement이면 이미 OpReturnValue일 것이고, 혹은 조건에 맞아서 OpReturnValue로 바뀠을 것이기 때문이다.

그러나 만약 위에서 말한 상황이 아니라면, 함수의 몸체가 없거나 OpReturnValue 명령어로 변환할 수 없는 명령문만 들어있다는 뜻이다. 지금은 몸체가 없는 경우만 처리하겠지만, 뒤에서 OpReturnValue 명령어로 변환할 수 없는 경우 역시 처리해보겠다. 우선 지금은 양쪽 모두 OpReturn을 배출하도록 만들어보자.

경계 조건까지 모두 처리했으니 축하할 일만 남았다.

```
$ go test ./compiler
ok   monkey/compiler 0.009s
```

함수 리터럴을 컴파일하는 데 성공했다! 이제는 정말로 자축해도 좋다.

함수 리터럴을 *object.CompiledFunction으로 변환했으며, 함수 몸체 안에서 암묵적, 명시적 반환을 모두 처리했다. 또한 OpConstant 명령어를 배출하여 함수를 스택에 올려놓도록 하였다. 따라서 이제 이 모든 작업을 축하하며 냉장고에서 맥주를 꺼내 마시면 된다!

드디어 컴파일 단계의 중간까지 왔다. 나머지는 함수 '호출'을 어떻게 컴파일하는지 다루려 한다.

함수 호출 컴파일하기

compiler_test.go 파일을 열어 테스트 케이스를 손질하기 전에, 잠시만 시간을 내서 함수 호출을 어떻게 구현할지 곰곰이 생각해보자. 우린 Monkey 바이트코드 호출 규약을 나타낼 명령어를 배출해야 한다. 왜냐하면 그게 Monkey 바이트코드로 함수를 호출하는 방법이기 때문이다.

이번 장 앞쪽에서, 호출 규약은 호출할 함수를 스택에 넣는 작업부터 시작하는 것으로 결정했다. 호출될 대상이 함수 리터럴이면, OpConstant 명령어를 사용해 스택에 넣으면 된다. 예를 들어 아래 함수 리터럴을 넣는다고 가정해보자.

```
fn() { 1 + 2 }()
```

혹은 아래처럼 OpSetGlobal 명령어로 이름에 함수가 이미 바인딩되어 있을 수 있다.

```
let onePlusTwo = fn() { 1 + 2 };
onePlusTwo();
```

두 가지 형태 모두 호출할 함수를 나타내는 *object.CompiledFunction이 만들어지고 스택에 들어가게 된다. *object.CompiledFunction의 instructions을 실행하려면, OpCall 명령어를 배출해야 한다.

OpCall 명령어를 가상 머신이 처리할 때 함수의 명령어를 실행하고,

명령어 실행을 모두 끝내면 함수를 스택에서 꺼내고, 함수를 반환값으로 대체한다. 물론 반환값이 있을 때 얘기이다. 만약 반환값이 없다면, 스택에서 함수를 꺼내면 그만이다.

지금 말한 호출 규약의 내용(가상 머신이 함수를 실행하고 나면 함수를 어떻게 처리하는지)은 모두 겉으로 드러나지 않는다. 함수를 스택에서 꺼내기 위해 `OpPop` 명령어를 배출할 필요가 없다는 뜻이다. 이런 내용은 함수 호출 규약의 일부이며, 따라서 가상 머신에 직접 구현할 예정이다.

그리고 호출 규약은 우리가 함수 호출 인수를 도입하기 시작하면 바뀐다는 사실을 명심하자. 지금껏 호출 인수를 언급하지 않은 이유이기도 하다.

어쨌든, 지금 뭘 해야 하는지는 확실한 듯하다. 컴파일러가 `*ast.CallExpression`을 만나면 아래와 같이 동작하도록 만들면 된다.

```
// compiler/compiler_test.go

func TestFunctionCalls(t *testing.T) {
    tests := []compilerTestCase{
        {
            input: `fn() { 24 }();`,
            expectedConstants: []interface{}{
                24,
                []code.Instructions{
                    code.Make(code.OpConstant, 0), // 정수 리터럴 '24'
                    code.Make(code.OpReturnValue),
                },
            },
            expectedInstructions: []code.Instructions{
                code.Make(code.OpConstant, 1), // 컴파일된 함수
                code.Make(code.OpCall),
                code.Make(code.OpPop),
            },
        },
        {
            input: `
            let noArg = fn() { 24 };
            noArg();
            `,
```

```
            expectedConstants: []interface{}{
                24,
                []code.Instructions{
                    code.Make(code.OpConstant, 0), // 정수 리터럴 '24'
                    code.Make(code.OpReturnValue),
                },
            },
            expectedInstructions: []code.Instructions{
                code.Make(code.OpConstant, 1), // 컴파일된 함수
                code.Make(code.OpSetGlobal, 0),
                code.Make(code.OpGetGlobal, 0),
                code.Make(code.OpCall),
                code.Make(code.OpPop),
            },
        },
    }

    runCompilerTests(t, tests)
}
```

두 테스트 케이스의 input에 작성한 호출 함수는 의도적으로 단순하게 작성했다. 여기서의 주된 관심사는 OpCall 명령어이며, (호출의 대상이 될) OpConstant 또는 OpGetGlobal 명령어가 OpCall 앞에 나왔는지이다.

테스트는 실패한다. 왜냐하면 우리 컴파일러는 아직 *ast.CallExpression을 어떻게 처리할지 모르기 때문이다.

```
$ go test ./compiler
--- FAIL: TestFunctionCalls (0.00s)
 compiler_test.go:833: testInstructions failed: wrong instructions length.
  want="0000 OpConstant 1\n0003 OpCall\n0004 OpPop\n"
  got ="0000 OpPop\n"
FAIL
FAIL    monkey/compiler 0.008s
```

호출될 함수가 이름에 바인딩됐는지 혹은 호출될 함수가 리터럴인지, 컴파일러 관점에서는 신경 쓰지 않아도 된다. 왜냐하면 함수가 바인딩이든지 리터럴이든지 컴파일할 수 있기 때문이다.

우리는 컴파일러가 *ast.CallExpressions을 만났을 때, 호출될 함수를 컴파일하고 OpCall 명령어를 배출하면 된다.

```go
// compiler/compiler.go

func (c *Compiler) Compile(node ast.Node) error {
    switch node := node.(type) {
    // [...]

    case *ast.CallExpression:
        err := c.Compile(node.Function)
        if err != nil {
            return err
        }

        c.emit(code.OpCall)

    // [...]
    }

    // [...]
}
```

내가 말하지 않았던가 이제 절반 정도 왔다고. 그리고 나머지 절반은 함수 호출을 구현하는 것이라고. 사실 내가 거짓말을 살짝 보탰는데, 그때 이미 절반을 넘었다. 그리고 지금 컴파일러 부분을 완성했다. 아래 실행 결과를 보자.

```
$ go test ./compiler
ok   monkey/compiler 0.009s
```

테스트가 성공했다는 말은 우리가 함수 리터럴과 함수 호출을 올바르게 컴파일했다는 뜻이다. 그리고 정말로 중간 지점에 왔다고 말할 수 있는데, 이제는 가상 머신 쪽으로 넘어가서 작업해도 무방하다. 그러면 가상 머신에게 함수와 반환 명령어 OpReturnValue와 OpReturn, 그리고 호출 명령어 OpCall의 처리 방법을 알려주자.

가상 머신에서 함수 다루기

지금부터는 가상 머신 관점에서 모든 일을 처리해야 한다.

바이트코드의 Constant 필드는 *object.CompiledFunctions을 담

게 된다. 그리고 OpCall 명령어를 처리해야 할 때 스택에서 *object.CompiledFunction을 꺼내오고, *object.CompiledFunction 안에 담긴 명령어를 실행하도록 만들어야 한다. 명령어 실행은 OpReturnValue 혹은 OpReturn 명령어를 만나기 전까지 계속되어야 한다. 만약 OpReturnValue를 만나면, 스택 가장 위에 있는 반환값을 보존해야 한다. 그리고 방금 실행한 *object.CompiledFunction을 스택에서 제거하고, 반환값이 있다면 반환값으로 대체한다.

위 내용 그대로 구현하는 게 이번 섹션의 목표다. 스택을 활용하는 작업은 꽤 익숙해졌을 테니 전혀 문제가 되지 않는다. 한편, 함수 안의 명령어를 어떻게 실행할지 생각해보자.

지금 코드 기준으로, 명령어를 실행한다는 것은 가상 머신 메인 루프 안에서 vm.instructions 슬라이스를 반복 순회하며 명령어 포인터 ip 값을 올리고, 명령어 포인터를 인덱스로 사용해 다음 명령코드를 vm.instructions에서 가져오는 것을 의미한다. 또한 가상 머신은 vm.instructions 슬라이스에서 피연산자도 읽는다. 만약 OpJump 같은 분기 명령어를 만나게 되면, ip 값을 직접 변경한다.

함수를 실행할 때도 같은 원리를 적용한다. 따라서 우리는 가상 머신이 사용할 '데이터'만 변화시키면 된다. 즉, 명령어와 명령어 포인터를 변경해야 한다는 뜻이다. 만약 가상 머신 실행 중에 명령어와 명령어 포인터를 변경할 수 있다면, 함수를 실행할 수 있다.

슬라이스를 변경하거나 정숫값 하나를 바꾸는 게 어려운 것은 아니다. 다시 원래 값으로 '되돌아가게' 하는 게 어려운 일이다. 즉, 함수가 반환됐을 때 이전 명령어와 ip를 복원해야 한다. 그리고 한 번이 아닐 수도 있다. 함수를 중첩해서 호출했을 때도 복원할 수 있어야 한다. 아래 Monkey 코드를 보자.

```
let one = fn() { 5 };
let two = fn() { one() };
let three = fn() { two() };
three();
```

three를 호출하면 명령어와 명령어 포인터를 변경해야 한다. three 안에서 two가 호출되면 마찬가지로 명령어와 명령어 포인터를 다시 변경해야 한다. one이 two 안에서 호출됐을 때도 마찬가지이다.

one이 실행을 마치면 명령어와 명령어 포인터를 two에서 호출되기 전 값으로 복원해야 한다. three에서도 같은 방식으로 동작해야 한다. three가 반환되면, 메인 프로그램에서 three를 호출하기 전 명령어와 명령어 포인터값으로 복원해야 한다.

읽다 보면 '스택'을 쓰면 딱 좋겠다는 생각이 머릿속을 스치지 않는가? 정확한 판단이다.

프레임(Frames) 구현하기

구현하기에 앞서 우리가 알고 있는 정보를 정리해보자.

> 함수는 중첩해서 호출할 수 있으며, 호출과 관계된 정보(명령어와 명령어 포인터)는 후입선출(LIFO, last-in-first-out) 방식으로 접근한다.

그간 스택을 많이 다루었기 때문에, 스택은 우리 손바닥 안에 있다. 그러나 분리되어 있는 두 데이터를 번갈아 처리하는 일은 결코 유쾌한 일이 아니다. 따라서 해결책은 두 정보를 '프레임(frame)'이라는 덩어리로 묶으면 된다.

프레임(frame)은 '호출 프레임(call frame)' 혹은 '스택 프레임(stack frame)'을 줄인 말이다. 프레임은 자료구조이며, 함수 실행과 관계된 정보를 담고 있다. 컴파일러와 인터프리터를 논할 때는 프레임을 '활성 레코드(activation record)'라고도 부른다.

실제 머신(컴퓨터)에서 프레임은 '스택'과 분리되어 존재하는 게 아니라 스택 안에 이미 지정된 영역으로 존재한다. 프레임에는 반환 주소, 현재 함수 호출에 사용된 인수와 지역 변수가 저장된다. 그리고 스택에 있기 때문에, 함수가 실행되고 나면 스택에서 빼 버리면 그만이다. 앞 장에서 다루었듯이, 스택을 호출 프레임(call frame)을 저장하는 데 사용하면 '콜 스택(call stack)'이라고 부른다.

가상 머신은 콜 스택이 필요치 않을 수도 있다. 우리는 표준화된 호출 규약에 얽매일 필요가 없으며, 그 밖에 '실제 메모리 주소'라든가 메모리 위치 같은 것에도 실제적인 제약이 없다. 우리는 '가상' 머신을 만드는 데 어셈블리어 대신 Go 언어를 사용하고 있으므로, 실제 머신을 만드는 기술자나 프로그래머보다 선택의 폭도 넓고 다양하다. 우리는 프레임을 저장하고 싶은 곳이면 어디나 저장할 수 있고, 실행과 관계된 데이터도 무엇이든 저장할 수 있다.

스택에 유지하는 정보는 가상 머신에 따라 크게 달라진다. 어떤 가상 머신은 스택에 거의 모든 정보를 저장한다. 그런데 어떤 가상 머신은 반환 주소만 저장하고, 또 다른 가상 머신은 지역 변수만 저장하기도 하고, 지역 변수와 함수 호출 인수를 같이 저장하기도 한다. 가장 좋은 선택이나 유일한 선택 따위는 존재하지 않는다. 구현하는 언어에 따라서도, 동시성과 성능을 고려한 요구 사항에 따라서도, 호스트 언어에 따라서도 다르다. 그 밖에도 수많은 조건에 영향을 받는다.

우리는 학습을 목표로 삼고 있으니, 만들기 쉽고 이해하기 쉽고 확장하기도 쉬운 방향을 택하려 한다. 어떻게 변경되는지 또는 어떻게 다른 형태로 구현되는지 쉽게 알아보기 위해서다.

우리는 지금까지 가상 머신 스택을 콜 스택으로 사용해왔다. 호출할 함수를 저장하고 반환값을 스택에 저장했다는 뜻이다. 다만, 프레임은 여기에다 저장하지 않으려 한다. 프레임은 프레임용 스택에 따로 저장할 것이다.

프레임 스택을 만들어보기 전에 Monkey 가상 머신에서 사용할 `Frame`부터 만들어보자.

```
// vm/frame.go

package vm

import (
    "monkey/code"
    "monkey/object"
)
```

```go
type Frame struct {
    fn *object.CompiledFunction
    ip int
}

func NewFrame(fn *object.CompiledFunction) *Frame {
    return &Frame{fn: fn, ip: -1}
}

func (f *Frame) Instructions() code.Instructions {
    return f.fn.Instructions
}
```

프레임은 필드 ip와 fn을 갖는다. fn은 프레임이 참조할 컴파일된 함수를 가리키는 포인터이다. ip는 '현재 프레임'에서 '현재 함수'가 사용할 명령어 포인터이다. 두 필드만 있으면 가상 머신 메인 루프 한 곳에서 모든 데이터에 접근할 수 있다. 그리고 현재 실행 중인 프레임은 콜 스택 가장 위에 놓여 있게 된다.

코드가 짧고 단순해서 NewFrame 함수와 Instructions 메서드를 위한 테스트는 작성하지 않았다.

프레임을 정의했기 때문에 선택해야 한다. 프레임을 함수를 호출하고 실행하는 데에만 사용하도록 가상 머신을 (힘들게) 변경할 수도 있고, 가상 머신을 수정해 함수만이 아니라 메인 프로그램 즉, bytecode.Instructions를 마치 함수처럼 다루는 훨씬 우아하고 부드러운 접근 방식도 있다.

당연히 후자를 택해야 하지 않을까?

우리가 우아한 선택을 했다는 사실보다 더 기쁜 소식이 있다. 프레임을 위한 테스트는 작성할 필요조차 없다. 왜냐하면 프레임을 구현하는 행위 또한 '구현 상세(implementation detail)'이며, 지금 상황이 구현 상세가 무엇인지 보여주는 대표적인 예이기 때문이다. 다시 말해 우리가 프레임을 사용하도록 가상 머신을 변경했다 하더라도 겉으로 드러나는 가상 머신의 행위는 조금도 변해선 안 된다는 뜻이다. 변경은 내부적으로만 발생한다. 그러므로 가상 머신이 지금처럼 계속 동작하게 만드는 테스트 스윗은 이미 만들어져 있다.

그러면 프레임을 위한 스택을 만들어보자.

```
// vm/vm.go

type VM struct {
    // [...]

    frames      []*Frame
    framesIndex int
}

func (vm *VM) currentFrame() *Frame {
    return vm.frames[vm.framesIndex-1]
}

func (vm *VM) pushFrame(f *Frame) {
    vm.frames[vm.framesIndex] = f
    vm.framesIndex++
}

func (vm *VM) popFrame() *Frame {
    vm.framesIndex--
    return vm.frames[vm.framesIndex]
}
```

아직은 작성한 코드를 외부에서 사용하지 않으므로 테스트 코드에는 영향을 주지 않았다. 그러나, 이제는 구현한 프레임용 스택을 사용하도록 변경해야 한다. 우리가 그간 사용한 스택과 마찬가지로, 슬라이스를 기반 자료구조로 사용하고 정수를 인덱스로 사용한다. 그리고 성능 측면에서 이득을 얻고자, 컴파일러에서 scopes 스택을 사용하는 방법과는 조금 다르게 접근하려 한다. 슬라이스를 붙였다 잘랐다 하는 대신에, frames 슬라이스를 미리 할당해놓으려 한다.

그러면 이제 프레임을 사용하도록 변경하면 된다. 가장 먼저 슬라이스를 할당하고, 가장 바깥쪽 프레임인 '메인 프레임(main frame)'을 스택에 넣으면 된다.

```
// vm/vm.go

const MaxFrames = 1024

func New(bytecode *compiler.Bytecode) *VM {
    mainFn := &object.CompiledFunction{Instructions: bytecode.Instructions}
    mainFrame := NewFrame(mainFn)

    frames := make([]*Frame, MaxFrames)
    frames[0] = mainFrame

    return &VM{
        constants: bytecode.Constants,

        stack: make([]object.Object, StackSize),
        sp:    0,

        globals: make([]object.Object, GlobalsSize),

        frames:      frames,
        framesIndex: 1,
    }
}
```

위 코드는 새로운 *VM을 초기화하기 위한 사전 작업이다.

가장 먼저 mainFn을 만든다. 이는 bytecode.Instructions를 담고 있는 가상의 메인 프레임이다. 메인 프레임은 전체 Monkey 프로그램을 만든다. 그러고 나서 MaxFrames의 크기 슬롯으로 frame 스택을 할당한다. 1024라는 값은 임의로 설정한 값으로, 함수 호출을 1024번 이상 중첩해 호출하지 않는다면 충분한 값이다. frames 스택에 들어갈 첫 번째 프레임은 mainFrame이다. 그러고 나서 초기화할 때 frames 필드에는 frames를 넣고, frameIndex 필드에는 1을 넣어서 *VM을 만들면 된다.

그리고 New 함수에서 instructions 필드를 초기화하는 코드를 제거했다. 따라서 VM 정의에서도 마찬가지로 제거해야 한다.

```
// vm/vm.go

type VM struct {
    constants []object.Object
```

```
    stack []object.Object
    sp    int

    globals []object.Object

    frames      []*Frame
    framesIndex int
}
```

instructions 슬라이스가 없어졌으니, 가상 머신 안에서 명령어와 명령어 포인터에 접근할 수단을 강구해야 한다. 그리고 항상 현재 프레임에서 접근하는지 확인해야 한다.

가장 먼저 가상 머신의 메인 루프를 변경해야 한다. 더는 루프 안에서 ip를 초기화할 수는 없고, ip 값을 증가시키는 행위만 있다. 예전 코드에 있는 반복문을 Go 언어 스타일의 while loop 형태로 변경한다. 조건은 하나뿐이고, 반복문 몸체에서 ip를 직접 증가시켜야 한다.

```
// vm/vm.go

func (vm *VM) Run() error {
    var ip int
    var ins code.Instructions
    var op code.Opcode

    for vm.currentFrame().ip < len(vm.currentFrame().Instructions())-1 {
        vm.currentFrame().ip++

        ip = vm.currentFrame().ip
        ins = vm.currentFrame().Instructions()
        op = code.Opcode(ins[ip])

        switch op {
        // [...]
        }
    }

    return nil
}
```

Run 메서드 상단에 보면 도움용 변수 셋을 ip, ins, op로 선언하고 있다. 나머지 코드는 currentFrame을 호출해서 처리하기에 그리 지저분하지 않다. 그리고 우리는 지금 Run 메서드 안에서 피연산자를 읽는 부분과 명령어 포인터를 변경하는 코드를 아래와 같이 모두 변경해야 한다.

```
// vm/vm.go

func (vm *VM) Run() error {
    // [...]
        switch op {
        case code.OpConstant:
            constIndex := code.ReadUint16(ins[ip+1:])
            vm.currentFrame().ip += 2
        // [...]

        case code.OpJump:
            pos := int(code.ReadUint16(ins[ip+1:]))
            vm.currentFrame().ip = pos - 1
        // [...]

        case code.OpJumpNotTruthy:
            pos := int(code.ReadUint16(ins[ip+1:]))
            vm.currentFrame().ip += 2

            condition := vm.pop()
            if !isTruthy(condition) {
                vm.currentFrame().ip = pos - 1
            }
        // [...]

        case code.OpSetGlobal:
            globalIndex := code.ReadUint16(ins[ip+1:])
            vm.currentFrame().ip += 2
        // [...]

        case code.OpGetGlobal:
            globalIndex := code.ReadUint16(ins[ip+1:])
            vm.currentFrame().ip += 2
        // [...]

        case code.OpArray:
            numElements := int(code.ReadUint16(ins[ip+1:]))
            vm.currentFrame().ip += 2
        // [...]

        case code.OpHash:
            numElements := int(code.ReadUint16(ins[ip+1:]))
```

```
            vm.currentFrame().ip += 2
        // [...]

        }

    // [...]
}
```

가상 머신이 이제 완전히 프레임을 사용할 수 있게 변경했다. 그리고 테스트 결과 역시 너무도 아름답다!

```
$ go test ./vm
ok    monkey/vm    0.036s
```

이제 함수 호출을 구현할 차례다.

함수 호출 실행하기

쇠뿔도 단김에 빼랬다고 지금이 함수 호출을 구현할 가장 적절한 시기이다. 우리는 필요한 모든 배경지식을 갖췄으니 만드는 일만 남았다.

```
// vm/vm_test.go

func TestCallingFunctionsWithoutArguments(t *testing.T) {
    tests := []vmTestCase{
        {
            input: `
            let fivePlusTen = fn() { 5 + 10; };
            fivePlusTen();
            `,
            expected: 15,
        },
    }

    runVmTests(t, tests)
}
```

이번 섹션의 목표를 기억하는가? 그러면 혹시 이미 동작하고 있는지 확인해보자!

```
$ go test ./vm
--- FAIL: TestCallingFunctionsWithoutArguments (0.00s)
 vm_test.go:443: testIntegerObject failed: object is not Integer.\
   got=*object.CompiledFunction (&{Instructions:\
  0000 OpConstant 0
  0003 OpConstant 1
  0006 OpAdd
  0007 OpReturnValue
  })
FAIL
FAIL    monkey/vm   0.036s
```

테스트가 실패한 게 뭐 대수로운 일인가. 고치면 된다.

필요한 코드는 대부분 이미 갖추어져 있다. 전역 바인딩도, 정수 표현식도 모두 처리할 수 있다. 컴파일된 함수를 담고 있는 상수를 스택에 넣을 수도 있다. 프레임을 어떻게 실행하는지도 알고 있다. 우리가 아직 구현하지 않은 것은 명령코드 `OpCall`을 처리할 코드이다.

그런데 우리는 `OpCall`도 꽤 잘 이해하고 있다. 그러니 가상 머신이 `OpCall`을 만났을 때 어떻게 처리하는지 알려주면 된다.

```
// vm/vm.go

func (vm *VM) Run() error {
    // [...]
        switch op {
        // [...]

        case code.OpCall:
            fn, ok := vm.stack[vm.sp-1].(*object.CompiledFunction)
            if !ok {
                return fmt.Errorf("calling non-function")
            }
            frame := NewFrame(fn)
            vm.pushFrame(frame)

        // [...]
        }
    // [...]
}
```

컴파일된 함수를 스택에서 뽑아낸 후, 뽑아낸 대상이 실제로 *object.CompiledFunction인지 검사한다. 만약 *object.CompiledFunction이 아니라면, 에러를 반환한다. 만약 맞다면, 컴파일된 함수를 가리키는 참조값으로 프레임을 새로 만들어 프레임 스택에 집어넣는다. 결과적으로 가상 머신의 메인 루프가 다음에 반복할 때, *object.CompiledFunction에서 다음 명령어를 가져오게 된다.

go test ./vm을 입력하고 Enter 키 위에 손가락을 올려두고, 통과하길 빌면서 조심스레 테스트를 실행해보자.

```
$ go test ./vm
--- FAIL: TestCallingFunctionsWithoutArguments (0.00s)
 vm_test.go:169: testIntegerObject failed: object has wrong value.\
   got=10, want=15
FAIL
FAIL    monkey/vm   0.034s
```

출력 결과를 보면 15가 나와야 하는 데 10이 나왔다. OpAdd 명령어를 제대로 처리했다면, 10이 스택에서 나오면 안 되는데 왜 10이 나왔을까? 눈치챘는가? 우리는 언제나 '마지막으로 스택에서 나온 요소'를 검사하고 있다. 그러니까 15는 스택에 아직 남아있다.

우리는 왜 이게 동작하리라고 기대했을까? 심지어 가상 머신에게 OpReturnValue 명령어를 어떻게 처리하는지 아직 알려준 적도 없는데 말이다. 그럼 OpReturnValue를 처리할 수 있도록 바꿔보자.

```
// vm/vm.go

func (vm *VM) Run() error {
    // [...]
        switch op {
        // [...]

        case code.OpReturnValue:
            returnValue := vm.pop()

            vm.popFrame()
            vm.pop()
```

```
            err := vm.push(returnValue)
            if err != nil {
                return err
            }

        // [...]
        }
    // [...]
}
```

먼저 반환값을 스택에서 뺀 다음, returnValue에 저장한다. 이게 호출 규약의 첫 번째 단계였다. OpReturnValue 명령어가 배출됐다면, 스택 가장 위에는 반환값이 있다. 그러고 나서 프레임 스택에서 이제 막 실행한 프레임을 뺀다. 그래야 가상 머신 메인 루프 다음 반복에서 호출한 쪽의 맥락에서 실행을 계속할 수 있다.

그러고 나면 vm.pop을 한 번 더 호출하는데, 방금 호출한 *object.CompiledFunction을 스택에서 꺼내기 위해서다. 기억해야 할 점은, 실행한 함수를 스택에서 꺼내는 것이 가상 머신의 암묵적 작업이라고 말했던 것을 기억하는가? 바로 지금을 말하는 것이다.

이제 아래 실행 결과를 보자.

```
$ go test ./vm
ok   monkey/vm   0.035s
```

함수를 호출하고 실행하는 데 성공했다. 지금 이 순간을 기억해야 한다! 바이트코드 가상 머신을 만드는 데 있어서 꼭 기억해야 하는 이정표다. 우리 가상 머신이 드디어 함수를 실행할 수 있다! 심지어 개수가 몇 개든, 순서대로 호출되든, 중첩되어 호출되든 상관없이 함수를 실행할 수 있게 됐다.

```
// vm/vm_test.go

func TestCallingFunctionsWithoutArguments(t *testing.T) {
    tests := []vmTestCase{
        // [...]
        {
```

```
            input: `
            let one = fn() { 1; };
            let two = fn() { 2; };
            one() + two()
            `,
            expected: 3,
        },
        {
            input: `
            let a = fn() { 1 };
            let b = fn() { a() + 1 };
            let c = fn() { b() + 1 };
            c();
            `,
            expected: 3,
        },
    }

    runVmTests(t, tests)
}
```

테스트를 실행하면 생각한 대로 잘 동작하는 것을 확인할 수 있다.

```
$ go test ./vm
ok   monkey/vm   0.039s
```

좀 더 까다롭게 테스트할 수도 있다. 그리고 테스트 케이스를 추가해 '명시적' 반환문을 테스트할 수 있다. 코드를 컴파일하면 우리가 실행한 명령어와 같은 결과로 컴파일된다는 것을 알고 있지만, 테스트 코드를 추가하면 나중에 뭔가 잘못되더라도 더 많은 피드백을 받을 수 있게 될 것이다. 그래서 아래와 같이 테스트 함수를 더 추가했다.

```
// vm/vm_test.go

func TestFunctionsWithReturnStatement(t *testing.T) {
    tests := []vmTestCase{
        {
            input: `
            let earlyExit = fn() { return 99; 100; };
            earlyExit();
            `,
            expected: 99,
```

```
        },
        {
            input: `
            let earlyExit = fn() { return 99; return 100; };
            earlyExit();
            `,
            expected: 99,
        },
    }

    runVmTests(t, tests)
}
```

아무런 거리낌 없이 잘 통과한다.

```
$ go test ./vm
ok    monkey/vm    0.032s
```

드디어 '함수 호출'을 컴파일해서 '바이트코드'로 바꿔 냈다. 그리고 우리가 직접 구현한 콜 스택을 '바이트코드 가상 머신' 안에 장착했다. 그리고 모두 제대로 동작한다! 잠시 등을 기대고 쉬면서 이렇게 훌륭한 일을 해낸 여러분 자신에게 박수를 쳐주길 바란다.

그리고 어차피 하는 김에 `Null`도 처리해보자.

아무것도 아닌 게 아닌 Null

더 진행하기에 앞서 명령코드 `OpReturn`을 손볼 필요가 있다. 앞서 컴파일러에서 빈 함수가 단일 명령코드 `OpReturn`으로 컴파일되는 것을 확인한 바 있다. 또한 우리는 이런 함수를 호출했을 때, 가상 머신 스택에 `vm.Null`을 넣기로 했는데, 이 동작을 구현할 차례다.

위에서 얘기한 내용 그대로 구현하면 된다. 그러면 아래와 같이 테스트를 변경해보자.

```
// vm/vm_test.go

func TestFunctionsWithoutReturnValue(t *testing.T) {
    tests := []vmTestCase{
        {
```

```
            input: `
            let noReturn = fn() { };
            noReturn();
            `,
            expected: Null,
        },
        {
            input: `
            let noReturn = fn() { };
            let noReturnTwo = fn() { noReturn(); };
            noReturn();
            noReturnTwo();
            `,
            expected: Null,
        },
    }

    runVmTests(t, tests)
}
```

아직 가상 머신이 OpReturn을 처리하는 방법을 모르기에 vm.Null을 스택에 넣지 않는다. 아래 실행 결과를 보자.

```
$ go test ./vm
--- FAIL: TestFunctionsWithoutReturnValue (0.00s)
 vm_test.go:546: object is not Null: <nil> (<nil>)
 vm_test.go:546: object is not Null: <nil> (<nil>)
FAIL
FAIL    monkey/vm   0.037s
```

테스트 케이스를 통과하려면 어떻게 해야 할까? 우리는 함수 안에서 반환되어 나오는 방법을 이미 알고 있으며, 심지어 '반환값'을 가진 채 반환되어 나오는 방법도 알고 있다.

따라서 작성할 코드는 훨씬 짧다. 아래 코드를 보자.

```
// vm/vm.go

func (vm *VM) Run() error {
    // [...]
        switch op {
        // [...]
```

```
        case code.OpReturn:
            vm.popFrame()
            vm.pop()

            err := vm.push(Null)
            if err != nil {
                return err
            }

        // [...]
        }
    // [...]
}
```

프레임을 스택에서 빼고, 호출된 함수를 스택에서 빼고, Null을 넣으면 끝이다.

```
$ go test ./vm
ok   monkey/vm   0.038s
```

보너스

이번 섹션에서 우리는 함수의 컴파일 및 실행이라는 목표를 달성한 것 이상으로 많은 일을 해냈다. 그런데 심지어 목표도 아니었고 생각도 안 하고 있던 것을 구현했다. 바로 '일급 함수(first-class functions)'이다. 달리 말하면, 컴파일러와 가상 머신이 아래 Monkey 코드를 컴파일하고 실행할 수 있다는 뜻이다.

```
let returnsOne = fn() { 1; };
let returnsOneReturner = fn() { returnsOne; };
returnsOneReturner()();
```

믿지 못하겠는가? 나를 못 믿을 것 같아 테스트 함수를 하나 준비했다.

```
// vm/vm_test.go

func TestFirstClassFunctions(t *testing.T) {
    tests := []vmTestCase{
        {
            input: `
            let returnsOne = fn() { 1; };
```

```
            let returnsOneReturner = fn() { returnsOne; };
            returnsOneReturner()();
            `,
            expected: 1,
        },
    }

    runVmTests(t, tests)
}
```

그럼 테스트를 실행해보자. 여러분이 어떤 위업을 달성했는지 직접 확인해야 한다. 심지어 의도하지 않았는데 말이다.

```
$ go test ./vm
ok   monkey/vm   0.038s
```

좀 민망하긴 하지만 자축할만한 상황이다. 이번 섹션은 그냥 기분 좋게 끝내면 될 것 같다.

지역 바인딩

아직 우리의 함수와 함수 호출 구현체는 '지역 바인딩(local bindings)'을 지원하지 않는다. 물론 우리가 바인딩을 지원하긴 하지만, 오직 전역에서만 지원한다. 지역 바인딩은 '함수에 지역적'이라는 측면에서 전역 바인딩과 다르다. 즉, 지역 바인딩은 함수 스코프 안에서만 보이고(visible) 접근할 수 있어야 한다. 함수에 지역적이라는 특성이 중요한 이유는 지역성이 지역 바인딩 구현체와 함수 구현체를 연결해주기 때문이다. 함수는 앞에서 잘 구현해 두었으니 지역 바인딩만 구현하면 된다.

이번 섹션 말미에는 아래의 Monkey 코드가 동작하는 것을 보게 될 것이다.

```
let globalSeed = 50;
let minusOne = fn() {
  let num = 1;
  globalSeed - num;
}
let minusTwo = fn() {
```

```
  let num = 2;
  globalSeed - num;
}
minusOne() + minusTwo()
```

위 Monkey 코드는 전역 바인딩과 지역 바인딩이 섞여 있다. globalSeed는 전역 바인딩으로 minusOne이나 minusTwo 함수 같은 중첩된 스코프에서도 접근할 수 있다. 그리고 각각의 함수 안에 선언된 지역 바인딩 num을 볼 수 있다. num에서 눈여겨봐야 할 점은 함수 바깥에서는 접근할 수 없다는 점과 각 함수 안에서 num 바인딩은 유일하여 minusOne에 정의된 num이 minusTwo에 정의된 num을 덮어쓰거나 정반대로 덮어쓰는 상황도 생기지 않는다는 점이다.

위 코드를 컴파일하고 실행하려면 우리는 크게 두 가지 작업을 해야 한다.

먼저, 명령코드를 새로 정의해서 가상 머신이 지역 바인딩을 만들어내고 가져올 수 있게 만들어야 한다. 어떻게 만들어야 할지 짐작이 될 것이다.

그리고 나서 우리는 컴파일러를 확장해 새로 정의한 명령코드를 올바르게 배출할 수 있어야 한다. 여기서 올바르게 배출한다 함은, 지역 바인딩과 전역 바인딩을 구별하고, 지역 바인딩 간에도 서로 이름이 같을지라도 다른 함수 안에 있다면 구별해야 한다는 뜻이다.

마지막 단계로 가상 머신에서 새로 추가한 명령어를 구현하고, 지역 바인딩을 구현하면 된다. 전역 바인딩을 저장하고 접근하는 방식은 잘 알고 있으니 지역 바인딩 역시 비슷한 방식으로 구현하면 된다. 왜냐하면 바인딩을 처리하는 핵심 메커니즘은 전역 바인딩과 같은 방식을 사용할 것이기 때문이다. 그러나 지역 변수를 처리할 새로운 '저장 공간(store)'은 필요하다.

언제나처럼 처음에는 작게 시작해보자.

지역 바인딩 명령코드

앞서 우리는 OpSetGlobal과 OpGetGlobal을 구현한 바 있다. 지금은 지역 바인딩 용도로 사용할 명령코드가 필요할 뿐이다. 창의적으로 생각하지 말자. 쉽게 말해서 그냥 전역 바인딩 명령코드를, 지역 바인딩에 맞게 바꾼 명령코드가 필요하다. 그러니 OpSetLocal과 OpGetLocal 둘을 정의하기로 하자. 두 명령코드는 전역 바인딩 명령코드와 마찬가지로 피연산자를 하나만 가지며, 피연산자는 처리할 지역 바인딩이 갖는 고유 인덱스값이다.

이름은 크게 중요치 않다. 알다시피 어차피 바이트일 뿐이다. 가장 중요한 것은 명령코드가 전역 바인딩과 구별된다는 점이다. 두 명령코드는 가상 머신에게 특정 바인딩이 현재 실행 중인 함수에 속(local)해 있음을 말해 주어야 하며, 전역 바인딩에는 어떠한 영향도 미쳐서는 안 된다. 즉 지역 바인딩은 전역 바인딩을 덮어써서도 안 되고, 전역 바인딩이 지역 바인딩을 덮어써서도 안 된다.

명령코드를 정의하는 일은 단순 반복 작업이므로 조금이라도 재미를 주고자 전역 바인딩과 같이 2바이트 피연산자를 쓰는 대신 1바이트 피연산자를 쓰기로 하자. 지금까지 우리는 1바이트 피연산자를 쓴 적이 없다. 그리고 함수 하나당 지역 변수 256개면 일반적인 Monkey 프로그램에는 부족함이 없다.

아래는 새로운 명령코드 정의이다.

```
// code/code.go

const (
    // [...]

    OpGetLocal
    OpSetLocal
)

var definitions = map[Opcode]*Definition{
    // [...]

    OpGetLocal: {"OpGetLocal", []int{1}},
```

```
    OpSetLocal: {"OpSetLocal", []int{1}},
}
```

신기할 것도 없는 코드다. 피연산자가 1바이트인 것만 빼면 말이다. 즉 우리는 기존 도구 함수들이 위 1바이트 피연산자를 다루도록 변경해 주어야 한다.

```
// code/code_test.go

func TestMake(t *testing.T) {
    tests := []struct {
        op       Opcode
        operands []int
        expected []byte
    }{
        // [...]
        {OpGetLocal, []int{255}, []byte{byte(OpGetLocal), 255}},
    }

    // [...]
}
```

당연하지만, Make 함수는 아직 1바이트를 처리하지 못한다.

```
$ go test ./code
--- FAIL: TestMake (0.00s)
 code_test.go:26: wrong byte at pos 1. want=255, got=0
FAIL
FAIL    monkey/code 0.007s
```

Make 함수가 1바이트를 처리하도록 변경하려면, switch 문을 확장해야 한다. 오래전에 내가 Make 함수를 처음 작성할 때, case를 몇 개 더 추가하리라고 말한 적이 있다. 그러면 아래 코드를 보자.

```
// code/code.go

func Make(op Opcode, operands ...int) []byte {
    // [...]

    offset := 1
    for i, o := range operands {
```

```
        width := def.OperandWidths[i]
        switch width {
        case 2:
            binary.BigEndian.PutUint16(instruction[offset:], uint16(o))
        case 1:
            instruction[offset] = byte(o)
        }
        offset += width
    }

    return instruction
}
```

case 1 분기를 추가했고 이 정도면 Make 함수를 동작하게 만들기에 충분하다. 왜냐하면 1바이트를 정렬할 수 있는 경우의 수는 단 하나이기 때문이다.

```
$ go test ./code
ok   monkey/code 0.007s
```

Make 함수가 1바이트 피연산자를 갖는 명령어를 만들 수 있게 됐다. 그러나 아직 1바이트 피연산자를 복호화할 수는 없다. 따라서 이번에는 ReadOperands 함수와 Instructions의 디버그 메서드인 String을 변경해보자.

```
// code/code_test.go

func TestReadOperands(t *testing.T) {
    tests := []struct {
        op        Opcode
        operands  []int
        bytesRead int
    }{
        // [...]
        {OpGetLocal, []int{255}, 1},
    }

    // [...]
}

func TestInstructionsString(t *testing.T) {
    instructions := []Instructions{
        Make(OpAdd),
```

```
        Make(OpGetLocal, 1),
        Make(OpConstant, 2),
        Make(OpConstant, 65535),
    }

    expected := `0000 OpAdd
0001 OpGetLocal 1
0003 OpConstant 2
0006 OpConstant 65535
`

    // [...]
}
```

두 테스트 모두 실패한다. 왜냐하면 둘 다 내부적으로 같은 함수(ReadOperands)에 의존하기 때문이다.

```
$ go test ./code
--- FAIL: TestInstructionsString (0.00s)
 code_test.go:53: instructions wrongly formatted.
  want="0000 OpAdd\n0001 OpGetLocal 1\n0003 OpConstant 2\n\
    0006 OpConstant 65535\n"
  got="0000 OpAdd\n0001 OpGetLocal 0\n0003 OpConstant 2\n\
    0006 OpConstant 65535\n"
--- FAIL: TestReadOperands (0.00s)
 code_test.go:83: operand wrong. want=255, got=0
FAIL
FAIL    monkey/code 0.006s
```

따라서 테스트를 통과하게 만들기 위해 ReadUint8 함수를 정의했으며 이를 ReadOperands에서 사용하도록 했다.

```
// code/code.go

func ReadOperands(def *Definition, ins Instructions) ([]int, int) {
    operands := make([]int, len(def.OperandWidths))
    offset := 0

    for i, width := range def.OperandWidths {
        switch width {
        case 2:
            operands[i] = int(ReadUint16(ins[offset:]))
        case 1:
```

```
            operands[i] = int(ReadUint8(ins[offset:]))
        }

        offset += width
    }

    return operands, offset
}

func ReadUint8(ins Instructions) uint8 { return uint8(ins[0]) }
```

바이트 하나를 읽고 uint8으로 변환한다. 다시 말해, 컴파일러에게 바이트를 있는 그대로 처리하라고 말해주는 의미밖에는 없다.

```
$ go test ./code
ok   monkey/code 0.008s
```

아주 좋다. 이제 OpSetLocal과 OpGetLocal이라는 명령코드 둘을 새로 확보했고, 1바이트 피연산자를 우리 인프라가 처리할 수 있다. 그럼 컴파일러 구현으로 넘어가자.

지역 바인딩 컴파일하기

앞서 우리는 올바른 바인딩 명령어를 '어디에' 배출하고, '어떻게' 배출할지 전역 바인딩을 만들면서 다루었다. 여기서 '어디에'와 '어떻게'는 지역 바인딩을 구현할 때도 달라지지 않는다. 그러나 '스코프(scope)'는 달라진다. 따라서 스코프는 지역 바인딩을 컴파일하는 데 있어 주요 도전 과제이다. 즉, 지역 바인딩 명령어를 배출할지 아니면 전역 바인딩 명령어를 배출할지 결정해야 한다.

한편 구현체를 사용하는 측에서 본다면, 우리가 바인딩에 기대하는 동작은 아주 명확하다. 또한 테스트 케이스로 표현하기도 아주 쉽다.

```
// compiler/compiler_test.go

func TestLetStatementScopes(t *testing.T) {
    tests := []compilerTestCase{
        {
```

```
        input: `
        let num = 55;
        fn() { num }
        `,
        expectedConstants: []interface{}{
            55,
            []code.Instructions{
                code.Make(code.OpGetGlobal, 0),
                code.Make(code.OpReturnValue),
            },
        },
        expectedInstructions: []code.Instructions{
            code.Make(code.OpConstant, 0),
            code.Make(code.OpSetGlobal, 0),
            code.Make(code.OpConstant, 1),
            code.Make(code.OpPop),
        },
    },
    {
        input: `
        fn() {
            let num = 55;
            num
        }
        `,
        expectedConstants: []interface{}{
            55,
            []code.Instructions{
                code.Make(code.OpConstant, 0),
                code.Make(code.OpSetLocal, 0),
                code.Make(code.OpGetLocal, 0),
                code.Make(code.OpReturnValue),
            },
        },
        expectedInstructions: []code.Instructions{
            code.Make(code.OpConstant, 1),
            code.Make(code.OpPop),
        },
    },
    {
        input: `
        fn() {
            let a = 55;
            let b = 77;
            a + b
        }
```

```
            `,
            expectedConstants: []interface{}{
                55,
                77,
                []code.Instructions{
                    code.Make(code.OpConstant, 0),
                    code.Make(code.OpSetLocal, 0),
                    code.Make(code.OpConstant, 1),
                    code.Make(code.OpSetLocal, 1),
                    code.Make(code.OpGetLocal, 0),
                    code.Make(code.OpGetLocal, 1),
                    code.Make(code.OpAdd),
                    code.Make(code.OpReturnValue),
                },
            },
            expectedInstructions: []code.Instructions{
                code.Make(code.OpConstant, 2),
                code.Make(code.OpPop),
            },
        },
    }

    runCompilerTests(t, tests)
}
```

코드가 좀 길긴 하지만 걱정할 것 없다. 테스트 케이스 세 개를 단순 반복 작업으로 처리했을 뿐이니까. 첫 번째 테스트 케이스에서는, 함수 안에서 전역 변수에 접근하므로 `OpGetGlobal` 명령어로 귀결되어야 한다. 두 번째 테스트 케이스에서는 지역 바인딩을 생성하고 접근하므로, 명령코드 `OpSetLocal`과 `OpGetLocal`이 배출되어야 한다. 그리고 세 번째 테스트 케이스에서는 지역 바인딩을 같은 스코프에서 여러 개 선언해도 동작하는지 확인해야 한다.

예상했겠지만, 테스트는 실패한다.

```
$ go test ./compiler
--- FAIL: TestLetStatementScopes (0.00s)
 compiler_test.go:935: testConstants failed:\
   constant 1 - testInstructions failed: wrong instructions length.
  want="0000 OpConstant 0\n0003 OpSetLocal 0\n0005 OpGetLocal 0\n\
    0007 OpReturnValue\n"
  got ="0000 OpConstant 0\n0003 OpSetGlobal 0\n0006 OpGetGlobal 0\n\
```

```
    0009 OpReturnValue\n"
FAIL
FAIL    monkey/compiler 0.009s
```

보다시피, 컴파일러가 let 문이 만든 모든 바인딩을 전역 바인딩으로 처리하고 있다. SymbolTable을 확장해서 이를 고쳐보자.

심벌 테이블 확장하기

지금까지 우리 심벌 테이블은 전역 스코프 단 하나만 알고 있었다. 이제 심벌 테이블이 이해할 수 있는 스코프를 확장해서 심벌 테이블이 스코프를 구분하는 것은 물론이고 어떤 스코프에 심벌이 정의됐는지도 알 수 있게 만들어보자.

더 구체적으로 말하자면, 컴파일러 코드상에서 스코프에 진입하거나 빠져나올 때, 심벌 테이블에 알려주어야 한다. 그리고 심벌 테이블은 우리가 어떤 스코프에 있는지 추적하다가, 해당 스코프에서 심벌을 정의하면 심벌에 스코프 정보를 붙여 저장할 수 있어야 한다. 그리고 심벌을 환원할 때, 정의 시점에 붙인 고유 인덱스값과 스코프 역시 같이 전달받아야 한다.

SymbolTable을 재귀적으로 만든다면 작성할 코드가 많지는 않다. 한편, 구현에 앞서 아래 요구 사항을 살펴보자. 요구 사항을 테스트로 정리해보았다.

```
// compiler/symbol_table_test.go

func TestResolveLocal(t *testing.T) {
    global := NewSymbolTable()
    global.Define("a")
    global.Define("b")

    local := NewEnclosedSymbolTable(global)
    local.Define("c")
    local.Define("d")

    expected := []Symbol{
        Symbol{Name: "a", Scope: GlobalScope, Index: 0},
```

```
        Symbol{Name: "b", Scope: GlobalScope, Index: 1},
        Symbol{Name: "c", Scope: LocalScope, Index: 0},
        Symbol{Name: "d", Scope: LocalScope, Index: 1},
    }

    for _, sym := range expected {
        result, ok := local.Resolve(sym.Name)
        if !ok {
            t.Errorf("name %s not resolvable", sym.Name)
            continue
        }
        if result != sym {
            t.Errorf("expected %s to resolve to %+v, got=%+v",
                sym.Name, sym, result)
        }
    }
}
```

TestResolveLocal 함수 첫 행에서 global(전역) 심벌 테이블을 새로 만든다. 이는 TestResolveGlobal에서 NewSymbolTable을 호출해서 만든 것과 동일하다. 그러고 나서 전역 심벌 테이블에 심벌 a와 b를 정의한다. 그리고 전역 심벌 테이블 내부에, 새로 만들 함수 NewEnclosedSymbolTable을 호출해서 심벌 테이블 local을 만든다. 그리고 심벌 테이블 local에 심벌 c와 d를 정의한다.

이러면 준비는 끝났고 다음으로는 기댓값을 설정해야 한다. 정의한 심벌 네 개를 Resolve 메서드를 호출해서 심벌 테이블 local에서 환원해본다. 그리고 각 심벌이 올바른 Scope와 Index 값을 갖고 반환되는지 검사한다.

또한 SymbolTable이 중첩된 심벌 테이블도 처리할 수 있는지 확인해야 한다. 즉, 다른 심벌 테이블을 감쌀 때 그리고 다른 심벌 테이블 안에 들어갈 때도 모두 처리할 수 있어야 한다.

```
// compiler/symbol_table_test.go

func TestResolveNestedLocal(t *testing.T) {
    global := NewSymbolTable()
    global.Define("a")
    global.Define("b")
```

```
    firstLocal := NewEnclosedSymbolTable(global)
    firstLocal.Define("c")
    firstLocal.Define("d")

    secondLocal := NewEnclosedSymbolTable(firstLocal)
    secondLocal.Define("e")
    secondLocal.Define("f")

    tests := []struct {
        table           *SymbolTable
        expectedSymbols []Symbol
    }{
        {
            firstLocal,
            []Symbol{
                Symbol{Name: "a", Scope: GlobalScope, Index: 0},
                Symbol{Name: "b", Scope: GlobalScope, Index: 1},
                Symbol{Name: "c", Scope: LocalScope, Index: 0},
                Symbol{Name: "d", Scope: LocalScope, Index: 1},
            },
        },
        {
            secondLocal,
            []Symbol{
                Symbol{Name: "a", Scope: GlobalScope, Index: 0},
                Symbol{Name: "b", Scope: GlobalScope, Index: 1},
                Symbol{Name: "e", Scope: LocalScope, Index: 0},
                Symbol{Name: "f", Scope: LocalScope, Index: 1},
            },
        },
    }

    for _, tt := range tests {
        for _, sym := range tt.expectedSymbols {
            result, ok := tt.table.Resolve(sym.Name)
            if !ok {
                t.Errorf("name %s not resolvable", sym.Name)
                continue
            }
            if result != sym {
                t.Errorf("expected %s to resolve to %+v, got=%+v",
                    sym.Name, sym, result)
            }
        }
    }
}
```

위 테스트 코드를 보면 한발 더 나아가, secondLocal이라는 세 번째 심벌 테이블을 만들고 있다. secondLocal은 firstLocal 안에 만들어진 심벌 테이블이므로, 자연히 global에도 포함된다. global에는 a와 b를 정의했고, firstLocal에는 c와 d, secondLocal에는 e와 f를 정의했다.

한 지역 심벌 테이블에 정의된 심벌이 다른 지역 심벌 테이블에 영향을 주지 않도록 기댓값을 설정했다. 그리고 전역에 정의된 심벌을 지역 심벌 테이블에서 환원했을 때, 올바른 심벌로 환원되도록 보장한다. 마지막으로 secondLocal에서 정의된 심벌의 인덱스값이 다시 0부터 시작되도록 보장한다. 이렇게 만들어야 해당 인덱스값을 OpSetLocal과 OpGetLocal의 피연산자에서 다른 스코프에 영향을 받지 않고 사용할 수 있다.

심벌 테이블을 중첩하면 SymbolTable에 정의된 Define 메서드에 반드시 영향이 있어야 하므로, 기존 TestDefine 함수를 업데이트해야 한다.

```
// compiler/symbol_table_test.go

func TestDefine(t *testing.T) {
    expected := map[string]Symbol{
        "a": Symbol{Name: "a", Scope: GlobalScope, Index: 0},
        "b": Symbol{Name: "b", Scope: GlobalScope, Index: 1},
        "c": Symbol{Name: "c", Scope: LocalScope, Index: 0},
        "d": Symbol{Name: "d", Scope: LocalScope, Index: 1},
        "e": Symbol{Name: "e", Scope: LocalScope, Index: 0},
        "f": Symbol{Name: "f", Scope: LocalScope, Index: 1},
    }

    global := NewSymbolTable()

    a := global.Define("a")
    if a != expected["a"] {
        t.Errorf("expected a=%+v, got=%+v", expected["a"], a)
    }

    b := global.Define("b")
    if b != expected["b"] {
        t.Errorf("expected b=%+v, got=%+v", expected["b"], b)
    }
```

```
    firstLocal := NewEnclosedSymbolTable(global)

    c := firstLocal.Define("c")
    if c != expected["c"] {
        t.Errorf("expected c=%+v, got=%+v", expected["c"], c)
    }

    d := firstLocal.Define("d")
    if d != expected["d"] {
        t.Errorf("expected d=%+v, got=%+v", expected["d"], d)
    }

    secondLocal := NewEnclosedSymbolTable(firstLocal)

    e := secondLocal.Define("e")
    if e != expected["e"] {
        t.Errorf("expected e=%+v, got=%+v", expected["e"], e)
    }

    f := secondLocal.Define("f")
    if f != expected["f"] {
        t.Errorf("expected f=%+v, got=%+v", expected["f"], f)
    }
}
```

할 일이 명확해진 듯하다. 중첩된 심벌 테이블 안에서도 Define과 Resolve가 동작할 수 있게 만들어줘야 한다. Define과 Resolve는 같은 구현체(SymbolTable)를 다른 방식으로 사용할 뿐이다. 둘 다 SymbolTable이 재귀적으로 심벌을 정의하는 원리에 기반한다. 재귀적이기에 심벌 테이블을 다른 심벌 테이블로 감쌀 수 있다.

아직 테스트는 제대로 된 피드백을 줄 수 없는 상태이다. 왜냐하면 NewEnclosedSymbolTable과 LocalScope를 정의하지 않아서 컴파일되지 않기 때문이다. 그러니 SymbolTable에 Outer라는 필드를 추가하는 작업부터 시작해 테스트를 구동시키자.

```
// compiler/symbol_table.go

type SymbolTable struct {
    Outer *SymbolTable
```

```
    store          map[string]Symbol
    numDefinitions int
}
```

Outer 필드를 추가했기에, 이제 NewEnclosedSymbolTable 함수를 구현할 수 있다.

NewEnclosedSymbolTable 함수는 *SymbolTable을 하나 만들고, Outer 필드에 바깥쪽 심벌 테이블을 넣어서 반환한다.

```
// compiler/symbol_table.go

func NewEnclosedSymbolTable(outer *SymbolTable) *SymbolTable {
    s := NewSymbolTable()
    s.Outer = outer
    return s
}
```

이제 NewEnclosedSymbolTable이 정의되지 않아서 생긴 컴파일 오류가 없어졌을 것이다. 그럼 나머지 하나도 없애보자. 이번엔 상수 LocalScope를 정의해야 한다. 기존 GlobalScope 앞에 정의하기로 하자.

```
// compiler/symbol_table.go

const (
    LocalScope  SymbolScope = "LOCAL"
    GlobalScope SymbolScope = "GLOBAL"
)
```

이제 symbol_table_test.go에 작성한 테스트 셋에서 모두 온전한 피드백을 받을 수 있게 됐다.

```
$ go test ./compiler
--- FAIL: TestLetStatementScopes (0.00s)
 compiler_test.go:935: testConstants failed:\
   constant 1 - testInstructions failed: wrong instructions length.
  want="0000 OpConstant 0\n0003 OpSetLocal 0\n0005 OpGetLocal 0\n\
    0007 OpReturnValue\n"
  got ="0000 OpConstant 0\n0003 OpSetGlobal 0\n0006 OpGetGlobal 0\n\
    0009 OpReturnValue\n"
```

```
--- FAIL: TestDefine (0.00s)
 symbol_table_test.go:31: expected c={Name:c Scope:LOCAL Index:0},\
   got={Name:c Scope:GLOBAL Index:0}
 symbol_table_test.go:36: expected d={Name:d Scope:LOCAL Index:1},\
   got={Name:d Scope:GLOBAL Index:1}
 symbol_table_test.go:43: expected e={Name:e Scope:LOCAL Index:0},\
   got={Name:e Scope:GLOBAL Index:0}
 symbol_table_test.go:48: expected f={Name:f Scope:LOCAL Index:1},\
   got={Name:f Scope:GLOBAL Index:1}

--- FAIL: TestResolveLocal (0.00s)
 symbol_table_test.go:94: name a not resolvable
 symbol_table_test.go:94: name b not resolvable
 symbol_table_test.go:98: expected c to resolve to\
   {Name:c Scope:LOCAL Index:0}, got={Name:c Scope:GLOBAL Index:0}
 symbol_table_test.go:98: expected d to resolve to\
   {Name:d Scope:LOCAL Index:1}, got={Name:d Scope:GLOBAL Index:1}

--- FAIL: TestResolveNestedLocal (0.00s)
 symbol_table_test.go:145: name a not resolvable
 symbol_table_test.go:145: name b not resolvable
 symbol_table_test.go:149: expected c to resolve to\
   {Name:c Scope:LOCAL Index:0}, got={Name:c Scope:GLOBAL Index:0}
 symbol_table_test.go:149: expected d to resolve to\
   {Name:d Scope:LOCAL Index:1}, got={Name:d Scope:GLOBAL Index:1}
 symbol_table_test.go:145: name a not resolvable
 symbol_table_test.go:145: name b not resolvable
 symbol_table_test.go:149: expected e to resolve to\
   {Name:e Scope:LOCAL Index:0}, got={Name:e Scope:GLOBAL Index:0}
 symbol_table_test.go:149: expected f to resolve to\
   {Name:f Scope:LOCAL Index:1}, got={Name:f Scope:GLOBAL Index:1}
FAIL
FAIL    monkey/compiler 0.008s
```

그런데 SymbolTable을 직접적으로 테스트하고 있는 테스트 함수뿐만 아니라 TestLetStatementScopes가 실패하는 것도 볼 수 있다. SymbolTable을 확장함에 따라 컴파일러 쪽에서 뭔가 고쳐야 할 게 생겼다는 뜻이다. 미리 말하자면, 그렇게 오래 걸릴 일은 아니다. 코드를 조금만 수정하면 나머지 테스트까지 모두 통과하게 만들 수 있다.

SymbolTable에 Outer 필드를 추가했으니 Resolve와 Define 메서드가 Outer 필드를 사용하도록 만들어야 한다. Define부터 바꿔보자. 만약 호출된 SymbolTable이 다른 SymbolTable 안에 있는 게 아니라면, 즉 Outer 필드에 값이 없다면 해당 심벌 테이블은 전역 스코프를 갖는다. 만약 (호출된 SymbolTable이) 다른 SymbolTable '안에' 있다면, 해당 심벌은 지역 스코프를 갖는다. 그리고 심벌 테이블 안에 정의된 모든 심벌은 올바른 스코프를 가져야 한다. 지금까지 말한 내용 그대로 코드로 옮기면 아래와 같다.

```
// compiler/symbol_table.go

func (s *SymbolTable) Define(name string) Symbol {
    symbol := Symbol{Name: name, Index: s.numDefinitions}
    if s.Outer == nil {
        symbol.Scope = GlobalScope
    } else {
        symbol.Scope = LocalScope
    }

    s.store[name] = symbol
    s.numDefinitions++
    return symbol
}
```

새로 추가한 코드는 s.Outer가 nil인지 검사하는 조건식뿐이다. 만약 nil이라면, symbol.Scope에 GlobalScope를 넣고, nil이 아니라면 LocalScope를 넣는다.

위 코드만으로 TestDefine이 통과하지는 않지만, 테스트 에러가 많이 사라진다.

```
$ go test ./compiler
--- FAIL: TestLetStatementScopes (0.00s)
 compiler_test.go:935: testConstants failed:\
   constant 1 - testInstructions failed: wrong instructions length.
  want="0000 OpConstant 0\n0003 OpSetLocal 0\n0005 OpGetLocal 0\n\
    0007 OpReturnValue\n"
  got ="0000 OpConstant 0\n0003 OpSetGlobal 0\n0006 OpGetGlobal 0\n\
    0009 OpReturnValue\n"
--- FAIL: TestResolveLocal (0.00s)
 symbol_table_test.go:94: name a not resolvable
 symbol_table_test.go:94: name b not resolvable
```

```
--- FAIL: TestResolveNestedLocal (0.00s)
 symbol_table_test.go:145: name a not resolvable
 symbol_table_test.go:145: name b not resolvable
 symbol_table_test.go:145: name a not resolvable
 symbol_table_test.go:145: name b not resolvable
FAIL
FAIL    monkey/compiler 0.011s
```

테스트 결과는 심벌 테이블을 적절히 중첩해서 사용하면 전역 바인딩과 지역 바인딩을 정의(Define)할 수 있다는 것을 보여준다. 완벽하다! 그러나 심벌을 환원하는 메서드가 아직 동작하지 않는다.

Resolve가 하는 일은 호출된 SymbolTable에서 심벌을 찾는 일이다. 현재 심벌 테이블에 없고 Outer 심벌 테이블이 존재한다면 Outer에서도 찾아본다. 심벌 테이블은 재귀적이므로 깊게 중첩될 수 있다. 따라서 바깥쪽 심벌 테이블의 store에 직접 접근해서는 안 되고, Resolve 메서드를 통해 접근해야 한다. Resolve 메서드는 현재 SymboleTable의 store를 검사하고 store에 존재하지 않는다면, 바깥쪽 심벌 테이블의 Resolve 메서드를 호출해서 재귀적으로 바깥쪽 심벌 테이블을 검사한다.

따라서 Resolve 메서드가 재귀적으로 Outer 심벌 테이블을 계속 타고 올라가도록 만들어야 하며, 계속 타고 올라가다가 심벌을 찾으면 반환하고, 그렇지 않으면 호출한 곳에다 해당 심벌이 정의되지 않았다는 것을 알려주어야 한다.

```
// compiler/symbol_table.go

func (s *SymbolTable) Resolve(name string) (Symbol, bool) {
    obj, ok := s.store[name]
    if !ok && s.Outer != nil {
        obj, ok = s.Outer.Resolve(name)
        return obj, ok
    }
    return obj, ok
}
```

코드 세 줄이 추가됐다. 주어진 심벌 이름을 Outer 심벌 테이블에서 재귀적으로 환원할 수 있는지 확인하는 코드이다.

```
$ go test ./compiler
--- FAIL: TestLetStatementScopes (0.00s)
 compiler_test.go:935: testConstants failed:
   constant 1 - testInstructions failed: wrong instructions length.
  want="0000 OpConstant 0\n0003 OpSetLocal 0\n0005 OpGetLocal 0\n\
    0007 OpReturnValue\n"
  got ="0000 OpConstant 0\n0003 OpSetGlobal 0\n0006 OpGetGlobal 0\n\
    0009 OpReturnValue\n"
FAIL
FAIL    monkey/compiler 0.010s
```

이제 앞서 잠깐 언급한 TestLetStatementScopes를 고쳐야 할 때가 왔다. 즉, 우리가 구현한 SymbolTable은 모든 테스트를 통과했다는 뜻이다! 이제 전역에서는 물론이거니와 중첩된 지역 스코프에서도 심벌을 정의하고 환원할 수 있다.

잘 동작하긴 하지만 아래와 같은 궁금점을 갖는 사람이 있을 것이다.

> "그런데 만약 어떤 심벌을 지역 스코프에 정의하고 더 깊은 스코프에서 환원하면 그 심벌은 지역 스코프를 갖게 될 텐데, (더 깊은 스코프 관점에서는) 바깥쪽(outer) 스코프에 정의되어 있는데 지역 스코프라고 정의해도 되는 걸까?"

핵심을 제대로 짚었다. 다만, 이 주제는 뒤에서 클로저(closures)를 구현할 때 다루기로 하자.

지금 당장은 실패하는 테스트부터 고쳐보자.

스코프가 있는 바인딩 컴파일하기

컴파일러는 이미 스코프를 이해하고 있다. 함수 리터럴을 컴파일하면, enterScope와 leaveScope 메서드가 호출된다. 그리고 명령어는 필요한 곳으로 배출되어야 한다. 이제 두 메서드를 확장해서 심벌 테이블 안쪽으로 '들어가거나(enclose)' 바깥쪽으로 '빠져(un-enclose)나오게' 만들어야 한다.

그리고 이를 테스트 하기 위해 기존 TestCompilerScopes 테스트 함수를 확장하는 게 가장 적절해 보인다.

```
// compiler/compiler_test.go

func TestCompilerScopes(t *testing.T) {
    compiler := New()
    if compiler.scopeIndex != 0 {
        t.Errorf("scopeIndex wrong. got=%d, want=%d", compiler.scopeIndex, 0)
    }
    globalSymbolTable := compiler.symbolTable

    compiler.emit(code.OpMul)

    compiler.enterScope()
    if compiler.scopeIndex != 1 {
        t.Errorf("scopeIndex wrong. got=%d, want=%d", compiler.scopeIndex, 1)
    }

    compiler.emit(code.OpSub)

    if len(compiler.scopes[compiler.scopeIndex].instructions) != 1 {
        t.Errorf("instructions length wrong. got=%d",
            len(compiler.scopes[compiler.scopeIndex].instructions))
    }

    last := compiler.scopes[compiler.scopeIndex].lastInstruction
    if last.Opcode != code.OpSub {
        t.Errorf("lastInstruction.Opcode wrong. got=%d, want=%d",
            last.Opcode, code.OpSub)
    }

    if compiler.symbolTable.Outer != globalSymbolTable {
        t.Errorf("compiler did not enclose symbolTable")
    }

    compiler.leaveScope()
    if compiler.scopeIndex != 0 {
        t.Errorf("scopeIndex wrong. got=%d, want=%d",
            compiler.scopeIndex, 0)
    }

    if compiler.symbolTable != globalSymbolTable {
        t.Errorf("compiler did not restore global symbol table")
    }
    if compiler.symbolTable.Outer != nil {
        t.Errorf("compiler modified global symbol table incorrectly")
    }
```

```
    compiler.emit(code.OpAdd)

    if len(compiler.scopes[compiler.scopeIndex].instructions) != 2 {
        t.Errorf("instructions length wrong. got=%d",
            len(compiler.scopes[compiler.scopeIndex].instructions))
    }

    last = compiler.scopes[compiler.scopeIndex].lastInstruction
    if last.Opcode != code.OpAdd {
        t.Errorf("lastInstruction.Opcode wrong. got=%d, want=%d",
            last.Opcode, code.OpAdd)
    }

    previous := compiler.scopes[compiler.scopeIndex].previousInstruction
    if previous.Opcode != code.OpMul {
        t.Errorf("previousInstruction.Opcode wrong. got=%d, want=%d",
            previous.Opcode, code.OpMul)
    }
}
```

컴파일러의 scopes 스택을 테스트하는 기존 단정문 사이에 산발적으로 흩어져 있긴 하지만, 새로 추가된 코드는 enterScope와 leaveScope가 각각 컴파일러의 symbolTable을 제대로 들어가고 '빠져나오는지' 확인한다. 검사 과정은 아주 단순하다. symbolTable의 Outer 필드가 nil인지 검사하는 게 전부이다. 만약 nil이 아니면 globalSymbolTable을 가리켜야 한다.

```
$ go test -run TestCompilerScopes ./compiler
--- FAIL: TestCompilerScopes (0.00s)
 compiler_test.go:41: compiler did not enclose symbolTable
FAIL
FAIL    monkey/compiler 0.008s
```

테스트를 통과하려면, 스코프를 하나 타고 들어갈 때마다 전역 심벌 테이블을 계속 감싸면서 들어가야 한다.

```
// compiler/compiler.go

func (c *Compiler) enterScope() {
    // [...]
```

```
    c.symbolTable = NewEnclosedSymbolTable(c.symbolTable)
}
```

위 코드는 컴파일러가 함수 몸체를 컴파일할 때 새롭게 감싼 심벌 테이블을 사용하도록 만든다. 한편, 함수가 완전히 컴파일된 다음에는 위 작업을 다시 되돌릴 수 있어야 한다. 아래 코드를 보자.

```
// compiler/compiler.go

func (c *Compiler) leaveScope() code.Instructions {
    // [...]

    c.symbolTable = c.symbolTable.Outer

    return instructions
}
```

추가된 코드는 한 줄이지만 테스트를 통과하기에 부족함이 없다.

```
$ go test -run TestCompilerScopes ./compiler
ok   monkey/compiler 0.006s
```

그러나 우릴 괴롭히던 TestLetsStatementScopes는 아직까지 실패하고 있다.

```
$ go test ./compiler
--- FAIL: TestLetStatementScopes (0.00s)
 compiler_test.go:947: testConstants failed:\
   constant 1 - testInstructions failed: wrong instructions length.
  want="0000 OpConstant 0\n0003 OpSetLocal 0\n0005 OpGetLocal 0\n\
    0007 OpReturnValue\n"
  got ="0000 OpConstant 0\n0003 OpSetGlobal 0\n0006 OpGetGlobal 0\n\
    0009 OpReturnValue\n"
FAIL
FAIL    monkey/compiler 0.009s
```

하지만 이제는 정말 고칠 수 있다. 이제 필요한 코드를 모두 갖추었고, 작성한 코드를 사용해 심벌 테이블이 보여줘야 하는 동작을 확인하면 된다.

지금까지 컴파일러는 항상 OpSetGlobal과 OpGetGlobal 명령어만 배출했다. 즉, 심벌 테이블이 심벌의 스코프가 뭐라고 알려주든 전역 바인딩 명령코드만 배출했다는 뜻이다. 따라서 컴파일러가 스코프를 알아차린다 해도, 어차피 지금의 심벌 테이블은 GlobalScope로만 답할 것이다. 그런데 이제는 상황이 변했다. Symbol의 스코프를 사용해 올바른 명령어를 배출할 수 있기 때문이다.

스코프를 처리할 가장 좋은 위치는 *ast.LetStatement를 처리하는 case이다.

```
// compiler/compiler.go

func (c *Compiler) Compile(node ast.Node) error {
    switch node := node.(type) {
    // [...]

    case *ast.LetStatement:
        err := c.Compile(node.Value)
        if err != nil {
            return err
        }

        symbol := c.symbolTable.Define(node.Name.Value)
        if symbol.Scope == GlobalScope {
            c.emit(code.OpSetGlobal, symbol.Index)
        } else {
            c.emit(code.OpSetLocal, symbol.Index)
        }

    // [...]
    }

    // [...]
}
```

symbol.Scope가 GlobalScope인지 검사하는 조건문이 추가됐다. 조건에 따라서 OpSetGlobal 명령어를 배출할지 OpSetLocal 명령어를 배출할지 결정한다. 보다시피, 대부분의 작업은 이미 SymbolTable이 수행하고 있으며, 여기서는 SymbolTable이 말해주는 결과에 따라 움직일 뿐이다.

```
$ go test ./compiler
--- FAIL: TestLetStatementScopes (0.00s)
 compiler_test.go:947: testConstants failed:\
   constant 1 - testInstructions failed: wrong instructions length.
  want="0000 OpConstant 0\n0003 OpSetLocal 0\n0005 OpGetLocal 0\n\
    0007 OpReturnValue\n"
  got ="0000 OpConstant 0\n0003 OpSetLocal 0\n0005 OpGetGlobal 0\n\
    0008 OpReturnValue\n"
FAIL
FAIL    monkey/compiler 0.007s
```

드디어 `OpSetLocal` 명령어가 등장했다. 지역 바인딩 생성이 올바르게 컴파일되었다. 이제 이름을 환원하는 쪽에서 같은 방식으로 구현하면 된다.

```go
// compiler/compiler.go

func (c *Compiler) Compile(node ast.Node) error {
    switch node := node.(type) {
    // [...]

    case *ast.Identifier:
        symbol, ok := c.symbolTable.Resolve(node.Value)
        if !ok {
            return fmt.Errorf("undefined variable %s", node.Value)
        }

        if symbol.Scope == GlobalScope {
            c.emit(code.OpGetGlobal, symbol.Index)
        } else {
            c.emit(code.OpGetLocal, symbol.Index)
        }

    // [...]
    }

    // [...]
}
```

명령코드가 `OpGetGlobal`과 `OpGetLocal`로 바뀐 게 전부다. 그리고 위 코드를 추가하면서 모든 테스트를 통과한다.

```
$ go test ./compiler
ok   monkey/compiler 0.008s
```

그럼 이제 가상 머신 구현으로 넘어가자.

가상 머신에서 지역 바인딩 구현하기

이제 바이트코드로 OpSetLocal과 OpGetLocal 명령어를 사용해서 지역 바인딩의 생성과 환원을 표현할 수 있다. 그리고 컴파일러는 이 두 명령어를 어떻게 배출해야 하는지도 알고 있다. 그러면 다음으로 해야 할 작업은, 가상 머신에서 지역 바인딩을 쓸 수 있게 만드는 것이다.

가장 먼저 가상 머신이 OpSetLocal 명령어를 실행했을 때, 바인딩을 만들어야 한다. 그리고 OpGetLocal 명령어를 실행하면 바인딩을 환원해야 한다. 전역 바인딩 구현체와 매우 흡사하다. 바인딩을 저장할 공간을 지역 스토어로 바꾸면 된다.

한편 지역 바인딩이 저장된 공간은 단순히 구현 상세라고 말하기엔 다소 부족한 감이 있고 가상 머신 성능에 지대한 영향을 끼칠 수도 있다. 그렇지만 더 중요한 것은 가상 머신 사용자는 지역 바인딩이 '어디에 저장되고 어떻게 저장되는지' 신경 쓰지 않아야 한다는 것이다. 그리고 그보다 더 중요한 것은, 지역 바인딩이 기대한 대로 동작해야 한다는 것이다. 아래 테스트 코드는 지역 바인딩이 어떻게 동작해야 하는지 설명한다.

```
// vm/vm_test.go

func TestCallingFunctionsWithBindings(t *testing.T) {
    tests := []vmTestCase{
        {
            input: `
        let one = fn() { let one = 1; one };
        one();
        `,
            expected: 1,
        },
        {
            input: `
```

```
        let oneAndTwo = fn() { let one = 1; let two = 2; one + two; };
        oneAndTwo();
        `,
            expected: 3,
        },
        {
            input: `
        let oneAndTwo = fn() { let one = 1; let two = 2; one + two; };
        let threeAndFour = fn() { let three = 3; let four = 4; three + four; };
        oneAndTwo() + threeAndFour();
        `,
            expected: 10,
        },
        {
            input: `
        let firstFoobar = fn() { let foobar = 50; foobar; };
        let secondFoobar = fn() { let foobar = 100; foobar; };
        firstFoobar() + secondFoobar();
        `,
            expected: 150,
        },
        {
            input: `
        let globalSeed = 50;
        let minusOne = fn() {
            let num = 1;
            globalSeed - num;
        }
        let minusTwo = fn() {
            let num = 2;
            globalSeed - num;
        }
        minusOne() + minusTwo();
        `,
            expected: 97,
        },
    }

    runVmTests(t, tests)
}
```

위에 나온 모든 테스트 케이스는 지역 바인딩이 가져야 할 동작을 단정하고 있다. 그리고 각각의 테스트 케이스는 서로 다른 관점에서 지역 바인딩 동작에 초점을 맞추고 있다.

첫 번째 테스트 케이스는 지역 바인딩이 단순히 잘 동작하는지 확인한다. 두 번째 테스트 케이스는 같은 함수 안에 선언된 다수의 지역 바인딩이 잘 동작하는지 확인한다. 세 번째 테스트 케이스는 다수의 함수에 선언된 다수의 지역 바인딩을 테스트한다. 한편 네 번째 테스트 케이스는 조금 변형된 형태로, 다른 함수에 선언된 같은 이름을 가진 지역 바인딩이 문제를 일으키는지 검사한다.

마지막 테스트 케이스를 보면, globalSeed와 minusOne을 볼 수 있다. 기억나는가? 이게 이번 섹션에서 목표로 삼은 코드였다. 이 코드를 컴파일하고 실행하는 게 목표였다. 한편, 안타깝게도 테스트를 실행하면 컴파일은 제대로 했지만 실행은 잘 되지 않는다.

```
$ go test ./vm
--- FAIL: TestCallingFunctionsWithBindings (0.00s)
panic: runtime error: index out of range [recovered]
 panic: runtime error: index out of range

goroutine 37 [running]:
testing.tRunner.func1(0xc4204e60f0)
 /usr/local/go/src/testing/testing.go:742 +0x29d
panic(0x11211a0, 0x11fffe0)
 /usr/local/go/src/runtime/panic.go:502 +0x229
monkey/vm.(*VM).Run(0xc420527e58, 0x10000, 0x10000)
 /Users/mrnugget/code/07/src/monkey/vm/vm.go:78 +0xb54
monkey/vm.runVmTests(0xc4204e60f0, 0xc420527ef8, 0x5, 0x5)
 /Users/mrnugget/code/07/src/monkey/vm/vm_test.go:266 +0x5d6
monkey/vm.TestCallingFunctionsWithBindings(0xc4204e60f0)
 /Users/mrnugget/code/07/src/monkey/vm/vm_test.go:326 +0xe3
testing.tRunner(0xc4204e60f0, 0x1153b68)
 /usr/local/go/src/testing/testing.go:777 +0xd0
created by testing.(*T).Run
 /usr/local/go/src/testing/testing.go:824 +0x2e0
FAIL    monkey/vm   0.041s
```

테스트 결과를 보며 곰곰이 생각해보자. 가상 머신에는 어떻게 지역 바인딩을 구현해야 할까? 지역 바인딩은 전역 바인딩처럼 고유 인덱스값을 가진다. 가상 머신도 마찬가지로 구현하면 된다. OpSetLocal 명령어 피연산자에 고유 인덱스값을 넣으면 된다. 그리고 고유 인덱스값을 인덱스로 사용해 어떤 자료구조에 저장할 수 있어야 하고, 이름에 바인딩된 값도 가져올 수 있어야 한다.

그렇다면 앞서 말한 고유 인덱스는 어떤 자료구조에 사용될까? 그리고 이 자료구조는 어디에 위치해야 할까? VM에 정의된 `globals` 슬라이스를 사용할 수는 없다. 왜냐하면 애초에 `globals`는 전역 바인딩을 저장하기 위한 공간이기 때문이다.

주요 선택지가 두 개 있다. 첫 번째는 동적으로 지역 바인딩을 할당하고, 지역 바인딩용 자료구조에 지역 바인딩을 저장하는 방안이다. 여기서 지역 바인딩용 자료구조는 예를 들어 슬라이스 하나가 될 수도 있다. 함수를 호출할 때마다 빈 슬라이스를 할당하고 이 슬라이스에 지역 바인딩을 저장한다. 그리고 지역 바인딩을 가져올 때도 이 슬라이스에서 가져오게 만드는 것이다. 두 번째는 이미 만들어둔 자료구조를 재활용하는 방안이다. 우리는 이미 메모리상에 저장할 공간을 갖고 있다. 그리고 이 저장 공간에는 현재 호출된 함수와 관계된 데이터를 저장한다. 즉 콜 스택을 활용하자는 뜻이다.

지역 바인딩을 스택에 저장한다는 생각은 우아한 선택일 뿐만 아니라 구현도 정말 재밌다. 배우는 바도 많을 것이다. 특히 가상 머신과 컴파일러는 물론 컴퓨터와 저수준 프로그래밍 등에 대해서도 많이 배우게 된다. 스택을 이런 방식으로 사용하는 게 저수준 프로그래밍 쪽에서는 일반적이다. 그렇기 때문에 두 번째 선택지를 택하려 한다. 물론 그동안은 시간 때문에 보통 쉬운 방편을 택했지만, 여기서는 노력이 좀 들더라도 그만한 가치가 있기 때문에 스택을 사용해 구현해보려 한다.

그러면 어떻게 동작하는지 설명해보겠다. 가상 머신은 `OpCall` 명령어를 만나면 스택에 있는 함수를 실행하려 할 것이다. 이때 현재 스택 포인터값을 나중에 사용할 수 있도록 어딘가에 저장한다. 그리고 실행하려는 함수가 사용하는 지역 바인딩 수만큼 스택 포인터를 증가시킨다. 이렇게 하면, 스택에 '빈 공간'이 생긴다. 스택에 값을 넣지도 않고 스택 포인터만 증가시켰기 때문에 아무 값도 들어가 있지 않은 빈 공간이 생긴다. 그 빈 공간 아래에는, 함수 호출 이전에 스택에 넣었던 값들이 들어 있다. 그리고 빈 공간 위로는 함수의 작업 공간이다. 이 공간에 필요에 따라 값을 넣었다 뺐다 하면 된다.

우리는 이 빈 공간에 지역 바인딩을 저장할 것이다. 그리고 고유 인덱스값을 다른 어떤 자료구조에 접근할 목적으로 사용하는게 아니라 스택에 생긴 빈 공간의 인덱스값으로 사용할 것이다.

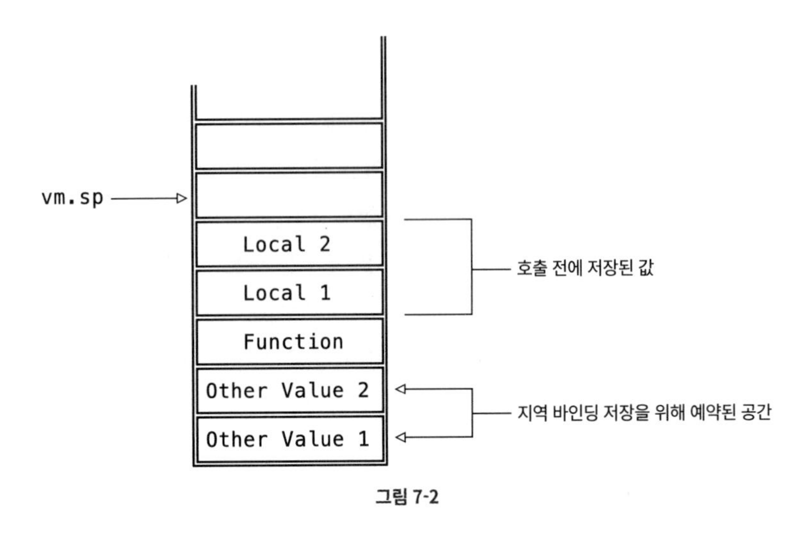

그림 7-2

내용물을 꺼내오려면 함수 호출 전의 스택 포인터값을 사용하면 된다. 함수 호출 전 스택 포인터값을 사용하면 현재 스택에 생긴 빈 공간의 하한(lower boundary)값을 알 수 있다. 그리고 지역 바인딩이 하나 추가될 때마다 이 하한값에서 하나씩 증가시키면 된다. 따라서 두 값을 더하면 각 지역 바인딩이 저장된 슬롯의 인덱스값을 계산할 수 있다. 이렇게 계산된 인덱스값은 빈 공간에서 오프셋으로 동작하며 지역 바인딩을 저장할 공간을 가리킨다.

이런 접근 방식의 묘미는 우리가 함수 호출을 끝마쳤을 때 제대로 확인할 수 있다. 이전 스택 포인터값을 저장했기 때문에, 단순하게 스택을 '초기화(reset)'할 수 있다. 그러면 함수 호출이 스택에 남긴 것만 제거하는 게 아니라, 빈 공간에 저장된 지역 바인딩까지 모두 제거하게 된다. 스택에 남아있던 모든 게 깔끔하게 없어진다!

"정말 좋은데요! 그런데 함수 안에서 사용할 지역 바인딩이 얼마나 많아질지 어떻게 알아요?" 좋은 질문이다. 모른다. 적어도 가상 머신에서는 알 수 없다. 그러나 컴파일러에서는 알 수 있다. 그리고 지역 바인딩 개수를 가상 머신에 넘기는 것도 어려운 일이 아니다.

앞서 작성한 object.CompiledFunction에 필드를 하나 추가해서 확장하면 된다.

```
// object/object.go

type CompiledFunction struct {
    Instructions code.Instructions
    NumLocals    int
}
```

필드 NumLocals는 나중에 가상 머신에게 이 함수 안에서 정의될 지역 변수가 몇 개인지 알려준다. 컴파일러는 심벌 테이블에서 함수를 컴파일할 때 심벌이 몇 개나 있는지 물어보고, 결괏값을 NumLocals에 넣는다. 아래 코드를 보자.

```
// compiler/compiler.go

func (c *Compiler) Compile(node ast.Node) error {
    switch node := node.(type) {
    // [...]

    case *ast.FunctionLiteral:
        // [...]

        numLocals := c.symbolTable.numDefinitions
        instructions := c.leaveScope()

        compiledFn := &object.CompiledFunction{
            Instructions: instructions,
            NumLocals:    numLocals,
        }
        c.emit(code.OpConstant, c.addConstant(compiledFn))

    // [...]
    }
```

```
    // [...]
}
```

c.leaveScope를 호출하기 직전에, 심벌 테이블에서 numDefinitions 값을 미리 취해둔다. 그리고 스코프를 벗어난 후, *object.CompiledFunction에 저장한다. 그러면 *object.CompiledFunction으로 지역 바인딩을 몇 개나 만들지 가상 머신에서 알 수 있다.

이번엔 함수를 호출하기 전에 스택 포인터값을 알아내야 한다. 그리고 함수 호출이 끝나면 저장해둔 스택 포인터값으로 다시 돌아가게 만들어야 한다. 달리 말하면, 함수 호출이 일어나는 동안에 사라지지 않는 임시 저장 공간이 필요하다는 뜻이다. 머릿속에 무엇인가 떠오를 것이다. 그렇다, Frame을 사용하면 된다! 이미 만들어두었으니 basePointer라는 필드 하나만 추가해보자.

```
// vm/frame.go

type Frame struct {
    fn          *object.CompiledFunction
    ip          int
    basePointer int
}

func NewFrame(fn *object.CompiledFunction, basePointer int) *Frame {
    f := &Frame{
        fn:          fn,
        ip:          -1,
        basePointer: basePointer,
    }

    return f
}
```

'베이스 포인터(base pointer)'라는 이름은 내가 만든 말이 아니다. 현재의 호출 프레임 스택 최하단을 가리키는 포인터를 관습적으로 베이스 포인터라고 부른다. 여기서 베이스 포인터는 함수 실행 중에 생기는 많은 참조값들이 '기준(base)'으로 사용하는 값이다. '프레임 포인터(frame pointer)'라고도 부른다. 베이스 포인터는 앞으로 나올 섹션에서도 많이 사용된다. 지금 당장은, 프레임을 스택에 넣기 전 초기화할 때에 사용한다.

```
// vm/vm.go

func New(bytecode *compiler.Bytecode) *VM {
    // [...]

    mainFrame := NewFrame(mainFn, 0)

    // [...]
}

func (vm *VM) Run() error {
    // [...]
        switch op {
        // [...]

        case code.OpCall:
            fn, ok := vm.stack[vm.sp-1].(*object.CompiledFunction)
            if !ok {
                return fmt.Errorf("calling non-function")
            }
            frame := NewFrame(fn, vm.sp)
            vm.pushFrame(frame)

        // [...]
        }
    // [...]
}
```

vm.New 함수에서 0을 현재 스택 포인터값으로 넘긴다. 그렇게 해야 mainFrame이 바르게 동작한다. mainFrame은 특수한 프레임이므로, 스택에서 절대로 빠져서는 안 된다. 그리고 지역 바인딩을 가져서도 안 된다. case code.OpCall에서 새 프레임을 하나 만드는데, 이 코드를 집중해서 봐야 한다. NewFrame을 호출하는 코드에 두 번째 인수를 추가했다. 두 번째 인수는 현재 vm.sp 값으로 새로운 프레임에서 basePointer로 동작한다.

이제 basePointer도 확보했고, 함수에서 사용할 지역 바인딩 개수도 확보했다. 따라서 이제 두 가지 작업을 하면 된다.

1. 함수를 호출하기 전에 스택에 지역 바인딩을 저장할 '빈 공간'을 할당한다.
2. 가상 머신에서 OpSetLocal, OpGetLocal 명령어를 처리할 수 있게 구현한다.

"스택에 저장 공간을 할당한다"라는 말은 좀 멋지게 들릴지는 몰라도, 아무것도 스택에 넣지 않고 그냥 vm.sp 값을 증가시킨다는 의미밖에 없다. 그리고 함수 호출 전에 vm.sp 값을 저장해두었고, 앞서 말한 내용을 구현할 완벽한 위치도 내가 찾아놓았다. 아래 코드를 보자.

```
// vm/vm.go

func (vm *VM) Run() error {
    // [...]
        switch op {
        // [...]

        case code.OpCall:
            fn, ok := vm.stack[vm.sp-1].(*object.CompiledFunction)
            if !ok {
                return fmt.Errorf("calling non-function")
            }
            frame := NewFrame(fn, vm.sp)
            vm.pushFrame(frame)
            vm.sp = frame.basePointer + fn.NumLocals

        // [...]
        }
    // [...]
}
```

vm.sp에 frame.basePointer + fn.NumLocals를 저장한다. 따라서 새 프레임의 시작점을 basePointer로 잡는다. 그리고 fn.NumLocals 개수만큼 스택에 슬롯을 확보한다. 이 슬롯에는 값이 없을 수도, 옛날 값이 있을 수도 있지만 상관없다. 확보한 슬롯은 지역 바인딩을 위해 예비한 공간이다. 그리고 그냥 일반적인 용도로 스택을 사용할 수도 있다. 즉, 일시적인 값을 넣었다 빼도 상관없다는 뜻이다. 일반적인 용도로 스택을 사용해도 지역 바인딩에 아무런 영향을 주지 않는다.

다음으로는 OpSetLocal과 OpGetLocal 명령어를 가상 머신에 구현한다. OpSetLocal부터 구현해보자.

전역 바인딩 구현체와 매우 유사하다. 피연산자를 읽어 들이고, 스택에서 이름에 바인딩할 값을 꺼낸 다음 저장한다.

```
// vm/vm.go

func (vm *VM) Run() error {
    // [...]
        switch op {
        // [...]

        case code.OpSetLocal:
            localIndex := code.ReadUint8(ins[ip+1:])
            vm.currentFrame().ip += 1

            frame := vm.currentFrame()

            vm.stack[frame.basePointer+int(localIndex)] = vm.pop()

        // [...]
        }
    // [...]
}
```

피연산자를 복호화하고 현재 프레임을 가져온 다음, basePointer와 바인딩할 인덱스값을 더해서 오프셋으로 사용한다. 오프셋값은 바인딩을 저장할 스택상의 위치 인덱스값이다. 스택에서 값을 꺼낸 후, 계산된 위치에 꺼낸 값을 저장한다. 그러면 지역 바인딩이 생성된다.

OpGetLocal은 반대로 구현하면 된다. 값을 넣는 게 아니라 가져온다. 나머지는 동일하다.

```
// vm/vm.go

func (vm *VM) Run() error {
    // [...]
        switch op {
        // [...]
```

```
        case code.OpGetLocal:
            localIndex := code.ReadUint8(ins[ip+1:])
            vm.currentFrame().ip += 1

            frame := vm.currentFrame()

            err := vm.push(vm.stack[frame.basePointer+int(localIndex)])
            if err != nil {
                return err
            }

        // [...]
        }
    // [...]
}
```

됐다! 테스트가 뭐라고 출력하는지 한번 확인해보자.

```
$ go test ./vm
--- FAIL: TestCallingFunctionsWithBindings (0.00s)
  vm_test.go:444: vm error: unsupported types for binary operation:\
    COMPILED_FUNCTION_OBJ INTEGER
FAIL
FAIL    monkey/vm       0.031s
```

왜 실패할까? 테스트 케이스에는 정수와 함수를 더하는 연산은 아예 없는데 말이다. 이런 일은 스택에서 뭔가 남아있을 때나 생긴다. 그렇다. 이유는 스택을 비우지 않았기 때문이다! 함수를 호출하고 나서 vm.sp를 초기화하는 데 basePointer를 사용하지 않았다는 뜻이다.

코드를 변경해야 할 장소를 알겠는가? OpReturnValue와 OpReturn 명령어를 처리하는 곳을 고치면 된다. 지금은 반환값과 방금 실행한 함수만 스택에서 빼고 있다. 이제 지역 바인딩도 모두 제거해야 한다. 가장 쉬운 방법은 방금 실행한 함수를 담고 있는 프레임의 스택 포인터를 basePointer로 바꾸는 것이다.

```
// vm/vm.go

func (vm *VM) Run() error {
    // [...]
```

```
        switch op {
        // [...]

        case code.OpReturnValue:
            returnValue := vm.pop()

            frame := vm.popFrame()
            vm.sp = frame.basePointer - 1

            err := vm.push(returnValue)
            if err != nil {
                return err
            }

        case code.OpReturn:
            frame := vm.popFrame()
            vm.sp = frame.basePointer - 1

            err := vm.push(Null)
            if err != nil {
                return err
            }

        // [...]
        }
    // [...]
}
```

함수에서 반환되어 나올 때, 가장 먼저 프레임을 프레임 스택에서 뺀다. 전에도 같은 동작을 하긴 했지만, 그때는 스택에서 뽑은 프레임을 저장하지는 않았다. 이제 vm.sp에 frame.basePointer - 1을 넣는다. 왜 -1일까? 최적화를 하기 위함이다. vm.sp를 frame.basePointer로 하게 되면 스택에 있는 지역 바인딩은 모두 제거하겠지만, 방금 실행한 함수는 남아 있다. 그러면 앞서 사용한 vm.pop을 호출해야 할 텐데, 이렇게 하지 않고, 단순히 vm.sp를 하나 더 감소 시켜 처리한 것이다.

위 코드를 추가하고 나면, 정말로 끝났다. OpSetLocal, OpGetLocal에서 시작한 여정이 컴파일러 테스트로 이어지고, 심벌 테이블을 거쳐 컴파일러로 다시 돌아왔다가, 도중에 object.CompiledFunction으로 잠시 우회했으나 마지막에는 가상 머신에서 지역 바인딩을 구현하며 끝났다.

```
$ go test ./vm
ok   monkey/vm   0.039s
```

이제 아래 Monkey 코드를 컴파일하고 실행할 수 있다.

```
let globalSeed = 50;
let minusOne = fn() {
  let num = 1;
  globalSeed - num;
}
let minusTwo = fn() {
  let num = 2;
  globalSeed - num;
}
minusOne() + minusOne()
```

이게 끝이 아니다. 전에 보았던 일급 함수가 업그레이드됐다. 전과 마찬가지로 명시적으로 변경하지 않았다. 이제 함수를 다른 함수 안에서 이름으로 할당할 수 있다.

```
// vm/vm_test.go

func TestFirstClassFunctions(t *testing.T) {
    tests := []vmTestCase{
        // [...]
        {
            input: `
        let returnsOneReturner = fn() {
            let returnsOne = fn() { 1; };
            returnsOne;
        };
        returnsOneReturner()();
        `,
            expected: 1,
        },
    }

    runVmTests(t, tests)
}
```

보다시피 테스트를 통과한다.

```
$ go test ./vm
ok   monkey/vm   0.037s
```

이제 목표를 달성했는데, 다음에 만들어야 할 것은 무엇일까? 다음은 함수 호출 인수(arguments)이다. 아마 여러분이 생각하는 것보다 훨씬 쉽게 구현할 수 있다.

함수 호출 인수

이번 섹션 내용으로 본격적으로 들어가기에 앞서 복습을 조금 해보자. Monkey 언어에서는 함수가 파라미터를 갖도록 정의할 수 있다.

```
let addThree = fn(a, b, c) {
  a + b + c;
}
```

addThree 함수는 파라미터 a, b, c를 갖는다. 따라서 호출 표현식에서 아래와 같이 인수로 넘겨 호출할 수 있다.

```
addThree(1, 2, 3);
```

위 호출 표현식으로 함수를 호출하면, 각 값은 인수(arguments)로 전달되어 실행 중인 함수 안에서 파라미터(parameter) 이름으로 바인딩된다. '바인딩'이라는 표현을 보았을 때, 무언가 느낌이 오지 않았는가? 단도직입적으로 얘기하면, '함수 호출 인수는 지역 바인딩을 만드는 특수한 케이스'이다.

인수(arguments)는 지역 바인딩과 같은 생명주기와 같은 스코프를 가지며, 환원도 같은 방식으로 일어난다. 유일한 차이점은 생성 방식이다. 지역 바인딩은 사용자가 let 문을 사용하여 명시적으로 생성하고, 그 결과로 컴파일러가 OpSetLocal 명령어를 배출한다. 반면, 인수는 암묵적으로 이름에 바인딩된다. 컴파일러와 가상 머신이 눈에 보이지 않게 처리해준다. 우리가 이번 섹션에서 어떤 것을 만들게 될지 짐작이 될 것이다.

이번 섹션에서는 함수 파라미터와 함수 호출 인수를 구현하는 것이 우리 목표다. 이번 섹션 말미에는, 아래 Monkey 코드를 컴파일하고 실행할 수 있게 된다.

```
let globalNum = 10;

let sum = fn(a, b) {
  let c = a + b;
  c + globalNum;
};

let outer = fn() {
  sum(1, 2) + sum(3, 4) + globalNum;
};

outer() + globalNum;
```

얼핏 봐도 꽤 어수선해 보이는데, 의도적으로 그렇게 작성한 것이다. 위 Monkey 코드에는 우리가 이미 만들어둔 구현체로 처리할 수 있는 코드와 그렇지 않은 코드가 섞여 있다. 전역 바인딩, 지역 바인딩, 파라미터 없는 함수, 인수 없는 함수 호출은 이미 처리할 수 있으나, 파라미터가 있는 함수나 인수가 있는 함수 호출은 아직 처리할 수 없다.

그러면 어떻게 만들어야 할까? 구현 계획을 세워보자. 가장 먼저 호출 규약을 재고해야 한다. 현재의 호출 규약은 함수 호출 인수를 다루지 않기 때문이다. 그러고 나서, 변경한 호출 규약에 맞게 구현하면 된다. 그러면 호출 규약부터 바꿔보자.

인수가 있는 함수 호출 컴파일하기

현재 호출 규약을 압축해서 표현하면 다음과 같다.

- 호출할 함수를 스택에 넣는다.
- `OpCall` 명령어를 배출한다.
- (이후 진행)

현재 우리가 직면한 문제는, 함수 호출 인수를 어디에 담느냐 하는 것이다. 이때 '어디'란 메모리상의 위치만이 아니라, 호출 규약에서 함수 호출 인수를 처리하는 시점을 의미하기도 한다.

저장할 메모리 위치를 찾는 일은 어렵지 않다. 왜냐하면 이미 현재 함수와 관계된 정보를 저장할 공간을 확보해놓았기 때문이다. 쉽게 말해서 콜 스택을 쓰면 된다. 호출할 함수를 미리 스택에 넣어놓는 것처럼, 호출에 사용할 인수도 스택에 미리 넣어두면 된다.

한편 호출 인수를 저장할 위치에 접근하려면 어떻게 해야 할까? 함수가 스택에 들어간 직후에 호출 인수를 집어넣는 것이 가장 손쉬운 방법이다. 그리고 놀랍게도, 이 실용적인 해법에 대한 반론은 전혀 없다. 그리고 심지어 우아하기까지 하다. 뒤에서 곧 볼 테니 기대해도 좋다.

위 방법을 택한다고 하면, 호출 규약은 아래와 같이 바뀌게 된다.

- 호출할 함수를 스택에 넣는다
- 호출 인수를 스택에 넣는다
- `OpCall` 명령어를 배출한다
- (이후 진행)

그러면 `OpCall` 명령어를 가상 머신에서 처리하면서 함수가 호출된다. 그리고 `OpCall` 명령어를 실행하기 직전에 스택의 모습은 아마 [그림 7-3]과 같을 것이다.

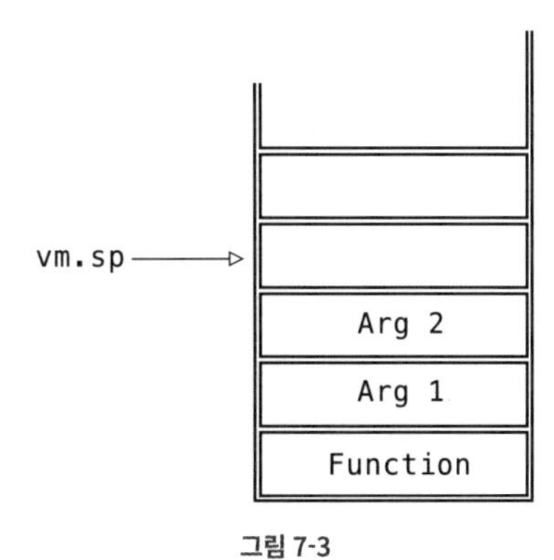

그림 7-3

한편 [그림 7-3]과 같이 처리했다고 가정했을 때, 앞서 제시한 해법은 가상 머신에 몇 가지 작은 문제점을 일으킨다. 왜냐하면 가상 머신은 스택의 최상단에서부터 호출 인수가 몇 개나 있는지 알 수 없기 때문이다.

가상 머신에서 `OpCall` 명령어 구현체를 떠올려보자. 새로운 프레임을 스택에 넣기 전에, 호출할 함수를 스택에서 가져온다. 이제 호출 규약을 새로 정의했으니 호출 인수가 0개 이상 스택에 놓여 있게 된다. 함수 위에 놓인다는 말이다. 그렇다면 스택에서 호출 인수 밑에 덮여 있는 함수에 접근하려면 어떻게 해야 할까?

함수가 일반적인 `object.Object`이기 때문에, 스택을 순회하며 첫 번째 `object.CompiledFunction`을 찾는 편법을 쓸 수도 없다. 왜냐하면 함수 호출 인수가 `object.CompiledFunction`일 수도 있기 때문이다.

다행히도 이런 편법 따위에 의존하지 않아도 된다. 이것보다 훨씬 단순하고 아름다운 해결책이 있다. 명령코드 `OpCall`에 피연산자를 달면 된다. 피연산자의 크기는 1바이트면 충분하다. 호출 인수를 256개보다 더 많이 넣어 호출할 일은 없다고 봐도 무방하기 때문이다. 그리고 피연산자 값을 이용해 조금만 계산하면, 함수가 얼마나 스택 깊숙이 있는지 알아낼 수 있다.

그러면 `OpCall`에 피연산자를 추가해보자.

```
// code/code.go

var definitions = map[Opcode]*Definition{
    // [...]

    OpCall:         {"OpCall", []int{1}},

    // [...]
}
```

위와 같이 코드를 변경하면 몇몇 테스트에서 패닉이 발생하거나 인덱스 에러가 생겨 테스트를 통과하지 못하게 된다. 왜냐하면 컴파일러와 가상 머신 모르게 피연산자의 정의를 변경했기 때문이다. 피연산자를 변경한 행위 자체는 문제가 되지 않지만, 피연산자를 새로 정의했기에

code.Make 함수가 전에 없던 빈 바이트를 하나 만들게 된다. 심지어 우리가 피연산자를 넘기지 않는다고 하더라도 말이다. 따라서 이러지도 저러지도 못하는 상황에 빠져버리는데, 시스템 안의 여러 요소가 같은 대상에 전제하는 내용이 달라서 제대로 동작하지 않는다. 그래서 아무도 무슨 일이 일어나고 있는지 파악할 수가 없게 된다. 그러니 얼른 제대로 동작하게 고쳐보자.

가장 먼저 기존 컴파일러 테스트를 수정해 OpCall 명령어를 만들 때 피연산자를 전달해서 만드는지 확인해보자.

```
// compiler/compiler_test.go

func TestFunctionCalls(t *testing.T) {
    tests := []compilerTestCase{
        {
            // [...]
            expectedInstructions: []code.Instructions{
                code.Make(code.OpConstant, 1), // 컴파일된 함수
                code.Make(code.OpCall, 0),
                code.Make(code.OpPop),
            },
        },
        {
            // [...]
            expectedInstructions: []code.Instructions{
                code.Make(code.OpConstant, 1), // 컴파일된 함수
                code.Make(code.OpSetGlobal, 0),
                code.Make(code.OpGetGlobal, 0),
                code.Make(code.OpCall, 0),
                code.Make(code.OpPop),
            },
        },
    }

    runCompilerTests(t, tests)
}
```

컴파일러 테스트가 잘 실행되도록 변경했다. 그리고 컴파일러 자체도 아직은 문제가 생기지 않는다. 왜냐하면 컴파일러 코드에서도 code.Make로 명령어를 배출하기 때문이다. 그리고 이때 명령어는 새로 만든

피연산자 자리에 빈 바이트를 하나 추가한다. (컴파일러 코드에서는) 아무것도 인수로 넘기지 않았음에도 말이다.

한편 가상 머신 쪽에서는 추가된 피연산자가 비어 있든 아니든 문제가 생긴다. 어떤 동작을 원하는지 테스트 코드로 구체화하기 전까지는, 우선 아래 코드처럼 그냥 지나가기로 하자.

```
// vm/vm.go

func (vm *VM) Run() error {
    // [...]
        switch op {
        // [...]

        case code.OpCall:
            vm.currentFrame().ip += 1
            // [...]

        // [...]
        }
    // [...]
}
```

다시 잘 동작하게 됐다.

```
$ go test ./...
?       monkey  [no test files]
ok    monkey/ast  0.014s
ok    monkey/code 0.014s
ok    monkey/compiler 0.011s
ok    monkey/evaluator    0.014s
ok    monkey/lexer    0.011s
ok    monkey/object   0.014s
ok    monkey/parser   0.009s
?       monkey/repl [no test files]
?       monkey/token    [no test files]
ok    monkey/vm   0.037s
```

이제 OpCall에 대한 정리가 끝났으니, 다시 하던 작업을 처리해보자. 테스트를 작성해서 컴파일러가 업데이트된 호출 규약을 따르는지 확인해보자. 호출 규약을 따르는지는 스택에 인수를 집어넣는 명령어를 배출해서 확인한다. 테스트 함수를 새로 작성하는 대신에 앞서 작성한 TestFunctionCalls에 테스트 케이스를 추가해보자.

```
// compiler/compiler_test.go

func TestFunctionCalls(t *testing.T) {
    tests := []compilerTestCase{
        // [...]
        {
            input: `
            let oneArg = fn(a) { };
            oneArg(24);
            `,
            expectedConstants: []interface{}{
                []code.Instructions{
                    code.Make(code.OpReturn),
                },
                24,
            },
            expectedInstructions: []code.Instructions{
                code.Make(code.OpConstant, 0),
                code.Make(code.OpSetGlobal, 0),
                code.Make(code.OpGetGlobal, 0),
                code.Make(code.OpConstant, 1),
                code.Make(code.OpCall, 1),
                code.Make(code.OpPop),
            },
        },
        {
            input: `
            let manyArg = fn(a, b, c) { };
            manyArg(24, 25, 26);
            `,
            expectedConstants: []interface{}{
                []code.Instructions{
                    code.Make(code.OpReturn),
                },
                24,
                25,
                26,
            },
            expectedInstructions: []code.Instructions{
                code.Make(code.OpConstant, 0),
                code.Make(code.OpSetGlobal, 0),
                code.Make(code.OpGetGlobal, 0),
```

```
                code.Make(code.OpConstant, 1),
                code.Make(code.OpConstant, 2),
                code.Make(code.OpConstant, 3),
                code.Make(code.OpCall, 3),
                code.Make(code.OpPop),
            },
        },
    }

    runCompilerTests(t, tests)
}
```

추가된 테스트 케이스에서는 입력에 작성된 함수의 몸체는 비어 있고, 함수 안에서 파라미터를 사용하지 않는다는 것에 주목하자. 의도적으로 이렇게 구성했다. 먼저 함수 호출을 컴파일할 수 있게 만들려 한다. 그러고 나면 나중에 같은 테스트에서 파라미터를 사용하도록 변경하고, 기댓값을 바꿔볼 것이다.

각각의 테스트 케이스에서 expectedInstructions를 보면, 함수 호출 첫 번째 인수는 스택 가장 아래에 위치해야 한다. 현재 우리가 구현하고 있는 내용과는 크게 관계가 없지만, 나중에 가상 머신이 파라미터를 참조할 때 이런 방식이 얼마나 유용한지 보게 된다.

보다시피 결과 메시지가 제법 의미 있는 정보를 보여준다.

```
$ go test ./compiler
--- FAIL: TestFunctionCalls (0.00s)
 compiler_test.go:889: testInstructions failed: wrong instructions length.
  want="0000 OpConstant 0\n0003 OpSetGlobal 0\n0006 OpGetGlobal 0\n\
    0009 OpConstant 1\n0012 OpCall 1\n0014 OpPop\n"
  got ="0000 OpConstant 0\n0003 OpSetGlobal 0\n0006 OpGetGlobal 0\n\
    0009 OpCall 0\n0011 OpPop\n"
FAIL
FAIL    monkey/compiler 0.008s
```

출력을 보면 OpConstant 명령어가 없다고 하는데, 이는 함수 호출 인수를 컴파일해야 한다는 뜻이다. 그리고 OpCall 명령어에 달린 피연산자 값이 틀리게 나오는데, 아직 피연산자를 사용하지 않기 때문이다.

Compile 메서드에서 case *ast.CallExpression에 위의 내용을 그대로 적용해보자.

```
// compiler/compiler.go

func (c *Compiler) Compile(node ast.Node) error {
    switch node := node.(type) {
    // [...]

    case *ast.CallExpression:
        err := c.Compile(node.Function)
        if err != nil {
            return err
        }

        for _, a := range node.Arguments {
            err := c.Compile(a)
            if err != nil {
                return err
            }
        }

        c.emit(code.OpCall, len(node.Arguments))

    // [...]
    }

    // [...]
}
```

바뀌지 않은 코드는 node.Function을 컴파일하는 부분이다. 그러나 새로운 호출 규약으로 바뀐 지금도 여전히 호출 규약 첫 번째 단계이다. 우리는 여기에 더해 함수 호출 인수도 스택에 넣어야 한다.

함수 호출 인수를 스택에 넣는 방법은 간단하다. node.Arguments를 반복하면서 인수를 컴파일한다. 각각의 인수는 *ast.Expression이므로, 각각은 하나 이상의 명령어가 되어 스택에 들어간다. 따라서 반복문이 끝나고 나면 함수 호출 인수가 호출할 함수 위쪽에 쌓이게 된다. 앞서 말한 호출 규약대로 되어가고 있다. 그리고 나서 가상 머신에게 함수 위에 인수가 얼마나 많이 있는지 알려줘야 하므로, len(node.Arguments)

을 피연산자로 사용해서 OpCall 명령어를 배출한다.

돴다. 이제 테스트를 통과한다.

```
$ go test ./compiler
ok   monkey/compiler 0.008s
```

이제 인수가 있는 호출 표현식을 컴파일할 수 있다. 그러면 이제부터는 함수 몸체 안에서 전달한 인수를 사용하는 방법을 생각해보자.

인수 참조 환원하기

가장 먼저 우리가 컴파일러에 기대하는 바를 명확히 해보자. 함수 호출 시점에 호출 인수는 스택에 있을 것이다. 그러면 함수 호출 중에 인수에 접근하려면 어떻게 해야 할까?

OpGetArgument 같은 명령코드를 정의해, 가상 머신에게 스택에 인수를 집어넣으라고 알려줘야 할까? 이렇게 한다면 호출 인수를 스택에 넣을 때, 인수에 심벌 테이블상의 스코프와 인덱스값을 부여해야 한다. 그렇지 않으면 호출 인수의 참조값을 처리할 때, 어떤 명령코드를 배출할지 알 수 없게 된다.

만약 우리 목표가 명시적으로 호출 인수를 지역 바인딩과 구분하는 게 목적이라면 위와 같이 구현해야만 한다. 왜냐하면 구분한다는 측면에서는 훨씬 유연성이 있기 때문이다. 그러나 우리는 위와 같이 구현하지 않는다. Monkey 언어에서 함수 호출 인수와 함수 안에 생성된 지역 바인딩 간에는 아무런 차이가 없다. 둘을 똑같이 처리하는 게 우리에게는 더 괜찮은 방안이다.

그리고 함수 호출 시점에 스택을 살펴보면, 호출 인수와 지역 바인딩을 똑같이 처리하는 게 더 나은 선택임을 쉽게 알 수 있다. 스택을 보면 호출될 인수가 호출될 함수 바로 위에 놓이게 된다. 그리고 원래 이 영역에서 무엇을 했었는지 기억하는가? 그렇다! 원래 이 위치에 지역 바인딩을 저장했다. 따라서 만약 우리가 호출 인수를 지역 바인딩으로 처리한다면, 필요한 위치에 미리 있게 될 뿐이다. 우리는 컴파일러에서 호출 인수를 지역 바인딩처럼 다루도록 만들면 된다.

실제 코드로 설명하자면, 함수 파라미터에 생기는 모든 참조를 대상으로 `OpGetLocal` 명령어를 배출하면 된다. 이를 위해, `TestFunctionCalls`의 마지막 테스트 케이스 둘을 수정한다.

```
// compiler/compiler_test.go

func TestFunctionCalls(t *testing.T) {
    tests := []compilerTestCase{
        // [...]
        {
            input: `
            let oneArg = fn(a) { a };
            oneArg(24);
            `,
            expectedConstants: []interface{}{
                []code.Instructions{
                    code.Make(code.OpGetLocal, 0),
                    code.Make(code.OpReturnValue),
                },
                24,
            },
            expectedInstructions: []code.Instructions{
                code.Make(code.OpConstant, 0),
                code.Make(code.OpSetGlobal, 0),
                code.Make(code.OpGetGlobal, 0),
                code.Make(code.OpConstant, 1),
                code.Make(code.OpCall, 1),
                code.Make(code.OpPop),
            },
        },
        {
            input: `
            let manyArg = fn(a, b, c) { a; b; c };
            manyArg(24, 25, 26);
            `,
            expectedConstants: []interface{}{
                []code.Instructions{
                    code.Make(code.OpGetLocal, 0),
                    code.Make(code.OpPop),
                    code.Make(code.OpGetLocal, 1),
                    code.Make(code.OpPop),
                    code.Make(code.OpGetLocal, 2),
```

```
                    code.Make(code.OpReturnValue),
                },
                24,
                25,
                26,
            },
            expectedInstructions: []code.Instructions{
                code.Make(code.OpConstant, 0),
                code.Make(code.OpSetGlobal, 0),
                code.Make(code.OpGetGlobal, 0),
                code.Make(code.OpConstant, 1),
                code.Make(code.OpConstant, 2),
                code.Make(code.OpConstant, 3),
                code.Make(code.OpCall, 3),
                code.Make(code.OpPop),
            },
        },
    }

    runCompilerTests(t, tests)
}
```

함수 몸체가 전에는 비어 있었는데 함수 파라미터를 참조하도록 바뀌었다. 그리고 기댓값도 변경됐다. 컴파일러에게 참조값을 OpGetLocal 명령어로 변환해서 호출 인수를 스택에 올려두기를 기대한다. OpGetLocal 명령어에 붙는 인덱스는 첫 번째 인수부터 0으로 시작한다. 그리고 다음번 인수로 넘어갈 때마다 하나씩 증가한다. 즉, 지역 바인딩과 동일하다.

테스트를 실행하면, 컴파일러가 아직 참조를 제대로 환원하지 못하는 것을 볼 수 있다.

```
$ go test ./compiler
--- FAIL: TestFunctionCalls (0.00s)
 compiler_test.go:541: compiler error: undefined variable a
FAIL
FAIL    monkey/compiler 0.009s
```

이제부터는 한결 수월해진다. 테스트를 통과하게 만들려면 함수 파라미터를 지역 바인딩으로 정의하면 된다. 이때 '정의'한다라는 것은 말 그대로 정의한다는 뜻이다. 그냥 Define 메서드를 호출하면 된다.

```
// compiler/compiler.go

func (c *Compiler) Compile(node ast.Node) error {
    switch node := node.(type) {
    // [...]

    case *ast.FunctionLiteral:
        c.enterScope()

        for _, p := range node.Parameters {
            c.symbolTable.Define(p.Value)
        }

        err := c.Compile(node.Body)
        if err != nil {
            return err
        }
        // [...]

    // [...]
    }

    // [...]
}
```

새 스코프에 진입하고 나서 함수 몸체를 컴파일하기 전에 함수 스코프 안에서 각각의 파라미터를 정의한다. 파라미터가 정의되면 심벌 테이블이 (자연히 컴파일러도) 새로운 참조값을 환원할 수 있게 되고, 함수 몸체를 컴파일할 때 참조값을 지역 바인딩처럼 다룰 수 있게 된다. 아래 실행 결과를 보자.

```
$ go test ./compiler
ok   monkey/compiler 0.009s
```

이보다 더 깔끔할 수 있을까?

가상 머신에서 인수 다루기

우리의 목표가 아래 Monkey 코드를 컴파일하고 가상 머신에서 실행하는 것이었음을 기억하는가?

```
let globalNum = 10;

let sum = fn(a, b) {
  let c = a + b;
  c + globalNum;
};

let outer = fn() {
  sum(1, 2) + sum(3, 4) + globalNum;
};

outer() + globalNum;
```

정말 거의 다 왔다. 위 코드에서 일부만 뽑아 아래와 같은 가상 머신 테스트로 만들어보자.

```
// vm/vm_test.go

func TestCallingFunctionsWithArgumentsAndBindings(t *testing.T) {
    tests := []vmTestCase{
        {
            input: `
        let identity = fn(a) { a; };
        identity(4);
        `,
            expected: 4,
        },
        {
            input: `
        let sum = fn(a, b) { a + b; };
        sum(1, 2);
        `,
            expected: 3,
        },
    }

    runVmTests(t, tests)
}
```

위 코드는 우리가 구현해야 할 내용을 가장 기본적인 형태로 보여준다. 첫 번째 테스트 케이스에서는 함수 호출에 인수 하나를 넘기고, 함수 몸체에서는 해당 호출 인수를 참조하고 반환한다. 두 번째 테스트 케이스는 기본 동작을 확인할 목적으로 작성된 테스트 케이스이다. 가상 머신에서 두 개 이상의 인수도 처리할 수 있는지 확인한다. 실행하면 아래와 같이 둘 다 실패한다.

```
$ go test ./vm
--- FAIL: TestCallingFunctionsWithArgumentsAndBindings (0.00s)
 vm_test.go:709: vm error: calling non-function
FAIL
FAIL    monkey/vm   0.039s
```

흥미롭지 않은가! 테스트는 가상 머신이 스택에서 인수를 찾지 못해서 실패한 게 아니라, 함수를 찾지 못했기 때문에 실패했다. 그리고 함수를 찾지 못한 이유는, 엉뚱한 위치를 살펴봤기 때문이다.

가상 머신은 아직도 함수가 스택의 가장 위에 있다고 기대하고 있다. 물론 이는 예전 호출 규약 기준에서는 맞는 가정이었다. 그러나 컴파일러를 업데이트했기 때문에, 배출된 명령어는 함수만 스택에 넣는 게 아니라 호출 인수도 스택에 넣는다. 그래서 가상 머신이 함수가 아닌 대상을 호출하려 한다고 불평한 것이다. 즉, 함수를 가져간 것이 아니라 호출 인수를 가져간 것이다.

테스트를 통과하려면 OpCall 명령어 피연산자를 설계한 대로 사용하면 된다. 즉, 함수를 찾을 수 있을 만큼 깊숙이 스택에 들어가면 된다.

```
// vm/vm.go

func (vm *VM) Run() error {
    // [...]
        switch op {
        // [...]

        case code.OpCall:
            numArgs := code.ReadUint8(ins[ip+1:])
            vm.currentFrame().ip += 1

            fn, ok := vm.stack[vm.sp-1-int(numArgs)].(*object.CompiledFunction)
            if !ok {
                return fmt.Errorf("calling non-function")
            }
```

```
            frame := NewFrame(fn, vm.sp)
            vm.pushFrame(frame)
            vm.sp = frame.basePointer + fn.NumLocals

        // [...]
        }
    // [...]
}
```

이번에는 함수를 스택 가장 위에서 가져오는 게 아니라, 피연산자를 복호화해서 위치를 계산한다. 이를 위해 numArgs에 피연산자 값을 저장해 두고, vm.sp에서 이 값을 뺀 값으로 스택을 조회한다. 이때 -1이 추가로 붙은 이유는 vm.sp는 스택 가장 위를 가리키는 게 아니라 다음에 들어갈 요소의 위치를 가리키기 때문이다.

이제 실행 결과를 보면, 조금 나아지긴 했지만 진전이 크게 있어 보이지는 않는다.

```
$ go test ./vm
--- FAIL: TestCallingFunctionsWithArgumentsAndBindings (0.00s)
 vm_test.go:357: testIntegerObject failed:\
   object is not Integer. got=<nil> (<nil>)
panic: runtime error: \
  invalid memory address or nil pointer dereference [recovered]
 panic: runtime error: invalid memory address or nil pointer
dereference
[signal SIGSEGV: segmentation violation code=0x1 addr=0x20 pc=0x10f7841]

goroutine 13 [running]:
testing.tRunner.func1(0xc4200a80f0)
 /usr/local/go/src/testing/testing.go:742 +0x29d
panic(0x11215e0, 0x11fffa0)
 /usr/local/go/src/runtime/panic.go:502 +0x229
monkey/vm.(*VM).executeBinaryOperation(0xc4204b3eb8, 0x1, 0x0, 0x0)
 /Users/mrnugget/code/07/src/monkey/vm/vm.go:270 +0xa1
monkey/vm.(*VM).Run(0xc4204b3eb8, 0x10000, 0x10000)
 /Users/mrnugget/code/07/src/monkey/vm/vm.go:87 +0x155
monkey/vm.runVmTests(0xc4200a80f0, 0xc4204b3f58, 0x2, 0x2)
 /Users/mrnugget/code/07/src/monkey/vm/vm_test.go:276 +0x5de
monkey/vm.TestCallingFunctionsWithArgumentsAndBindings(0xc4200a80f0)
 /Users/mrnugget/code/07/src/monkey/vm/vm_test.go:357 +0x93
testing.tRunner(0xc4200a80f0, 0x11540e8)
 /usr/local/go/src/testing/testing.go:777 +0xd0
```

```
created by testing.(*T).Run
 /usr/local/go/src/testing/testing.go:824 +0x2e0
FAIL    monkey/vm   0.049s
```

첫 번째 테스트 케이스 실패 메시지는 스택에서 꺼낸 값이 4가 아닌 nil이 나왔다고 출력하고 있다. 이는 분명히 가상 머신이 호출 인수를 스택에서 찾지 못해 생긴 문제다.

두 번째 테스트 케이스는 무언가를 출력하기도 전에 그냥 터져버렸다. 테스트가 그냥 터져버린 이유는 뚜렷하게 드러나지 않아, 스택 트레이스(stack trace)를 타고 올라가면서 읽어야 한다. vm.go에 이르러서 패닉이 발생한 이유를 찾을 수 있다. 가상 머신이 nil 포인터 둘에서 object.Object.Type 메서드를 호출했기 때문이다. 둘을 더하기 위해 스택에서 꺼냈는데, 둘 다 nil이었던 것이다.

두 테스트 모두 같은 원인으로 실패했다. 가상 머신이 스택에서 호출 인수를 찾으려 했지만 찾지 못해 nil을 가져다 썼다.

사실 뭔가는 제대로 동작하지 않을 것이라고 예상하긴 했다. 그래도 내심 잘되길 바랐지만 결국은 실패했다. 어쨌든, 지금 스택에는 함수 호출 인수가 가장 위쪽에서부터 호출될 함수 바로 위까지 놓여있다. 이 위치는 지역 바인딩을 저장할 위치이기도 하다. 우리는 호출 인수를 지역 바인딩으로 처리하고, OpGetLocal 명령어로 가져오길 바라기 때문에, 지역 바인딩이 있어야 할 위치에 호출 인수가 있어야 한다. 그리고 이렇게 처리하는 게 호출 인수를 지역 바인딩으로 처리하는 핵심 방법이기도 하다. 그런데 왜 가상 머신은 호출 인수를 찾지 못하는 것일까?

요약하면, 스택 포인터값이 너무 크게 잡혀서 그렇다. 즉, 새로운 프레임을 basePointer로 초기화하는 기존 방식은 더 이상 사용할 수 없게 되었다.

Frame이 basePointer를 사용하는 데는 두 가지 목적이 있었다. 첫 번째는 basePointer를 재시작 버튼같이 사용하기 위해서다. vm.sp를 basePointer - 1로 바꾸면서 이제 막 실행을 마친 함수와 함수가 스택에 남긴 모든 것을 제거하기 위해 basePointer를 활용했다.

두 번째는 지역 바인딩을 참조하는데, basePointer를 사용하기 위해서다. 미리 말하자면, 여기에 버그가 숨어 있다. 우리는 함수를 실행하기 직전에 basePointer를 vm.sp가 가진 현잿값으로 바꾼다. 그리고 함수가 사용할 지역 바인딩 숫자만큼 vm.sp를 증가시킨다. 그리고 여기서 지난 섹션에서 언급한 적이 있는 '빈 공간'이 생긴다. 스택에는 N개의 슬롯이 생겨 지역 바인딩을 저장하고 값을 가져오는 데 사용한다.

테스트가 실패한 원인은 함수 호출 직전에 지역 바인딩으로 사용할 함수 호출 인수가 이미 스택에 들어 있기 때문이다. 그런데도 우리는 지역 바인딩 저장 위치를 계산할 때 사용한 공식(basePointer에 해당 지역 바인딩의 인덱스를 더한 값)과 똑같이 함수 호출 인수에 접근하고자 했다. [그림 7-4]를 보자. 우리가 프레임을 초기화할 때의 스택의 모습이다.

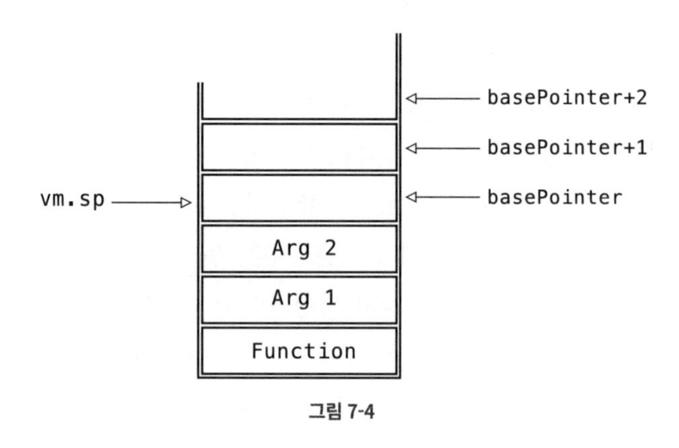

그림 7-4

이제 문제를 발견했으리라 생각한다. 우리는 스택에 호출 인수를 집어넣은 다음에, basePointer를 vm.sp의 현재값으로 바꿨다. 따라서 basePointer에 지역 바인딩 인덱스를 '더해서' 가리키면, 빈 슬롯을 가리키게 된다. 그래서 결과적으로 가상 머신이 호출 인수가 아닌 nil을 가져가게 된다.

따라서 basePointer 값을 조정해야 한다. 이제는 vm.sp의 값을 그냥 가져다 쓸 수는 없다. 그렇다고 새로 사용할 basePointer 공식이 이해하기 어렵다는 말은 아니다. 아래는 새 공식이다.

```
basePointer = vm.sp - numArguments
```

위와 같이 basePointer를 사용했을 때, 함수 호출 시점의 스택을 보면 [그림 7-5]와 같다.

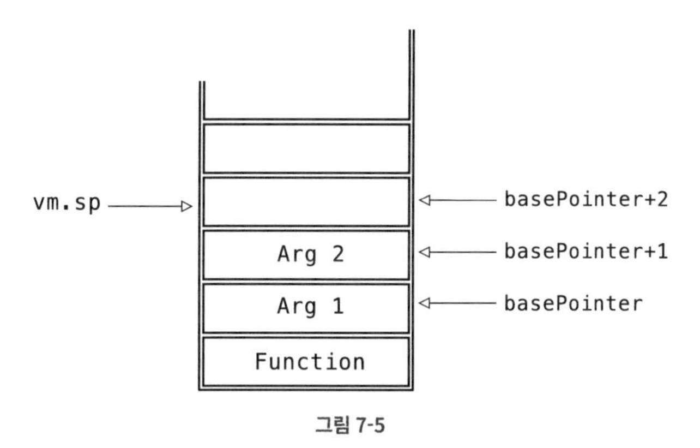

그림 7-5

그럼 이제 잘 동작할 것이다. 이제 basePointer에 호출 인수가 갖는 지역 바인딩 인덱스값을 더하면, 올바른 슬롯을 가리킬 수 있다. 그리고 무엇보다 vm.sp는 여전히 스택에서 다음 빈 슬롯을 가리키고 있을 것이다. 완벽하다!

지금까지 말한 내용 그대로 코드로 옮겨보았다.

```
// vm/vm.go

func (vm *VM) Run() error {
    // [...]
        switch op {
        // [...]

        case code.OpCall:
            numArgs := code.ReadUint8(ins[ip+1:])
            vm.currentFrame().ip += 1

            err := vm.callFunction(int(numArgs))
            if err != nil {
                return err
            }
```

```
            // [...]
        }
    // [...]
}

func (vm *VM) callFunction(numArgs int) error {
    fn, ok := vm.stack[vm.sp-1-numArgs].(*object.CompiledFunction)
    if !ok {
        return fmt.Errorf("calling non-function")
    }

    frame := NewFrame(fn, vm.sp-numArgs)
    vm.pushFrame(frame)

    vm.sp = frame.basePointer + fn.NumLocals

    return nil
}
```

더 늦기 전에 OpCall 핵심 구현체를 새 메서드 callFunction에 옮겨 놓자. 한편 헷갈리지 말아야 할 것이 구현 자체는 변한 게 거의 없다. NewFrame을 호출할 때, 두 번째 인수만 바뀌었을 뿐이다. 새로 만들어질 프레임이 사용할 basePointer로 vm.sp를 그대로 넘기는 게 아니라, 새로운 공식대로 numArgs를 빼서 넘긴다는 뜻이다. 따라서 [그림 7-5]에서 본 대로 basePointer가 위치하게 된다.

아래 실행 결과를 보자.

```
$ go test ./vm
ok    monkey/vm    0.047s
```

모든 가상 머신 테스트를 통과했다. 이렇게 된 바에 테스트를 몇 개 더 작성해보자.

```
// vm/vm_test.go

func TestCallingFunctionsWithArgumentsAndBindings(t *testing.T) {
    tests := []vmTestCase {
        // [...]
        {
            input: `
```

```
        let sum = fn(a, b) {
            let c = a + b;
            c;
        };
        sum(1, 2);
        `,
            expected: 3,
        },
        {
            input: `
        let sum = fn(a, b) {
            let c = a + b;
            c;
        };
        sum(1, 2) + sum(3, 4);`,
            expected: 10,
        },
        {
            input: `
        let sum = fn(a, b) {
            let c = a + b;
            c;
        };
        let outer = fn() {
            sum(1, 2) + sum(3, 4);
        };
        outer();
        `,
            expected: 10,
        },
    }

    runVmTests(t, tests)
}
```

위 테스트 케이스는 직접 만든 지역 바인딩과 호출 인수를 섞어서 사용해도 문제가 없는지 확인한다. 단일 함수에서도, 같은 이름으로 여러 번 호출되는 함수에서도 그리고 다른 함수 안에서 여러 번 호출되더라도 모두 잘 동작한다.

```
$ go test ./vm
ok   monkey/vm   0.041s
```

그러면 우리가 목표를 달성했는지 한번 확인해보자.

```
// vm/vm_test.go

func TestCallingFunctionsWithArgumentsAndBindings(t *testing.T) {
    tests := []vmTestCase {
        // [...]
        {
            input: `
        let globalNum = 10;

        let sum = fn(a, b) {
            let c = a + b;
            c + globalNum;
        };

        let outer = fn() {
            sum(1, 2) + sum(3, 4) + globalNum;
        };

        outer() + globalNum;
        `,
            expected: 50,
        },
    }

    runVmTests(t, tests)
}
```

이제 테스트를 돌려보자.

```
$ go test ./vm
ok   monkey/vm   0.035s
```

훌륭하다! 컴파일러와 가상 머신에 함수 호출 인수를 구현하는 데 성공했다.

이제 함수를 잘못된 인수 개수로 호출하더라도 스택이 오동작하지 않도록 만들어야 한다. 왜냐하면 우리 구현체는 함수가 받는 인수 개수로 스택의 크기를 계산하기 때문이다.

```
// vm/vm_test.go
```

```
func TestCallingFunctionsWithWrongArguments(t *testing.T) {
    tests := []vmTestCase{
        {
            input:    `fn() { 1; }(1);`,
            expected: `wrong number of arguments: want=0, got=1`,
        },
        {
            input:    `fn(a) { a; }();`,
            expected: `wrong number of arguments: want=1, got=0`,
        },
        {
            input:    `fn(a, b) { a + b; }(1);`,
            expected: `wrong number of arguments: want=2, got=1`,
        },
    }

    for _, tt := range tests {
        program := parse(tt.input)

        comp := compiler.New()
        err := comp.Compile(program)
        if err != nil {
            t.Fatalf("compiler error: %s", err)
        }

        vm := New(comp.Bytecode())
        err = vm.Run()
        if err == nil {
            t.Fatalf("expected VM error but resulted in none.")
        }

        if err.Error() != tt.expected {
            t.Fatalf("wrong VM error: want=%q, got=%q", tt.expected,
                err)
        }
    }
}
```

우리는 잘못된 인수 개수로 함수를 호출했을 때, 가상 머신 에러가 나오길 바란다. 그런데 에러가 나오길 바랐는데, 에러가 발생하지 않았다. 실행 결과를 보자.

```
$ go test ./vm
--- FAIL: TestCallingFunctionsWithWrongArguments (0.00s)
```

```
 vm_test.go:801: expected VM error but resulted in none.
FAIL
FAIL    monkey/vm   0.053s
```

테스트를 통과하게 만들려면 object 패키지로 빠르게 이동해, *object.CompiledFunction 정의에 아래와 같이 새로운 필드를 추가하면 된다.

```
// object/object.go

type CompiledFunction struct {
    Instructions  code.Instructions
    NumLocals     int
    NumParameters int
}
```

그리고 아래와 같이 컴파일러에서 NewParameters 필드에, 현재 처리하고 있는 함수 리터럴이 갖는 파라미터 개수를 넣는다.

```
// compiler/compiler.go

func (c *Compiler) Compile(node ast.Node) error {
    switch node := node.(type) {
    // [...]

    case *ast.FunctionLiteral:
        // [...]

        compiledFn := &object.CompiledFunction{
            Instructions:  instructions,
            NumLocals:     numLocals,
            NumParameters: len(node.Parameters),
        }
        c.emit(code.OpConstant, c.addConstant(compiledFn))

    // [...]
    }

    // [...]
}
```

그리고 가상 머신에서는 NumParameters와 현재 스택에 들어 있는 호출 인수의 개수가 맞는지 확인한다.

```
// vm/vm.go

func (vm *VM) callFunction(numArgs int) error {
    fn, ok := vm.stack[vm.sp-1-numArgs].(*object.CompiledFunction)
    if !ok {
        return fmt.Errorf("calling non-function")
    }

    if numArgs != fn.NumParameters {
        return fmt.Errorf("wrong number of arguments: want=%d, got=%d",
            fn.NumParameters, numArgs)
    }

    // [...]
}
```

이제 안정적으로 동작한다.

```
$ go test ./vm
ok   monkey/vm       0.035s
```

설령 잘못된 인수 개수로 함수를 호출하더라도 스택에 문제가 생기지 않는다.

이제 그간 구현한 함수와 함수 호출, 호출 인수, 지역 바인딩을 REPL에서 양껏 즐겨보자. 여러분이 구현한 것들은 결코 작은 게 아니다. 그리고 덕분에 이제는 다음 주제로 넘어갈 수 있게 됐다.

```
$ go build -o monkey . && ./monkey
Hello mrnugget! This is the Monkey programming language!
Feel free to type in commands
>> let one = fn() { 1; };
CompiledFunction[0xc42008a8d0]
>> let two = fn() { let result = one(); return result + result; };
CompiledFunction[0xc42008aba0]
>> let three = fn(two) { two() + 1; };
CompiledFunction[0xc42008ae40]
>> three(two);
3
```

이제 전혀 다른 타입의 함수를 구현해볼 때가 됐다.

8장

Writing A Compiler In Go

내장 함수

전편 《인터프리터 in Go》에서는 함수를 정의할 수 있는 기능만 구현한 게 아니라 내장 함수도 구현해 넣었다. 당시에 구현한 내장 함수를 아래에 가져왔다.

```
len([1, 2, 3]);        // => 3
first([1, 2, 3]);      // => 1
last([1, 2, 3]);       // => 3
rest([1, 2, 3]);       // => [2, 3]
push([1, 2, 3], 4);    // => [1, 2, 3, 4]
puts("Hello World!"); // "Hello World!" 출력
```

이번 장에서는 우리가 만든 바이트코드 컴파일러와 가상 머신에 위 내장 함수를 구현해 넣는 게 목표이다. 그리고 생각하는 것만큼 그리 간단치는 않을 것이다.

내장 함수는 Go로 작성된 함수이고, 따라서 우리가 작성한 다른 여느 함수처럼 쉽게 옮길 수 있어야 하는데, 내장 함수들은 모두 `evaluator` 패키지에 맞추어 구현되어 있다.

내장 함수는 프라이빗(private)[1]으로 구현되어 있고, 내부 참조를 사용하며 프라이빗(private) 도움 함수를 사용한다. 따라서 `compiler`와 `vm` 패키지에서도 내장 함수를 사용해야 하는 지금 상황은 그리 좋은 여건이라고 보기 어렵다.

그러므로 내장 함수를 가상 머신에서 실행할 방법을 생각하기에 앞서(혹은 컴파일 단계에서 어떻게 할지 고민하기 전에), 새로 작성한 코드에서 더 쉽게 사용할 수 있도록 《인터프리터 in Go》에서 구현한 코드를 리팩터링해야 한다.

첫 번째 리팩터링 방안은, 함수의 정의를 퍼블릭(public)으로 바꾸는 것이다. 다시 말해 이름을 모두 대문자로 변경하면 된다. 동작은 잘하겠지만 민감한 문제가 있다. 바로 내 입맛에 맞지 않는다는 것이다. 나는 컴파일러와 가상 머신이 평가기에 의존하는 것을 원하지 않는다. 이렇게 바꾸면 평가기에 의존하게 된다. 나는 `compiler`, `vm`, `evaluator` 패키지 모두가 내장 함수에 같은 방식으로 접근하길 원한다.

따라서 자연스럽게 두 번째 리팩터링 방법으로 옮겨 간다. 두 번째 방법은 정의를 중복해 사용하는 방법이다. 기존 평가기용 내장 함수를 복사해 `vm`과 `compiler` 패키지에서 사용하겠다는 뜻이다. 그러나, 우리는 프로그래머다. 이런 중복은 참을 수 없다. 심각하게 말하건대, 이렇게 내장 함수를 중복해 만드는 것은 정말 좋지 않은 생각이다. 내장 함수에는 적지 않은 Monkey 언어 동작들이 녹아 들어갈 텐데, 이런 방식으로 작성하면 같은 코드인데도 실수로 분기되는 상황이 생길 수 있다.

따라서 코드를 중복하지 않고, 기존 내장 함수를 `object` 패키지로 옮기려 한다. 조금 더 수고스럽긴 하겠지만, 가장 우아한 선택이기도 하다. 왜냐하면 나중에 내장 함수를 컴파일러와 가상 머신에 통합할 때 훨씬 간편하게 작업할 수 있기 때문이다.

1 (옮긴이) 프라이빗(private): Go 언어에서는 개체 이름을 대문자로 시작해야만 패키지 외부에서 사용할 수 있다. 이를 exported names 라고 한다. 반대로 패키지 외부에서 사용할 수 없고 내부에서만 사용할 수 있는 이름을 unexported names라고 한다. 여기서 말하는 프라이빗(private)은 unexported names를 말한다. 그리고 뒤에 나올 퍼블릭(public)은 exported names를 말한다(참고 *https://golang.org/doc/effective_go#names*).

코드 변경은 간편하게

가장 먼저 내장 함수를 evaluator 패키지에서 다른 위치로 옮겨보자. 단, 기존 evaluator가 계속 동작할 수 있게 유지해야 한다. 여기에 곁가지로 처리해야 할 일이 있다. 옮길 때, 내장 함수를 정의해 내장 함수 하나에 인덱스값으로 접근하고, 내장 함수로 반복 순회할 때 '일관된 순서(a stable way)'로 접근하도록 만들어야 한다. 현재 evaluator에 정의된 내장 함수는 map[string]*object.Builtin으로 저장되어 있어서, 인덱스로 접근은 가능하지만 반복 순회 시 순서가 보장되지 않는다.

그리고 맵을 사용하지 않고 구조체 슬라이스를 사용해, 내장 함수 이름과 *object.Builtin을 쌍으로 담으려 한다. 그렇게 함으로써 일관된 순서가 보장될 것이며, 작은 도움 함수를 이용해 함수 이름으로 내장 함수를 가져올 수도 있다.

그리고 기존 evaluator.builtins의 정의를 '복사/붙여 넣기' 하지 않기 때문에, 각각의 내장 함수를 다시 훑어볼 기회도 생긴다.

그러면 len 함수부터 시작해보자. 배열이나 문자열의 길이를 계산하는 내장 함수다. object 패키지에 builtins.go라는 파일을 만들고 우선 evaluator/builtins.go에 정의된 len 함수를 복사해오자.

```
// object/builtins.go

package object

import "fmt"

var Builtins = []struct {
    Name    string
    Builtin *Builtin
}{
    {
        "len",
        &Builtin{Fn: func(args ...Object) Object {
            if len(args) != 1 {
                return newError("wrong number of arguments. got=%d, want=1",
                    len(args))
            }
```

```
            switch arg := args[0].(type) {
            case *Array:
                return &Integer{Value: int64(len(arg.Elements))}
            case *String:
                return &Integer{Value: int64(len(arg.Value))}
            default:
                return newError("argument to `len` not supported, got %s",
                    args[0].Type())
            }
        },
        },
    },
}

func newError(format string, a ...interface{}) *Error {
    return &Error{Message: fmt.Sprintf(format, a...)}
}
```

Builtins는 구조체 슬라이스이고, 각각의 구조체는 내장 함수 name과 내장 함수를 가리키는 포인터 *Builitin을 담고 있다.

*Builtin을 이름 len으로 복사했지만, 별생각 없이 복사한 게 아니라는 것을 눈치채야 한다. 다시 말해 *Builtin 안에서 작성된 기존의 object 패키지 참조 부분을 모두 제거했다. 이제는 object 패키지 안에 있으므로 중복되기 때문이다.

newError 함수 역시 대다수 내장 함수가 의존하는 함수이기에 복사했다.

Builtins를 정의했고 첫 번째 정의로 len을 추가했으니, GetBuiltinByName 함수를 추가해보자.

```
// object/builtins.go

func GetBuiltinByName(name string) *Builtin {
    for _, def := range Builtins {
        if def.Name == name {
            return def.Builtin
        }
    }
    return nil
}
```

설명할 게 거의 없다. GetBuiltinByName은 이름으로 내장 함수를 가져오는 함수이다. 이 함수 덕분에 evaluator/builtins.go에서 중복을 제거할 수 있다. 이제 예전 len의 정의를 아래와 같이 변경할 수 있다.

```
// evaluator/builtins.go

var builtins = map[string]*object.Builtin{
    "len": object.GetBuiltinByName("len"),
    // [...]
}
```

훌륭하다! 우리가 옮긴 첫 번째 내장 함수이다! 그리고 evaluator 패키지에 작성된 테스트도 잘 동작한다.

```
$ go test ./evaluator
ok   monkey/evaluator    0.009s
```

아주 좋다! 이제 evaluator.builtins에 작성된 각각의 내장 함수를 똑같은 방식으로 옮겨보자. 다음은 puts이다. 전달받은 인수를 출력하는 내장 함수이다.

```
// object/builtins.go

var Builtins = []struct {
    Name    string
    Builtin *Builtin
}{
    // [...]
    {
        "puts",
        &Builtin{Fn: func(args ...Object) Object {
            for _, arg := range args {
                fmt.Println(arg.Inspect())
            }

            return nil
        },
        },
    },
}
```

별것 없어 보이지만 그렇지 않다. 새로 만든 정의 puts를 보면, 기존 puts와 결정적인 차이가 있다.

evaluator 패키지에 정의된 puts는 evaluator.NULL을 반환했다. evaluator.NULL은 가상 머신에 정의된 vm.Null과 대응되는 개체이다. 그런데 evaluator.NULL을 계속 참조하게 내버려 두면, 가상 머신에서 *object.Null 타입의 인스턴스 둘을 동시에 사용하겠다는 뜻이 되므로, puts에서는 nil을 반환하도록 변경했다.

가상 머신에 있을 때는 vm.Null로 그냥 바꾸면 될 일이지만, 우리는 evaluator 패키지에서도 새로 정의한 puts 함수를 사용해야 한다. 따라서 기존 코드에, 결과가 nil인지 검사하는 코드를 추가해 필요하다면 NULL로 변환해야 한다.

```
// evaluator/evaluator.go

func applyFunction(fn object.Object, args []object.Object) object.Object {
    switch fn := fn.(type) {

    // [...]

    case *object.Builtin:
        if result := fn.Fn(args...); result != nil {
            return result
        }
        return NULL

    // [...]
    }
}
```

다음으로 옮겨볼 함수는 first이다. first는 배열에서 첫 번째 요소를 찾아서 반환한다. puts 함수와 같은 처리를 해주어야 한다.

- evaluator/builtins.go에서 object/builtins.go로 복사
- object 패키지를 사용하는 참조 제거
- evaluator.NULL을 반환하던 기존 코드를 nil을 반환하도록 변경

```
// object/builtins.go

var Builtins = []struct {
    Name    string
    Builtin *Builtin
}{
    // [...]
    {
        "first",
        &Builtin{Fn: func(args ...Object) Object {
            if len(args) != 1 {
                return newError("wrong number of arguments. got=%d, want=1",
                    len(args))
            }
            if args[0].Type() != ARRAY_OBJ {
                return newError("argument to `first` must be ARRAY, got %s",
                    args[0].Type())
            }

            arr := args[0].(*Array)
            if len(arr.Elements) > 0 {
                return arr.Elements[0]
            }

            return nil
        },
        },
    },
}
```

당연하지만 last 함수도 동일하게 처리해주면 된다.

```
// object/builtins.go

var Builtins = []struct {
    Name    string
    Builtin *Builtin
}{
    // [...]
    {
        "last",
        &Builtin{Fn: func(args ...Object) Object {
            if len(args) != 1 {
                return newError("wrong number of arguments. got=%d, want=1",
                    len(args))
```

```
            }
            if args[0].Type() != ARRAY_OBJ {
                return newError("argument to `last` must be ARRAY, got %s",
                    args[0].Type())
            }

            arr := args[0].(*Array)
            length := len(arr.Elements)
            if length > 0 {
                return arr.Elements[length-1]
            }

            return nil
        },
        },
    },
}
```

배열에서 첫 요소나 마지막 요소를 가져오는 작업 외에도, 이따금 첫 요소를 제외한 모든 요소를 가져와야 할 때가 있다. 이럴 때 사용하는 함수가 rest 함수이다. 이제 rest 함수도 처리해보자.

```
// object/builtins.go

var Builtins = []struct {
    Name    string
    Builtin *Builtin
}{
    // [...]
    {
        "rest",
        &Builtin{Fn: func(args ...Object) Object {
            if len(args) != 1 {
                return newError("wrong number of arguments. got=%d, want=1",
                    len(args))
            }
            if args[0].Type() != ARRAY_OBJ {
                return newError("argument to `rest` must be ARRAY, got %s",
                    args[0].Type())
            }

            arr := args[0].(*Array)
            length := len(arr.Elements)
            if length > 0 {
```

```
                newElements := make([]Object, length-1, length-1)
                copy(newElements, arr.Elements[1:length])
                return &Array{Elements: newElements}
            }

            return nil
        },
        },
    },
}
```

다음은 push 함수이다. 배열에 요소를 추가한다. push는 원본 배열을 변경하는 게 아니라, 원본은 그대로 두고 슬라이스를 새로 할당해 기존 배열 요소와 추가된 요소를 같이 담아서 반환한다.

```
// object/builtins.go

var Builtins = []struct {
    Name    string
    Builtin *Builtin
}{
    // [...]
    {
        "push",
        &Builtin{Fn: func(args ...Object) Object {
            if len(args) != 2 {
                return newError("wrong number of arguments. got=%d, want=2",
                    len(args))
            }
            if args[0].Type() != ARRAY_OBJ {
                return newError("argument to `push` must be ARRAY, got %s",
                    args[0].Type())
            }

            arr := args[0].(*Array)
            length := len(arr.Elements)

            newElements := make([]Object, length+1, length+1)
            copy(newElements, arr.Elements)
            newElements[length] = args[1]

            return &Array{Elements: newElements}
        },
        },
```

```
    },
}
```

push를 끝으로 모든 내장 함수를 object.Builtins에 등록했고, object 패키지를 중복 참조하는 코드도 모두 제거했다. 또한 evaluator.NULL을 사용하는 코드도 모두 제거했다.

그럼 이제 evaluator/builtins.go 파일로 돌아가 중복된 정의를 모두 object.GetBuiltinByName을 호출해 가져오도록 바꿔보자.

```
// evaluator/builtins.go

import (
    "monkey/object"
)

var builtins = map[string]*object.Builtin{
    "len":   object.GetBuiltinByName("len"),
    "puts":  object.GetBuiltinByName("puts"),
    "first": object.GetBuiltinByName("first"),
    "last":  object.GetBuiltinByName("last"),
    "rest":  object.GetBuiltinByName("rest"),
    "push":  object.GetBuiltinByName("push"),
}
```

정말 깔끔하게 바뀌지 않았는가? 이게 전부다! 그리고 모두 잘 동작하고 있는지 기본 동작을 검사해보자.

```
$ go test ./evaluator
ok   monkey/evaluator    0.009s
```

훌륭하다! 이제 내장 함수는 object 패키지를 import하는 모든 패키지에서 사용할 수 있다. 내장 함수는 더는 evaluator.NULL에 의존하지 않으며, 패키지에 맞게 null을 처리한다. 또한, evaluator 역시 《인터프리터 in Go》에서 마무리했던 대로 잘 동작하며, 테스트도 모두 통과한다.

정말 아름답다. 이게 내가 생각하는 리팩터링이다. 덕분에 앞으로 있을 코드 변경이 훨씬 간편해질 것이다.

코드 변경 계획

지금쯤이면 내가 어떤 코드를 좋아하는지 짐작이 될 것이다. 경계 조건을 제거하고, 가능한 한 적게 유지하는 것이다.

그렇기에 나는 내장 함수도 기존 호출 규약을 따르도록 한다. 즉, 내장 함수를 호출하려면 다른 함수와 마찬가지 과정을 거쳐야 한다.

- 내장 함수를 스택에 넣는다.
- 호출 인수를 스택에 넣는다.
- `OpCall` 명령어로 함수를 호출한다.

내장 함수를 호출하는 방법은 가상 머신에서 정의할 구현 상세이므로 나중에 고민하기로 하자.

컴파일러 관점에서, 내장 함수가 포함된 호출 표현식을 컴파일하는 행위와 기존 호출 표현식을 컴파일하는 행위 간의 유일한 차이는 함수를 스택에 넣는 방법이다. 따라서 이를 위해 새로운 처리 방식을 도입하려 한다.

내장 함수는 전역 스코프나 지역 스코프에 정의되는 게 아니다. 내장 함수는 내장 함수 자체의 스코프를 갖는다. 따라서 우리는 내장 함수 스코프를 컴파일러와 심벌 테이블에 도입할 필요가 있다. 그래야 내장 함수 참조값을 올바로 환원할 수 있기 때문이다.

그러면 이 스코프를 `BuiltinScope`라고 부르자. 그리고 조금 전 `object.Builtins` 슬라이스에 옮겨둔 모든 내장 함수는 `BuiltinScope`에 원래 순서 그대로 정의해 넣을 것이다. 이는 꽤 중요한 구현 상세이다. 앞서 언급했지만 일관된 순서를 보장하기 위해서다.

컴파일러는 심벌 테이블을 사용해 내장 함수 참조를 감지하고, `OpGetBuiltin` 명령어를 배출한다. 그리고 `OpGetBuiltin` 명령어에 달릴 피연산자는 `object.Builtins`에서 참조할 내장 함수의 인덱스값이다.

또한 `object.Builtins`을 가상 머신에서도 접근할 수 있기 때문에, 가상 머신은 `OpGetBuiltins`에 달린 피연산자 값을 가져올 수 있어야 한다.

그래야 object.Builtins에서 올바른 함수를 가져와 호출할 수 있도록 스택에 넣는다.

가상 머신에서 일어날 일은 가상 머신 테스트를 작성할 때 다시 생각하자. 다음으로 컴파일러가 내장 함수 참조를 환원할 수 있는지 확인해보자. 이를 위해 새로운 명령코드와 새로운 스코프를 하나씩 만들어야 한다.

내장 함수용 스코프

중요한 일부터 처리해보자. 지금쯤이면 모두 짐작했을 것이다. 중요한 일이란 명령코드를 새로 작성하는 일이다. 이번에는 OpGetBuiltin이다.

```
// code/code.go

const (
    // [...]

    OpGetBuiltin
)

var definitions = map[Opcode]*Definition{
    // [...]

    OpGetBuiltin: {"OpGetBuiltin", []int{1}},
}
```

OpGetBuiltin은 1바이트 피연산자를 갖는다. 즉 내장 함수는 최대 256개까지 정의할 수 있다는 뜻이다. 그리고 만약 우리가 내장 함수를 256개보다 더 많이 정의한다고 하더라도 피연산자를 2바이트로 늘리면 그만이다.

우리의 작업 방식은 늘 같았다. 명령코드를 먼저 정의한 다음 컴파일러 테스트를 작성한다. 이제 OpGetBuiltin을 정의했으니 컴파일러 테스트를 작성해 우리 컴파일러가 내장 함수 참조값을 OpGetBuiltin 명령어로 제대로 변환하는지 검사해보자.

```
// compiler/compiler_test.go

func TestBuiltins(t *testing.T) {
    tests := []compilerTestCase{
        {
            input: `
            len([]);
            push([], 1);
            `,
            expectedConstants: []interface{}{1},
            expectedInstructions: []code.Instructions{
                code.Make(code.OpGetBuiltin, 0),
                code.Make(code.OpArray, 0),
                code.Make(code.OpCall, 1),
                code.Make(code.OpPop),
                code.Make(code.OpGetBuiltin, 5),
                code.Make(code.OpArray, 0),
                code.Make(code.OpConstant, 0),
                code.Make(code.OpCall, 2),
                code.Make(code.OpPop),
            },
        },
        {
            input: `fn() { len([]) }`,
            expectedConstants: []interface{}{
                []code.Instructions{
                    code.Make(code.OpGetBuiltin, 0),
                    code.Make(code.OpArray, 0),
                    code.Make(code.OpCall, 1),
                    code.Make(code.OpReturnValue),
                },
            },
            expectedInstructions: []code.Instructions{
                code.Make(code.OpConstant, 0),
                code.Make(code.OpPop),
            },
        },
    }

    runCompilerTests(t, tests)
}
```

첫 번째 테스트 케이스에서는 두 가지를 확인한다.

1. 내장 함수의 호출 역시 앞서 수립한 호출 규약을 준수하는지 확인한다.
2. OpGetBuiltin 명령어의 피연산자가 object.Builtins에서 참조할 내장 함수가 위치한 인덱스값인지 확인한다.

두 번째 테스트 케이스는 참조한 내장 함수가 올바르게 환원되는지 확인한다. 이때, 참조가 발생한 스코프와 관계없이 제대로 환원할 수 있어야 하는데, 기존의 지역 스코프와 전역 스코프가 보이는 동작과는 다르다.

테스트를 실행하면 컴파일 에러가 발생한다.

```
$ go test ./compiler
--- FAIL: TestBuiltins (0.00s)
 compiler_test.go:1049: compiler error: undefined variable len
FAIL
FAIL    monkey/compiler 0.008s
```

테스트를 통과하려면 컴파일러가 올바르게 참조를 환원하도록 만들어야 하므로, 컴파일러가 참조를 환원할 때 사용하는 자료구조를 고쳐야 한다. 즉, 심벌 테이블을 고쳐야 한다.

여기서도 별반 다르지 않다. 테스트부터 작성해보자. 아래 테스트에서는 심벌 테이블이 얼마나 중첩되었는지 여부와 관계없이, 내장 함수가 언제나 BuiltinScope 안에 심벌로 환원되는지 확인해야 한다.

```
// compiler/symbol_table_test.go

func TestDefineResolveBuiltins(t *testing.T) {
    global := NewSymbolTable()
    firstLocal := NewEnclosedSymbolTable(global)
    secondLocal := NewEnclosedSymbolTable(firstLocal)

    expected := []Symbol{
        Symbol{Name: "a", Scope: BuiltinScope, Index: 0},
        Symbol{Name: "c", Scope: BuiltinScope, Index: 1},
        Symbol{Name: "e", Scope: BuiltinScope, Index: 2},
        Symbol{Name: "f", Scope: BuiltinScope, Index: 3},
    }
```

```
    for i, v := range expected {
        global.DefineBuiltin(i, v.Name)
    }

    for _, table := range []*SymbolTable{global, firstLocal, secondLocal} {
        for _, sym := range expected {
            result, ok := table.Resolve(sym.Name)
            if !ok {
                t.Errorf("name %s not resolvable", sym.Name)
                continue
            }
            if result != sym {
                t.Errorf("expected %s to resolve to %+v, got=%+v",
                    sym.Name, sym, result)
            }
        }
    }
}
```

위 테스트에서는 스코프 세 개를 정의하고 있는데, 각각 다른 스코프 안에 중첩된다. 그리고 전역 스코프에서 DefineBuiltin을 사용하여 정의된 모든 심벌이 새로 만든 스코프인 BuiltinScope로 환원되기를 기대한다.

DefineBuiltin 메서드와 BuiltinScope는 지금까지는 없었던 개체이기 때문에 테스트를 굳이 실행할 필요는 없다. 그러나 실행한다고 무슨 심각한 일이 일어나는 것도 아니므로, 예상대로 테스트 코드가 터지는지 확인해보자.

```
$ go test -run TestDefineResolveBuiltins ./compiler
# monkey/compiler
compiler/symbol_table_test.go:162:28: undefined: BuiltinScope
compiler/symbol_table_test.go:163:28: undefined: BuiltinScope
compiler/symbol_table_test.go:164:28: undefined: BuiltinScope
compiler/symbol_table_test.go:165:28: undefined: BuiltinScope
compiler/symbol_table_test.go:169:9: global.DefineBuiltin undefined\
  (type *SymbolTable has no field or method DefineBuiltin)
FAIL    monkey/compiler [build failed]
```

예상대로 테스트가 실패한다. BuiltinScope를 정의하는 게 좀 더 쉬운 작업이니 바로 작업에 돌입해보자.

```
// compiler/symbol_table.go

const (
    // [...]
    BuiltinScope SymbolScope = "BUILTIN"
)
```

그렇다고 DefineBuiltin 메서드 구현이 어렵다는 뜻은 아니다. 아래 코드를 보자.

```
// compiler/symbol_table.go

func (s *SymbolTable) DefineBuiltin(index int, name string) Symbol {
    symbol := Symbol{Name: name, Index: index, Scope: BuiltinScope}
    s.store[name] = symbol
    return symbol
}
```

기존 Define 메서드와 비교해도 DefineBuiltin이 훨씬 간단하다. 주어진 이름으로 BuiltinScope에 전달받은 인덱스를 사용해 심벌을 정의한다. 현재 심벌 테이블이 다른 심벌 테이블 안에 들어 있는지는 신경 쓰지 않는다.

```
$ go test -run TestDefineResolveBuiltins ./compiler
ok   monkey/compiler 0.007s
```

그러면 이제 컴파일러에 가서 DefineBuiltin 메서드를 사용해보자.

```
// compiler/compiler.go

func New() *Compiler {
    // [...]

    symbolTable := NewSymbolTable()

    for i, v := range object.Builtins {
        symbolTable.DefineBuiltin(i, v.Name)
    }

    return &Compiler{
        // [...]
        symbolTable:       symbolTable,
        // [...]
```

```
    }
}
```

*Compiler를 새로 초기화할 때, object.Builtins를 순회하며 모든 내장 함수를 BuiltinScope에 정의한다. 이때 DefineBuiltin 메서드를 호출하여 전역 심벌 테이블에 정의한다.

그러면 컴파일러 테스트가 통과되어야 한다. 왜냐하면 컴파일러가 이제 내장 함수 참조값을 환원할 수 있게 됐으니까.

```
$ go test ./compiler
--- FAIL: TestBuiltins (0.00s)
 compiler_test.go:1056: testInstructions failed: wrong instruction at 0.
  want="0000 OpGetBuiltin 0\n0002 OpArray 0\n0005 OpCall 1\n0007 OpPop\n\
    0008 OpGetBuiltin 5\n0010 OpArray 0\n0013 OpConstant 0\n\
    0016 OpCall 2\n0018 OpPop\n"
  got ="0000 OpGetLocal 0\n0002 OpArray 0\n0005 OpCall 1\n0007 OpPop\n\
    0008 OpGetLocal 5\n0010 OpArray 0\n0013 OpConstant 0\n\
    0016 OpCall 2\n0018 OpPop\n"
FAIL
FAIL    monkey/compiler 0.009s
```

그런데, 환원하지 못한다. 왜냐하면 컴파일러가 심벌 테이블이 알려준 정보의 절반이나 무시하고 있기 때문이다. 지금 컴파일러는 심벌 테이블을 사용하여 이름을 환원하고 난 뒤에, 심벌의 스코프가 GlobalScope인지 아닌지만 검사한다. 따라서 기존의 if-else 조건문을 고쳐야 한다.

이제 세 번째 스코프가 생겼으니 심벌 테이블이 알려주는 새로운 정보를 처리해주자. 그리고 이를 처리할 가장 좋은 방법은 별도의 메서드를 정의하는 것이다. 아래 코드를 보자.

```
// compiler/compiler.go

func (c *Compiler) loadSymbol(s Symbol) {
    switch s.Scope {
    case GlobalScope:
        c.emit(code.OpGetGlobal, s.Index)
    case LocalScope:
        c.emit(code.OpGetLocal, s.Index)
```

```
    case BuiltinScope:
        c.emit(code.OpGetBuiltin, s.Index)
    }
}
```

loadSymbol 메서드를 사용해서 *ast.Identifier를 컴파일하면, 환원해야 하는 심벌을 올바른 명령어로 배출할 수 있다.

```
// compiler/compiler.go

func (c *Compiler) Compile(node ast.Node) error {
    switch node := node.(type) {

    // [...]

    case *ast.Identifier:
        symbol, ok := c.symbolTable.Resolve(node.Value)
        if !ok {
            return fmt.Errorf("undefined variable %s", node.Value)
        }

        c.loadSymbol(symbol)

    // [...]
    }

    // [...]
}
```

이제 테스트를 실행해보면 잘 동작한다.

```
$ go test ./compiler
ok   monkey/compiler 0.008s
```

따라서 이제 컴파일러가 내장 함수 참조를 올바르게 컴파일할 수 있다. 그리고 기존 호출 규약을 준수하면서 만들었기 때문에 추가로 해야 할 작업도 없다. 정말 훌륭하다!

이제 내장 함수 실행이라는 구현 상세를 들여다봐야 할 때다.

내장 함수 실행

'구현 상세(implementation detail)'라는 단어를 들으면 변경해야 할 코드의 양이 얼마인지 뜻하는 단어처럼 들리지만, 실제로는 가시성과 추상화를 다루는 용어이다. 어떤 기능의 사용자는, 그 기능이 어떻게 구현됐는지(구현 상세)는 신경 쓰지 않고, 오직 어떻게 사용할 것인지만 생각한다는 뜻이다.

따라서 Monkey 사용자는 내장 함수를 어떻게 실행하는지 궁금해할 필요가 없다. 컴파일러 역시 마찬가지이다. 함수를 어떻게 실행하는지는 가상 머신의 관심사(concern)[2]다. 따라서 구현 상세는 구현하는 측에 자유를 부여한다. 구현의 자유는 물론이고 테스트에도 자유를 부여한다. 우리는 그저 테스트에 가상 머신이 동작하는 방식을 작성하고 가상 머신이 함수를 어떻게 실행시킬지만 고민하면 된다.

```
// vm/vm_test.go

func TestBuiltinFunctions(t *testing.T) {
    tests := []vmTestCase{
        {`len("")`, 0},
        {`len("four")`, 4},
        {`len("hello world")`, 11},
        {
            `len(1)`,
            &object.Error{
                Message: "argument to `len` not supported, got INTEGER",
            },
        },
        {`len("one", "two")`,
            &object.Error{
                Message: "wrong number of arguments. got=2, want=1",
            },
        },
        {`len([1, 2, 3])`, 3},
        {`len([])`, 0},
        {`puts("hello", "world!")`, Null},
        {`first([1, 2, 3])`, 1},
```

2 (옮긴이) 관심사 분리(separation of concerns, SoC)는 컴퓨터 프로그램을 관심사를 기준으로 여러 부문으로 분리하는 설계 원칙이다. 분리된 각 부문은 개별 관심사만 처리한다. 따라서 행위에 대한 구현을 감출 수 있다.

```
        {`first([])`, Null},
        {`first(1)`,
            &object.Error{
                Message: "argument to `first` must be ARRAY, got INTEGER",
            },
        },
        {`last([1, 2, 3])`, 3},
        {`last([])`, Null},
        {`last(1)`,
            &object.Error{
                Message: "argument to `last` must be ARRAY, got INTEGER",
            },
        },
        {`rest([1, 2, 3])`, []int{2, 3}},
        {`rest([])`, Null},
        {`push([], 1)`, []int{1}},
        {`push(1, 1)`,
            &object.Error{
                Message: "argument to `push` must be ARRAY, got INTEGER",
            },
        },
    }

    runVmTests(t, tests)
}

func testExpectedObject(
    t *testing.T,
    expected interface{},
    actual object.Object,
) {
    t.Helper()

    switch expected := expected.(type) {
    // [...]

    case *object.Error:
        errObj, ok := actual.(*object.Error)
        if !ok {
            t.Errorf("object is not Error: %T (%+v)", actual, actual)
            return
        }
        if errObj.Message != expected.Message {
            t.Errorf("wrong error message. expected=%q, got=%q",
                expected.Message, errObj.Message)
        }
    }
}
```

이 테스트는 evaluator 패키지에 작성된 TestBuiltinFunctions의 업데이트 버전이다. evaluator.NULL을 참조하는 모든 코드를 vm.Null로 대체했고, 결과물을 테스트할 때 이번 책에서 도입한 테스트 도움 함수를 사용하도록 변경했다. 이를 제외하면 《인터프리터 in Go》에서 evaluator 패키지에 작성한 TestBuiltinFunctions가 하는 일과 동일한 일을 한다. 쉽게 말해 에러 처리를 포함해 모든 내장 함수가 기대한 대로 동작하는지 확인한다.

아직 내장 함수는 아무런 동작도 하지 않는다. 테스트를 실행해보면 패닉에 빠지는 것을 볼 수 있는데, 책에는 굳이 싣지 않았다. 지면을 아끼기 위함도 있고 여러분이 결과물을 보고 두통이 올까 걱정되어서다. 한편, 테스트가 패닉에 빠진 가장 주된 이유는 가상 머신이 아직 OpGetBuiltin 명령어를 복호화하고 실행하지 않기 때문이다. 이것을 고치는 게 첫 번째 해야 할 작업이다.

```
// vm/vm.go

func (vm *VM) Run() error {
    // [...]
        switch op {
        // [...]

        case code.OpGetBuiltin:
            builtinIndex := code.ReadUint8(ins[ip+1:])
            vm.currentFrame().ip += 1

            definition := object.Builtins[builtinIndex]

            err := vm.push(definition.Builtin)
            if err != nil {
                return err
            }

        // [...]
        }

    // [...]
}
```

보다시피 피연산자를 복호화한다. 그리고 복호화한 값을 object.Builtins의 인덱스로 사용해서 내장 함수 정의를 가져온 다음, 가져온 *object.Builtin을 스택에 넣는다. 호출할 함수를 스택에 넣는 게 우리가 정의한 호출 규약의 첫 번째 단계였다.

테스트를 실행해보면 패닉이 사라지고 훨씬 도움이 되는 메시지로 바뀌어 있다.

```
$ go test ./vm
--- FAIL: TestBuiltinFunctions (0.00s)
 vm_test.go:847: vm error: calling non-function
FAIL
FAIL    monkey/vm   0.036s
```

실행 결과를 보면 가상 머신이 아직 사용자 정의 함수밖에 실행할 수 없다고 말하고 있다. 이를 고치려면 OpCall 명령어의 실행 방식을 바꾸어야 한다. 지금 코드처럼 직접 callFunction 메서드를 호출하지 않고, 호출할 대상이 무엇인지부터 확인해야 한다. 그러고 나서 호출 대상에 따라 적절한 호출 메서드를 결정한다. 이를 위해 새로운 메서드 executeCall을 도입했다.

```
// vm/vm.go

func (vm *VM) Run() error {
    // [...]
        switch op {
        // [...]

        case code.OpCall:
            numArgs := code.ReadUint8(ins[ip+1:])
            vm.currentFrame().ip += 1

            err := vm.executeCall(int(numArgs))
            if err != nil {
                return err
            }

        // [...]
        }
```

```
    // [...]
}

func (vm *VM) executeCall(numArgs int) error {
    callee := vm.stack[vm.sp-1-numArgs]
    switch callee := callee.(type) {
    case *object.CompiledFunction:
        return vm.callFunction(callee, numArgs)
    case *object.Builtin:
        return vm.callBuiltin(callee, numArgs)
    default:
        return fmt.Errorf("calling non-function and non-built-in")
    }
}

func (vm *VM) callFunction(fn *object.CompiledFunction, numArgs int) error {
    if numArgs != fn.NumParameters {
        return fmt.Errorf("wrong number of arguments: want=%d, got=%d",
            fn.NumParameters, numArgs)
    }

    frame := NewFrame(fn, vm.sp-numArgs)
    vm.pushFrame(frame)

    vm.sp = frame.basePointer + fn.NumLocals

    return nil
}
```

지금 executeCall은 예전 callFunction이 하던 작업을 어느 정도 대신하고 있다. 예를 들면 타입 검사나 에러 생성을 처리한다. 따라서 callFunction 메서드는 더 짧아지고 인터페이스도 달라져야 한다. 인터페이스는 호출할 함수와 호출에 사용될 인수 개수를 받도록 바뀌었다.

대부분은 코드를 옮기는 작업이다. 새로 추가된 코드는 case *object.Builtin과 callBuiltin 메서드이다. callBuiltin 메서드는 내장 함수 실행을 담당한다.

```
// vm/vm.go

func (vm *VM) callBuiltin(builtin *object.Builtin, numArgs int) error {
    args := vm.stack[vm.sp-numArgs : vm.sp]
```

```
    result := builtin.Fn(args...)
    vm.sp = vm.sp - numArgs - 1

    if result != nil {
        vm.push(result)
    } else {
        vm.push(Null)
    }

    return nil
}
```

이제부터는 내장 함수의 실행 방법을 구현할 차례이다.

스택에서 호출 인수를 가져와 *object.Builtin의 Fn 필드에 담긴 object.BuiltinFunction에 넘겨 호출한다. 여기가 핵심이다. 내장 함수를 실제로 호출하는 코드이다.

그러고 나서 실행한 내장 함수와 호출 인수를 스택에서 빼기 위해 vm.sp를 감소시킨다. 우리 호출 규약에 의하면 이 작업은 가상 머신이 처리할 일이다.

스택을 필요한 만큼 비우고, 호출 결과가 nil인지 아닌지 검사한다. 만약 nil이 아니라면, 결과를 스택에 넣고 그렇지 않으면 vm.Null을 스택에 넣는다. 여기서도 null은 패키지에 따라 적절한 값이 사용된다.

이제 호흡을 가다듬고 내장 함수가 기대한 대로 동작하는지 확인해보자. 그것도 컴파일러와 가상 머신에서 말이다.

```
$ go test ./vm
ok    monkey/vm    0.045s
```

ok 메시지를 보고 환호성을 지르기 전에 마지막으로 할 일이 있다. REPL도 손봐야 한다. 비록 우리가 compiler.New 함수에서 모든 내장 함수를 컴파일러 심벌 테이블에 정의하고 있지만, 이는 REPL에는 아무런 영향을 주지 않는다. 따라서 REPL에서는 지금 내장 함수를 찾을 수 없는 상태이다.

이것은 우리가 REPL에 정의되어 있는 `compiler.NewWithState`가 아닌 `compiler.New`를 사용했기 때문이다. `NewWithState` 메서드는 심벌 테이블을 REPL 프롬프트에서 심벌 테이블을 재사용하기 위해 사용한다. 사전에 `NewSymbolTable`을 호출해서 만든 전역 심벌 테이블을 덮어쓰는 방식으로 심벌 테이블을 재사용했다. 따라서 내장 함수는 아직 전역 테이블에 정의된 적이 없기 때문에, 이를 구현해주면 된다.

```
// repl/repl.go

func Start(in io.Reader, out io.Writer) {
    // [...]

    symbolTable := compiler.NewSymbolTable()
    for i, v := range object.Builtins {
        symbolTable.DefineBuiltin(i, v.Name)
    }

    for {
        // [...]
    }
}
```

위 코드 덕에 이제 REPL에서도 내장 함수를 사용할 수 있게 됐다.

```
$ go build -o monkey . && ./monkey
Hello mrnugget! This is the Monkey programming language!
Feel free to type in commands
>> let array = [1, 2, 3];
[1, 2, 3]
>> len(array)
3
>> push(array, 1)
[1, 2, 3, 1]
>> rest(array)
[2, 3]
>> first(array)
1
>> last(array)
3
>> first(rest(push(array, 4)))
2
```

테스트 결과로 ok 하나 딸랑 보여주는 것보다 훨씬 훌륭한 마무리이다.

이제 함수 구현체의 마지노선인 클로저로 넘어가자.

9장

W r i t i n g A C o m p i l e r I n G o

클로저

우리 Monkey 구현체를 마무리할 때가 됐다. 마지막 덩어리인 '클로저(closures)'를 구현해보자. 클로저는 지금까지 우리가 구현한 내용에서 가장 값진 기능이며, 바이트코드 컴파일러와 가상 머신이라는 도메인에서는 카테고리를 결정할 만큼 중요하다. 클로저를 지원하는 컴파일러나 가상 머신은 생각보다 많지 않다. 왜 그런지는 곧 알게 될 것이다.

먼저 기억을 상기할 겸, 클로저가 무엇이며 어떻게 동작했는지 살펴보자. 아래는 가장 많이 사용되는 예제이다.

```
let newAdder = fn(a) {
  let adder = fn(b) { a + b; };
  return adder;
};

let addTwo = newAdder(2);
addTwo(3); // => 5
```

newAdder 함수는 adder라는 클로저를 반환한다. adder가 클로저인 이유는 adder 자체에 정의된 파라미터 b만 사용하는 게 아니라 newAdder에 정의된 파라미터 a에도 접근하기 때문이다. adder가 newAdder에서 반환되더라도 adder는 계속해서 a와 b 모두에 접근할 수 있다. 이런 특성이 adder를 클로저로 만들어준다. 그리고 addTwo에 인수 3을 넘겨서 호출하면 5를 반환하는 이유도 adder가 클로저이기 때문이다. addTwo는 앞에서 정한 a의 값(2)에 접근할 수 있는 adder이다.

이렇게 코드 여섯 줄로 '클로저가 무엇인지' 간단하게 살펴봤다.

《인터프리터 in Go》에서도 클로저를 지원했다. 그리고 전편에서 만든 클로저 구현체는 이번 장에서 만들 구현체와 두드러지게 다르긴 하지만, 조금이라도 복습을 하면 구현에 꽤 도움이 될 것 같아서, 전편에서 어떻게 클로저를 구현했는지 간략하게 정리했다.

가장 먼저 한 일은 object.Function에 *object.Environment를 담을 Env 필드를 추가하는 것이었다. *object.Environment는 전역 바인딩과 지역 바인딩을 저장하기 위해 사용했다. *ast.FunctionLiteral을 평가하면 *object.Function으로 변환되는데, '현재 환경'을 가리키는 포인터를 새로 만들 함수의 Env 필드에 집어넣었다.

함수가 호출되면 함수 몸체를 Env 필드에 넣어놓은 환경에서 평가한다. 이렇게 구현했을 때의 실질적인 효과는, 함수는 언제나 함수가 정의된 환경에 접근할 수 있다는 점이다. 심지어 시간이 많이 지난 뒤에도 위치와 관계없이 접근할 수 있다. 이게 클로저를 일반 함수와 구분 짓게 만드는 특성이다.

내가 옛날 구현체를 다시 살펴본 이유는 우리가 생각하는 클로저와 얼마나 비슷한지 확인하기 위해서다. 즉, 클로저는 정의될 당시의 환경을 '담아놓고(close over)' 감싸서 들고 다닌다. 마치 Env 필드에 저장된 *object.Environment 포인터처럼 말이다. 이게 클로저를 이해할 때 가장 중요한 내용이다.

이제 클로저를 다시 한번 구현해야 하는데, 이번에는 인터프리터가 아닌 컴파일러와 가상 머신에 만들어야 한다. 그리고 이에 따라서 근본적인 문제가 하나 생긴다.

근본적인 문제

함수 리터럴을 '평가'하지 않아서 생기는 문제가 아니다. 다시 말해 평가라는 행위가 문제가 아니라는 뜻이다. 지금도 우리 구현체는 *ast.FunctionLiteral을 object.Object로 변환하고 있다. 즉, 주고받을 수 있는 무언가로 변환한다는 뜻인데, 요점은 변환된 object.Object는 호출되거나 실행될 수 있다는 것이다. 이런 측면에서 《인터프리터 in Go》와 비교했을 때, 의미론은 변한 게 없다.

변한 것은 클로저가 생성되는 시점과 장소이다.

인터프리터를 구현했을 때에는, 함수 리터럴을 object.Function으로 바꾸는 행위와 object.Function의 Env 필드에 값을 넣어 환경을 담는 행위가, '같은 시점', '같은 코드 블록'에서 일어났다.

그러나 컴파일러와 가상 머신에서는 두 행위가 다른 시점에서 일어나는 것은 물론 패키지도 아예 구분되어 있다. 컴파일러에서는 함수 리터럴을 컴파일하고, 가상 머신에서는 환경을 만든다. 결과적으로 컴파일 시점에는 환경을 담을 수 없다. 왜냐하면 컴파일 시점에는 담아야 할 환경 자체가 아직 없기 때문이다.

앞서 나온 Monkey 코드가 현재 구현체에서 어떻게 동작할지 생각하면서 위 내용을 보다 구체화하자.

가장 먼저 일어나는 일은 컴파일이다. 두 함수 newAdder와 adder 모두 명령어 열로 변환되고 상수 풀에 추가된다. 그러고 나서 OpConstant 명령어를 배출해서 가상 머신이 함수를 스택에 올리게 한다. 이 시점에 컴파일은 끝났고, a가 어떤 값을 가질지 아무도 모르는 상태이다.

그러나 가상 머신에서는 newAdder를 실행하자마자 a가 가져야 할 값을 알 수 있다. 이때, adder는 이미 컴파일되었을 것이고, adder 안의 명령어는 *object.CompiledFunction에 담겨 스택에 올라가 있을 것이다. 그렇게 adder는 a를 담을 기회조차 없이 newAdder에서 반환된다.

까다로운 게 무엇인지 느꼈을 것이다. 가상 머신에서는 '이미 컴파일된' adder 함수에 a 값을 넣어줘야 한다. newAdder에서 반환되기 전에 말이다. 그리고 이렇게 하면서도 나중에 adder는 a에 접근할 수 있어야 한다.

따라서 컴파일러는 adder가 a를 참조할 때마다 a를 스택에 올려놓는 명령어를 사전에 컴파일한 상태여야 한다. a는 지역 바인딩도 전역 바인딩도 아니고, a의 '위치'는 newAdder를 실행했을 때와 나중에 반환된 adder를 실행했을 때 달라야 한다는 점을 감안하면 구현이 꽤 까다로울 것이다. 어쨌든 a는 adder가 접근할 수 있는 곳 '어딘가'에 있어야 한다.

달리 말하면, 컴파일이 끝난 함수에, 런타임에서만 만들어지는 바인딩을 저장할 기능을 제공해야 한다. 그리고 이렇게 컴파일이 끝난 함수에 포함된 명령어는 이미 런타임 전용 바인딩을 참조하도록 만들어야 한다. 그리고 런타임 시점이 되면 런타임 전용 바인딩을 적시에 함수에 제공할 수 있도록 가상 머신에게 지시해야 한다.

요구 사항이 상당히 길지 않은가? 무엇보다 더는 환경을 필드 하나로 처리할 수 없다. 인터프리터에서 환경이라 부르던 것이 이제는 전역 스토어와 스택 여러 영역에 흩어지게 되었다. 그리고 함수가 반환되면 흩어져 있는 환경들을 모두 제거할 수 있어야 한다.

만약 지금 살짝 안도의 한숨을 내쉬었다면, 미안하지만 문제가 하나 더 있다. 바로 중첩된 지역 바인딩을 처리하는 문제이다. 다만 이 문제는 걱정하지 않아도 된다. 왜냐하면 이 문제에 대한 해법은 앞으로 만들 클로저 구현체와 깊이 얽혀 있기 때문이다. 물론 여러분은 클로저를 조금도 고려하지 않고 중첩된 지역 바인딩을 구현할 수도 있다. 그러나 우리는 클로저와 중첩된 지역 바인딩을 구현체 하나로 처리하려 한다.

그러면 작업에 착수해보자. 그리고 구현 계획을 세워보자.

구현 계획

클로저를 구현하는 유일한 방법 따위는 존재하지 않는다. 대신, 고유의 방식으로 만들어진 클로저 구현체는 꽤 많이 찾아볼 수 있다. 그러나 대부분은 문서화되어 있지 않고 코드로만 존재한다. 그리고 어떤 클로저 코드는 메모리를 최대한 아끼고 조금이라도 더 빠르게 만들기 위해 최적화되어 있다. 따라서 클로저 구현체를 찾는 일을 더욱 어렵게 만든다. 그리고 만일 바이트코드 컴파일러와 바이트코드 가상 머신으로 범위를 좁힌다면, 코드를 파헤쳐야 하는 노력이 배가된다. 그만큼 번거로워진다는 뜻이다.

우리가 만들 클로저 구현체는 내가 찾은 코드와 자료에 기반한다. 내가 생각할 때 가장 접근하기 쉽고, Monkey에 옮기기 쉬운 코드를 골랐다. 가장 영향을 크게 받은 클로저 구현체는 GNU Guile[1]에서 구현한 클로저이다. Guile은 Scheme 구현체로 훌륭한 디버깅 툴을 갖춘 언어이다. Guile 다음으로는 Lua에서 다양한 구현체를, Wren[2]에서 훌륭한 코드를 많이 가져왔다. Wren은 《인터프리터 in Go》를 집필하는 데 영감을 준 언어이기도 하다. 맷 마이트(Matt Might)[3]가 클로저 컴파일을 주제로 작성한 글도 정말 많은 도움이 됐다. 만약 여러분이 클로저의 컴파일 방법을 더 깊이 공부하려면 꼭 읽어보길 바란다.

구현 상세로 들어가 우리 구현 계획을 공식화하기에 앞서, 사용할 용어를 좀 확장해보자. 새로 사용할 용어는 앞서 언급한 자료와 구현체에서 찾을 수 있다. 어쨌든 소개할 용어는 '자유 변수(free variable)'[4]이다. 앞서 제시한 Monkey 코드에서 아래와 같이 잘라서 가져왔다. 한 번 더 살펴보자.

```
let newAdder = fn(a) {
  let adder = fn(b) { a + b; };
  return adder;
};
```

1 (옮긴이) GNU Guile: Guile은 R5RS(Revised5 Report on the Algorithmic Language Scheme)에서 정의한 내용대로 구현한 Scheme 언어 구현체이다. Guile은 다소 엄격한 R5RS를 더 확장해 모듈 시스템, 전체 POSIX 시스템 호출에 대한 접근성 등 실제 프로그래밍 언어에 필요한 수많은 기능을 탑재하고 있다(참고 *https://www.gnu.org/software/guile/*).

2 (옮긴이) Wren: 《게임 프로그래밍 패턴(Game Programming Pattern)》의 저자 로버트 나이스트롬(Robert Nystrom)이 만든 스크립트 언어(참고 https://github.com/munificent/wren).

3 (옮긴이) 맷 마이트(Matthew Might)는 컴퓨터 과학자이면서 생물학자이고, 전 백악관 대통령실(Executive Office of the President, EOP) 보안 책임자를 역임하기도 했다(참고 맷 마이트의 블로그 *http://matt.might.net/articles/*).

4 (옮긴이) 자유 변수(free variables): 컴퓨터 프로그래밍에서 자유 변수란 함수 안에서 지역 변수로 사용되지도 않고 파라미터도 아닌 변수를 말한다. 때로는 비지역 변수와 동일하게 취급되기도 한다(참고 *https://en.wikipedia.org/wiki/Free_variables_and_bound_variables*).

adder 관점에서 자유 변수는 a이다. 참고로 나도 자유 변수라는 용어를 처음 봤을 때 직관적이지 않다고 생각했다. 왜냐하면 현재 지역 스코프에 정의되어 있지 않고, 현재 함수의 파라미터도 아니면 자유 변수(free variables)라고 말하기 때문이다. 현재 스코프에 바인딩되어 있지 않기 때문에, 자유롭다고 말하는 것이다. 다른 설명에서는 다음과 같이 말하기도 한다. 어떤 변수가 지역적으로 사용되지만, 정의되어 있기는 그 지역을 감싸는 스코프에서 정의되어 있을 때 자유 변수라고 한다.

컴파일러와 가상 머신으로 클로저를 구현하는 것은 자유 변수를 어떻게 처리하느냐에 달려 있다. 컴파일러는 이런 자유 변수 참조를 감지해서 자유 변수를 스택에 올리는 명령어를 배출해야 한다. 자유 변수를 스택에 올리는 시점은 한참 뒤가 될 수도 있다. 심지어 스코프를 떠난 뒤에도 스택에 올릴 수 있어야 한다. 따라서 우리 객체 시스템에서는, 컴파일된 함수는 자유 변수를 들고 다닐 수 있어야 한다. 그리고 가상 머신은 이런 자유 변수의 참조값을 환원할 뿐만 아니라 컴파일된 함수에 저장할 수도 있어야 한다.

그러면, 이제부터 어떻게 구현할지 설명해보겠다. 우리는 모든 함수를 클로저로 바꿀 것이다. 물론 나도 모든 함수가 클로저가 아니라는 것을 잘 알고 있다. 다만, 클로저와 같은 방식으로 다루겠다는 뜻이다. 이는 컴파일러와 가상 머신 아키텍처를 단순하게 만들기 위해 꽤 흔하게 사용되는 방식이다. 그리고 (단순하게 만들기 때문에) 인지 부하(cognitive load)도 줄일 수 있다(만약 여러분이 성능 향상을 추구한다면, 지금 이 결정에서 파생되는 수많은 최적화 재료를 찾을 수 있다).

그러면 지금까지 한 얘기를 실제 구현 용어로 바꿔서 말해보자. 가장 먼저 Closure라는 새로운 객체를 object 패키지에 정의한다. Closure는 *object.CompilieFunction을 가리키는 포인터를 하나 갖는다. 그리고 클로저가 참조하거나 안에 담고 있어야 하는 자유 변수를 저장할 공간도 하나 갖는다.

그러나 컴파일된 함수 자체는 변하지 않는다. 앞으로도 *ast.FunctionLiteral은 *object.CompiledFunction으로 컴파일되며, 상수 풀에 추가하는 동작 역시 변하지 않는다.

그러나 함수 몸체를 컴파일할 때, 우리가 환원해야 할 모든 심벌을 조사해야 한다. 각각의 심벌이 자유 변수를 참조하는지 확인해야 하기 때문이다. 만약 자유 변수를 참조한다면, OpGetLocal이나 OpGetGlobal 명령어를 배출하는 게 아니라 새로운 명령코드를 배출해서 object.Closure에 정의된 '자유 변수를 저장하는 공간'에서 자유 변숫값을 가져와 스택에 올리도록 만들 것이다. 이를 위해 우리는 SymbolTable을 확장해서, 심벌 테이블이 우리를 대신해 자유 변수를 처리하도록 만들자.

함수 몸체가 컴파일되고 컴파일러에서 해당 스코프를 떠났을 때, 해당 함수가 자유 변수를 참조하고 있는지 검사할 것이다. 그러면 업그레이드된 SymbolTable은 해당 함수가 해당 스코프에서 얼마나 많은 자유 변수를 참조했는지 말해줄 것이고, 자유 변수가 그 스코프에서 처음으로 정의됐는지도 말해줄 것이다. 지금 말한 두 번째 속성은 특히 중요한데, 다음 단계인 런타임에서 이런 자유 변수를 컴파일된 함수로 옮기기 때문이다. 이를 위해, 가장 먼저 참조된 자유 변수를 스택에 올리는 명령어를 배출하며, 스택에 올리기 위해 어떤 스코프에서 자유 변수가 생성됐는지 알아야 한다. 그렇지 않으면 어떤 명령어를 배출할지 알 수가 없다.

그러고 나서 우리는 또 다른 새로운 명령코드를 배출해서 가상 머신에게 해당 함수를 상수 풀에서 가져오고, 방금 막 들어간 자유 변수를 스택에서 꺼내 컴파일된 함수에 전달한다.

이때 *object.CompiledFunction이 *object.Closure로 변환되어 스택에 들어간다. 스택에 있는 동안 *object.Closure는 *object.CompiledFunction과 마찬가지로 호출 대상이 될 수 있다. 단, *object.Closure는 클로저이기에 *object.CompiledFunction과는 다르게 (그 안에 포함된 명령어가 참조하는) 자유 변수에 접근할 수 있다. 그러면 클로저로 변환이 완료된 것이다.

요약하면, 함수를 컴파일할 때 자유 변수 참조를 감지하고, 참조된 자유 변숫값을 스택에 올리고, 컴파일된 함수와 참조된 자유 변숫값을 병

합해 클로저로 만들고, 호출될 수 있도록 스택에 넣는다. 그럼 시작해 볼까?

모든 것을 클로저로

언제나처럼, 목표에 다다르기 위해 조금씩 천천히 만들 것이다. 그리고 나중에 너무 급격하게 코드를 변화시키지 않도록, 가장 먼저 모든 함수를 클로저로 처리하려 한다. 다시 한번 말하지만, 모든 함수가 클로저는 아니다. 그런데도 모두 클로저로 취급할 수 있으며, 클로저로 취급해야 나중에 '진짜' 클로저를 쉽게 구현해 넣을 수 있다. 자세한 내용은 곧 보게 될 것이다.

함수를 클로저로 처리하려면, 클로저로 처리하도록 표현하는 게 먼저다. 따라서 아래와 같이 Closure라는 Monkey 객체를 하나 추가했다.

```
// object/object.go

const (
    // [...]
    CLOSURE_OBJ = "CLOSURE"
)

type Closure struct {
    Fn   *CompiledFunction
    Free []Object
}

func (c *Closure) Type() ObjectType { return CLOSURE_OBJ }
func (c *Closure) Inspect() string {
    return fmt.Sprintf("Closure[%p]", c)
}
```

Closure는 자신이 감싸는 함수를 가리키는 포인터를 담을 필드 Fn을 갖는다. 그리고 클로저가 알아야 하는 자유 변수를 담을 공간인 Free라는 필드를 갖는다. 의미론적으로 Free는 《인터프리터 in Go》에서 *object.Function에 추가한 Env 필드와 동일하다.

클로저는 런타임에 생성되기 때문에, 우리는 object.Closure를 컴파일러에서 사용할 수 없다. 대신, 미래 사용처에 메시지를 하나 보낼 수 있어야 한다. 이 메시지를 OpClosure라고 부르자. OpClosure는 컴파일러가 가상 머신에게 보내는 메시지이다. 이 메시지는 *object.Closure에 들어 있는 *object.CompiledFunction을 감싸라고 가상 머신에게 말해준다.

```
// code/code.go

const (
    // [...]

    OpClosure
)

var definitions = map[Opcode]*Definition{
    // [...]

    OpClosure: {"OpClosure", []int{2, 1}},
}
```

정말 흥미롭다! OpClosure는 피연산자를 두 개 갖는다! 피연산자는 그동안 계속 한 개였다. 설명해보겠다.

첫 번째 피연산자는 2바이트 크기를 가지며, 상수 풀에서 사용할 상수 인덱스값이다. 이 값은 나중에 클로저로 변환될 *object.CompiledFunction을 상수 풀에서 찾아내는 데 사용한다. OpConstant에 달린 피연산자가 2바이트 크기이기 때문에, 마찬가지로 2바이트이어야 한다. 이렇게 일관되게 만들어야 상수 풀에서 가져와 스택에 올렸을 때, 인덱스값이 너무 커서 클로저로 변환하지 못하는 상황이 발생하지 않는다.

두 번째 피연산자는 얼마나 많은 자유 변수가 스택에 있는지 말해주며, 이 값은 곧 만들어질 클로저에 전달되어야 한다. 1바이트인 이유는, 자유 변수는 256개면 충분하기 때문이다. 만약 Monkey 함수에 256개보다 더 많은 자유 변수가 필요하다면, 가상 머신이 분명히 실행을 거절할 것이다.

두 번째 파라미터는 그렇게 크게 신경 쓰지 않아도 된다. 지금 당장은 모든 함수를 클로저로 다루는 데 집중하기 위해서다. 자유 변수의 구현 작업은 더 뒤에서 다룬다.

한편 우리가 앞서 작성한 인프라에서 피연산자가 두 개인 명령코드를 처리하는지 살펴보아야 한다. 아예 불가능하지는 않지만, 지금 당장은 완벽하게 처리하지 못한다. 그리고 테스트도 작성되어 있지 않다. 먼저 테스트를 작성해서 이를 처리해보자.

```
// code/code_test.go

func TestMake(t *testing.T) {
    tests := []struct {
        op       Opcode
        operands []int
        expected []byte
    }{
        // [...]
        {OpClosure, []int{65534, 255}, []byte{byte(OpClosure), 255,
            254, 255}},
    }

    // [...]
}

func TestInstructionsString(t *testing.T) {
    instructions := []Instructions{
        Make(OpAdd),
        Make(OpGetLocal, 1),
        Make(OpConstant, 2),
        Make(OpConstant, 65535),
        Make(OpClosure, 65535, 255),
    }

    expected := `0000 OpAdd
0001 OpGetLocal 1
0003 OpConstant 2
0006 OpConstant 65535
0009 OpClosure 65535 255
`

    // [...]
}

func TestReadOperands(t *testing.T) {
```

```
    tests := []struct {
        op        Opcode
        operands  []int
        bytesRead int
    }{
        // [...]
        {OpClosure, []int{65535, 255}, 3},
    }

    // [...]
}
```

code 패키지를 대상으로 테스트를 실행하면, 아래와 같은 결과를 확인할 수 있다.

```
$ go test ./code
--- FAIL: TestInstructionsString (0.00s)
 code_test.go:56: instructions wrongly formatted.
  want="0000 OpAdd\n0001 OpGetLocal 1\n0003 OpConstant 2\n\
    0006 OpConstant 65535\n0009 OpClosure 65535 255\n"
  got="0000 OpAdd\n0001 OpGetLocal 1\n0003 OpConstant 2\n\
    0006 OpConstant 65535\n\
    0009 ERROR: unhandled operandCount for OpClosure\n\n"
FAIL
FAIL    monkey/code 0.007s
```

Instructions에 정의된 fmtInstruction 메서드만 고치면 될 것 같다.

```
// code/code.go

func (ins Instructions) fmtInstruction(def *Definition, operands []int) string {
    // [...]

    switch operandCount {
    case 0:
        return def.Name
    case 1:
        return fmt.Sprintf("%s %d", def.Name, operands[0])
    case 2:
        return fmt.Sprintf("%s %d %d", def.Name, operands[0],
            operands[1])
    }

    // [...]
}
```

새로운 case가 추가됐고, 다시 테스트는 성공한다. 왜냐하면 code.Make와 code.ReadOperands는 이미 명령코드 하나당 피연산자 두 개를 처리할 수 있기 때문이다.

```
$ go test ./code
ok   monkey/code 0.008s
```

이제 길은 잘 닦아놓았으니 이제부터 본격적으로 함수를 클로저로 다루도록 만들어보자.

컴파일러 측면에서 함수를 클로저로 다룬다는 것은, 이제부터 스택에서 함수를 가져올 때 OpConstant 대신에 OpClosure 명령어를 배출한다는 뜻이다. 당분간은 이를 제외한 나머지는 모두 전과 동일한 환경으로 유지하기로 하자. 우리는 함수를 *object.CompiledFunctions로 컴파일하고 상수 풀에 추가할 것이다. 그러나 상수 풀용 인덱스를 가져와 OpConstant 명령어를 만드는 데 사용하지 않고, OpClosure 명령어를 만드는 데 사용하도록 바꿀 것이다. 그리고 당분간 OpClosure의 두 번째 피연산자인 자유 변수 개수는 0으로 처리하자.

그런데 만약 지금 바로 compiler.go 파일을 열어서 OpConstant 명령어를 전부 다 OpClosure로 바꾸면, 컴파일러 테스트 안에 포함된 많은 테스트 함수가 실패하게 된다. 테스트가 의도하지 않게 실패하는 것은 언제나 좋지 않으므로, 이런 사태를 방지하기 위해 테스트 코드를 조금 조정해보자. 함수를 스택에 넣어야 하는 모든 코드에서 OpConstant를 OpClosure로 바꿔야 한다.

```go
// compiler/compiler_test.go

func TestFunctions(t *testing.T) {
    tests := []compilerTestCase{
        {
            input: `fn() { return 5 + 10 }`,
            expectedConstants: []interface{}{
                // [...]
            },
            expectedInstructions: []code.Instructions{
```

```
                code.Make(code.OpClosure, 2, 0),
                code.Make(code.OpPop),
            },
        },
        {
            input: `fn() { 5 + 10 }`,
            expectedConstants: []interface{}{
                // [...]
            },
            expectedInstructions: []code.Instructions{
                code.Make(code.OpClosure, 2, 0),
                code.Make(code.OpPop),
            },
        },
        {
            input: `fn() { 1; 2 }`,
            expectedConstants: []interface{}{
                // [...]
            },
            expectedInstructions: []code.Instructions{
                code.Make(code.OpClosure, 2, 0),
                code.Make(code.OpPop),
            },
        },
    }

    runCompilerTests(t, tests)
}
```

내가 실제 변경점보다 더 많은 코드를 가져온 이유는 단지 어떤 맥락에서 변경이 생겼는지 알려주고 싶었기 때문이다. 각 테스트 케이스의 `expectedInstructions` 필드를 `OpConstant`에서 `OpClosure`로 바꾸고 두 번째 피연산자를 `0`으로 바꾼 게 전부다. 그러면 함수를 스택에 올리는 다른 테스트도 변경해주자.

```
// compiler/compiler_test.go

func TestFunctionsWithoutReturnValue(t *testing.T) {
    tests := []compilerTestCase{
        {
            input: `fn() { }`,
            expectedConstants: []interface{}{
                // [...]
```

```
            },
            expectedInstructions: []code.Instructions{
                code.Make(code.OpClosure, 0, 0),
                code.Make(code.OpPop),
            },
        },
    }

    runCompilerTests(t, tests)
}

func TestFunctionCalls(t *testing.T) {
    tests := []compilerTestCase{
        {
            input: `fn() { 24 }();`,
            expectedConstants: []interface{}{
                // [...]
            },
            expectedInstructions: []code.Instructions{
                code.Make(code.OpClosure, 1, 0),
                code.Make(code.OpCall, 0),
                code.Make(code.OpPop),
            },
        },
        {
            input: `
            let noArg = fn() { 24 };
            noArg();
            `,
            expectedConstants: []interface{}{
                // [...]
            },
            expectedInstructions: []code.Instructions{
                code.Make(code.OpClosure, 1, 0),
                code.Make(code.OpSetGlobal, 0),
                code.Make(code.OpGetGlobal, 0),
                code.Make(code.OpCall, 0),
                code.Make(code.OpPop),
            },
        },
        {
            input: `
            let oneArg = fn(a) { a };
            oneArg(1);
            `,
            expectedConstants: []interface{}{
```

```
                // [...]
            },
            expectedInstructions: []code.Instructions{
                code.Make(code.OpClosure, 0, 0),
                code.Make(code.OpSetGlobal, 0),
                code.Make(code.OpGetGlobal, 0),
                code.Make(code.OpConstant, 1),
                code.Make(code.OpCall, 1),
                code.Make(code.OpPop),
            },
        },
        {
            input: `
            let manyArg = fn(a, b, c) { a; b; c };
            manyArg(1, 2, 3);
            `,
            expectedConstants: []interface{}{
                // [...]
            },
            expectedInstructions: []code.Instructions{
                code.Make(code.OpClosure, 0, 0),
                code.Make(code.OpSetGlobal, 0),
                code.Make(code.OpGetGlobal, 0),
                code.Make(code.OpConstant, 1),
                code.Make(code.OpConstant, 2),
                code.Make(code.OpConstant, 3),
                code.Make(code.OpCall, 3),
                code.Make(code.OpPop),
            },
        },
    }

    runCompilerTests(t, tests)
}

func TestLetStatementScopes(t *testing.T) {
    tests := []compilerTestCase{
        {
            input: `
            let num = 55;
            fn() { num }`,
            expectedConstants: []interface{}{
                // [...]
            },
            expectedInstructions: []code.Instructions{
                code.Make(code.OpConstant, 0),
```

```
                code.Make(code.OpSetGlobal, 0),
                code.Make(code.OpClosure, 1, 0),
                code.Make(code.OpPop),
            },
        },
        {
            input: `
            fn() {
                let num = 55;
                num
            }
            `,
            expectedConstants: []interface{}{
                // [...]
            },
            expectedInstructions: []code.Instructions{
                code.Make(code.OpClosure, 1, 0),
                code.Make(code.OpPop),
            },
        },
        {
            input: `
            fn() {
                let a = 55;
                let b = 77;
                a + b
            }
            `,
            expectedConstants: []interface{}{
                // [...]
            },
            expectedInstructions: []code.Instructions{
                code.Make(code.OpClosure, 2, 0),
                code.Make(code.OpPop),
            },
        },
    }

    runCompilerTests(t, tests)
}

func TestBuiltins(t *testing.T) {
    tests := []compilerTestCase{
        // [...]
        {
            input: `fn() { len([]) }`,
```

```
            expectedConstants: []interface{}{
                // [...]
            },
            expectedInstructions: []code.Instructions{
                code.Make(code.OpClosure, 0, 0),
                code.Make(code.OpPop),
            },
        },
    }

    runCompilerTests(t, tests)
}
```

기댓값은 바뀌었는데, 컴파일러는 그대로이니 테스트는 당연히 실패한다.

```
$ go test ./compiler
--- FAIL: TestFunctions (0.00s)
 compiler_test.go:688: testInstructions failed: wrong instructions length.
  want="0000 OpClosure 2 0\n0004 OpPop\n"
  got ="0000 OpConstant 2\n0003 OpPop\n"
--- FAIL: TestFunctionsWithoutReturnValue (0.00s)
 compiler_test.go:779: testInstructions failed: wrong instructions length.
  want="0000 OpClosure 0 0\n0004 OpPop\n"
  got ="0000 OpConstant 0\n0003 OpPop\n"
--- FAIL: TestFunctionCalls (0.00s)
 compiler_test.go:895: testInstructions failed: wrong instructions length.
  want="0000 OpClosure 1 0\n0004 OpCall 0\n0006 OpPop\n"
  got ="0000 OpConstant 1\n0003 OpCall 0\n0005 OpPop\n"
--- FAIL: TestLetStatementScopes (0.00s)
 compiler_test.go:992: testInstructions failed: wrong instructions length.
  want="0000 OpConstant 0\n0003 OpSetGlobal 0\n\
    0006 OpClosure 1 0\n0010 OpPop\n"
  got ="0000 OpConstant 0\n0003 OpSetGlobal 0\n\
    0006 OpConstant 1\n0009 OpPop\n"
--- FAIL: TestBuiltins (0.00s)
 compiler_test.go:1056: testInstructions failed: wrong instructions length.
  want="0000 OpClosure 0 0\n0004 OpPop\n"
  got ="0000 OpConstant 0\n0003 OpPop\n"
FAIL
FAIL    monkey/compiler 0.010s
```

예상대로, OpConstant 대신에 OpClosure가 나오고 있다. 완벽하다! 이제 컴파일러를 고쳐보자. 바뀐 코드는 아래와 같다.

```
// compiler/compiler.go

func (c *Compiler) Compile(node ast.Node) error {
    switch node := node.(type) {
    // [...]

    case *ast.FunctionLiteral:
        // [...]

        fnIndex := c.addConstant(compiledFn)
        c.emit(code.OpClosure, fnIndex, 0)

    // [...]
    }

    // [...]
}
```

case *ast.FunctionLiteral에서 위와 같이 마지막 코드 두 줄이 변경됐다. OpConstant를 배출하지 않고, OpClosure 명령어를 배출한다. 이게 전부다. 테스트를 통과하게 만들기에 충분하다.

```
$ go test ./compiler
ok   monkey/compiler 0.008s
```

이제 프런트엔드에서는 모든 함수를 클로저로 처리한다. 그러나 가상 머신은 아직 이 내용을 공유하지 못했다. 아래 테스트 결과를 보자.

```
$ go test ./vm
--- FAIL: TestCallingFunctionsWithoutArguments (0.00s)
panic: runtime error: index out of range [recovered]
 panic: runtime error: index out of range

[...]
FAIL    monkey/vm   0.038s
```

가상 머신 테스트는 변경하지 않아도 된다. 그냥 다시 통과하게 만들어 주면 된다. 가장 먼저 클로저에서 실행할 mainFn을 감싸고, VM 초기화 코드를 업데이트해주면 된다.

```go
// vm/vm.go

func New(bytecode *compiler.Bytecode) *VM {
    mainFn := &object.CompiledFunction{Instructions: bytecode.Instructions}
    mainClosure := &object.Closure{Fn: mainFn}
    mainFrame := NewFrame(mainClosure, 0)

    // [...]
}
```

위 코드만 가지고 테스트를 통과하기에는 많이 부족하다. 왜냐하면 NewFrame과 만들어질 Frame은 아직 클로저를 처리하는 방법을 모르기 때문이다. 우리는 Frame이 *object.Closure를 참조하도록 바꾸어야 한다.

```go
// vm/frame.go

type Frame struct {
    cl          *object.Closure
    ip          int
    basePointer int
}

func NewFrame(cl *object.Closure, basePointer int) *Frame {
    f := &Frame{
        cl:          cl,
        ip:          -1,
        basePointer: basePointer,
    }

    return f
}

func (f *Frame) Instructions() code.Instructions {
    return f.cl.Fn.Instructions
}
```

앞의 변경으로 인디렉션 수준(level of indirection)[5]이 하나 추가됐다. 필드 fn이 *object.CompiledFunction을 담는 게 아니라, cl이라는 필드로 *object.Closure를 가리키게 만든다는 뜻이다. 이제 Insturctions에 도달하려면 cl 필드를 통해서 클로저가 감싸는 Fn에 접근해야 한다.

이제 우리 프레임은 클로저로만 동작한다는 것을 전제하기 때문에 초기화할 때 프레임에 클로저를 넣어줘야 하며, 클로저가 담긴 프레임을 스택에 넣어줘야 한다. 앞에서는 VM에 정의된 callFunction 메서드에서 프레임 초기화를 담당했는데, 이제 이 메서드 이름을 callClosure로 바꾸고 클로저를 가진 프레임을 사용해 초기화해야 한다.

```
// vm/vm.go

func (vm *VM) executeCall(numArgs int) error {
    callee := vm.stack[vm.sp-1-numArgs]
    switch callee := callee.(type) {
    case *object.Closure:
        return vm.callClosure(callee, numArgs)
    case *object.Builtin:
        return vm.callBuiltin(callee, numArgs)
    default:
        return fmt.Errorf("calling non-closure and non-builtin")
    }
}

func (vm *VM) callClosure(cl *object.Closure, numArgs int) error {
    if numArgs != cl.Fn.NumParameters {
        return fmt.Errorf("wrong number of arguments: want=%d, got=%d",
            cl.Fn.NumParameters, numArgs)
    }

    frame := NewFrame(cl, vm.sp-numArgs)
    vm.pushFrame(frame)

    vm.sp = frame.basePointer + cl.Fn.NumLocals
```

5 (옮긴이) 인디렉션 수준(level of indirection): 컴퓨터 프로그래밍에서 인디렉션(indirection 혹은 dereferencing)은 자기 자신의 값 대신 이름, 참조, 컨테이너를 통해 다른 무엇인가를 참조하는 기능을 말한다. "모든 컴퓨터 과학 문제는 새로운 인디렉션 수준을 추가하면 풀어낼 수 있다"라는 버틀러 램슨(Butler Lampson)의 격언이 아주 유명하다(참고 *https://en.wikipedia.org/wiki/Indirection*).

```
    return nil
}
```

실수하지 않도록 강조하자면, callClosure는 callFunction을 클로저 버전으로 개조했을 뿐이다. 이름이 바뀌었고, 지역 변수가 fn에서 cl로 바뀌었다. 왜냐하면 호출 대상이 *object.Closure로 바뀌었기 때문이다. 따라서 위 코드에서 볼 수 있듯이 cl.Fn으로 NumParameters와 NumLocals를 가져와야 한다. 메서드가 하는 일은 동일하다는 뜻이다.

당연하지만, 같은 이유로 executeCall도 변경해야 한다. executeCall에서는 이제 *object.CompiledFunction이 아니라 *object.Closure가 스택에 있다고 가정하기 때문이다.

이제 남은 작업은 OpClosure 명령어를 실제로 처리하는 것이다. 다시 말해 상수 풀에서 함수를 가져오고, 클로저로 감싼 뒤에, 호출되도록 스택에 넣어야 한다. 아래 코드를 보자.

```
// vm/vm.go

func (vm *VM) Run() error {
    // [...]
        switch op {
        // [...]

        case code.OpClosure:
            constIndex := code.ReadUint16(ins[ip+1:])
            _ = code.ReadUint8(ins[ip+3:])
            vm.currentFrame().ip += 3

            err := vm.pushClosure(int(constIndex))
            if err != nil {
                return err
            }

        // [...]
        }
    // [...]
}

func (vm *VM) pushClosure(constIndex int) error {
    constant := vm.constants[constIndex]
```

```
    function, ok := constant.(*object.CompiledFunction)
    if !ok {
        return fmt.Errorf("not a function: %+v", constant)
    }

    closure := &object.Closure{Fn: function}
    return vm.push(closure)
}
```

OpClosure 명령어는 피연산자를 두 개 갖기 때문에, 비록 지금은 하나만 필요하지만 둘 다 복호화하든 그냥 지나가든, 어쨌든 둘 다 처리해야 한다. 만약 이 둘을 제대로 처리하지 못하면 가상 머신이 사용하지 않는 피연산자를 조회하게 된다. 그냥 ip를 증가시켜 두 피연산자를 모두 지나쳐도 되지만, 코드에서는 두 번째 피연산자를 읽는 의미 없는 ReadUint8을 호출하고 있다. 이유는 나중에 두 번째 피연산자를 복호화하는 위치를 보여주기 위해서다. 여기서 _는 나중에 해야 할 일이 있다는 것을 알리려는 용도로 사용했다.

그리고 첫 번째 피연산자 constIndex를, 새로 만든 pushClosure 메서드에 전달한다. pushClosure 메서드는 전달받은 constIndex로 특정된 함수를 constants에서 찾아 *object.Closure로 변환하고 스택에 넣는다. 그렇게 스택에 들어가고 나면, 전에 *object.CompiledFunction으로 했던 대로 함수에 인수를 넘기고, 반환받고, 호출할 수 있게 된다. 그러고 나면 아래와 같이 테스트를 통과한다.

```
$ go test ./vm
ok    monkey/vm    0.051s
```

그럼 이제 모든 것을 클로저로 동작하게 바꿨으니, 실제로 클로저를 구현해보자.

자유 변수 컴파일과 환원

앞서 말했듯이, 클로저를 컴파일하는 문제는 결국 자유 변수를 처리하는 문제로 귀결된다. 그런 의미에서 지금까지는 잘하고 있다. 앞서

object.Closure에 Free 필드를 정의했기에, 자유 변수를 저장할 수 있고, 명령코드 OpClosure를 정의했기에 가상 머신에게 자유 변수를 저장하라고 알려줄 수도 있다.

한편 Free 필드에서 값을 가져와 스택에 넣는 명령코드도 필요하다. 지금까지 값을 가져오는 명령코드는 모두 OpGetLocal, OpGetGlobal, OpGetBuiltin과 같은 형태로 이름을 지었으니, 이번에도 비슷하게 OpGetFree로 하는 게 합리적일 듯하다.

```
// code/code.go

const (
    // [...]

    OpGetFree
)

var definitions = map[Opcode]*Definition{
    // [...]

    OpGetFree: {"OpGetFree", []int{1}},
}
```

OpGetFree를 정의했다. 그러니 이번 장의 첫 번째 컴파일러 테스트를 작성해보자. 테스트에서는 OpGetFree로 (함수를 감싸기만 하는 게 아닌) '진짜' 클로저 안에서 참조되는 자유 변수를 가져온다.

```
// compiler/compiler_test.go

func TestClosures(t *testing.T) {
    tests := []compilerTestCase{
        {
            input: `
            fn(a) {
                fn(b) {
                    a + b
                }
            }
            `,
            expectedConstants: []interface{}{
                []code.Instructions{
```

```
                    code.Make(code.OpGetFree, 0),
                    code.Make(code.OpGetLocal, 0),
                    code.Make(code.OpAdd),
                    code.Make(code.OpReturnValue),
                },
                []code.Instructions{
                    code.Make(code.OpGetLocal, 0),
                    code.Make(code.OpClosure, 0, 1),
                    code.Make(code.OpReturnValue),
                },
            },
            expectedInstructions: []code.Instructions{
                code.Make(code.OpClosure, 1, 0),
                code.Make(code.OpPop),
            },
        },
    }

    runCompilerTests(t, tests)
}
```

위 테스트는 클로저 구현체가 어떻게 동작해야 하는지 간결하게 보여주고 있다.

테스트 입력 가장 안쪽에 있는 함수는 파라미터로, b를 가지는 진짜 클로저이다. 지역 바인딩 b만 참조하는 게 아니라 감싸는 스코프에 정의된 a도 참조한다. 이 함수 관점에서 a는 자유 변수이다. 따라서 컴파일러가 `OpGetFree` 명령어를 배출해서 a를 스택에 집어넣는지 확인해야 한다. 그리고 b는 일반적인 지역 바인딩이므로 `OpGetLocal`로 스택에 집어넣는다.

바깥쪽 함수에서 a는 `OpGetLocal`로 스택에 있어야 한다. 바깥쪽 함수가 a를 참조하지 않더라도 말이다. 한편 안쪽 함수는 a를 참조하기 때문에 가상 머신이 다음 명령어 `OpClosure`를 실행하기 전에, a는 스택에 들어 있어야 한다.

`OpClosure` 명령어의 두 번째 피연산자가 사용되고 있으며, 그 값은 1이다. 왜냐하면 스택에 자유 변수 a가 하나 있기 때문이다. 그리고 a는 `object.Closure`의 `Free` 필드에 저장되기를 기다리고 있다.

메인 프로그램의 expectedInstructions를 보면 OpClosure가 하나 더 있는데, 이것은 클로저를 생성하는 역할을 담당한다. 그러나 이는 자유 변수가 없는 클로저를 처리하기 위한 OpClosure이며, 우리가 익히 잘 알고 있는 사용 방법이다.

지금까지 클로저를 어떻게 구현할지 컴파일러 테스트로 표현했다. 그런데 아직 끝난 게 아니다. 깊게 중첩된 클로저도 처리할 수 있어야 한다.

```
// compiler/compiler_test.go

func TestClosures(t *testing.T) {
    tests := []compilerTestCase{
        // [...]
        {
            input: `
            fn(a) {
                fn(b) {
                    fn(c) {
                        a + b + c
                    }
                }
            };
            `,
            expectedConstants: []interface{}{
                []code.Instructions{
                    code.Make(code.OpGetFree, 0),
                    code.Make(code.OpGetFree, 1),
                    code.Make(code.OpAdd),
                    code.Make(code.OpGetLocal, 0),
                    code.Make(code.OpAdd),
                    code.Make(code.OpReturnValue),
                },
                []code.Instructions{
                    code.Make(code.OpGetFree, 0),
                    code.Make(code.OpGetLocal, 0),
                    code.Make(code.OpClosure, 0, 2),
                    code.Make(code.OpReturnValue),
                },
                []code.Instructions{
                    code.Make(code.OpGetLocal, 0),
                    code.Make(code.OpClosure, 1, 1),
                    code.Make(code.OpReturnValue),
```

```
                },
            },
            expectedInstructions: []code.Instructions{
                code.Make(code.OpClosure, 2, 0),
                code.Make(code.OpPop),
            },
        },
    }

    runCompilerTests(t, tests)
}
```

위 테스트 케이스에서는 중첩된 함수를 세 개 보여준다. 가장 안쪽 함수는 파라미터 c를 가지며, 자유 변수 a와 b를 참조한다. b는 중간에 있는 스코프에 정의되어 있고, a는 가장 바깥쪽 함수에 정의되어 있다.

중간 함수는 OpClosure 명령어를 담고 있는데, 이 명령어는 가장 안쪽 함수를 클로저로 변환한다. 그리고 이 명령어에 달린 두 번째 피연산자는 2를 값으로 갖는데, 이는 가상 머신이 이 클로저를 실행했을 때, 자유 변수 2개가 스택에 있어야 한다는 뜻이다. 여기서 스택에 두 값이 어떻게 들어가는지 궁금해야 한다. b는 OpGetLocal 명령어로 넣지만, 흥미롭게도 바깥쪽 a는 OpGetFree 명령어로 넣는다.

왜 OpGetFree를 써야 할까? 왜냐하면 중간 함수 관점에서는 a 역시 자유 변수이기 때문이다. 현재의 스코프에도, 파라미터에도 정의되어 있지 않기 때문이다. 그리고 a를 스택에 넣어 a를 가장 안쪽 클로저의 Free 필드에 전달해야 하므로, OpGetFree 명령어가 나와야 한다.

지금까지 설명한 내용이 함수가 바깥쪽 스코프에 정의된 지역 바인딩에 접근하는 방법이다. 클로저를 구현함으로써 중첩된 지역 바인딩을 구현했다. 우린 비지역(non-local), 비전역(non-global), 비내장(non-built-in) 바인딩을 모두 자유 변수로 처리했다.

그러면 설명한 내용 그대로 테스트를 작성해서 목표를 분명히 해보자.

```
// compiler/compiler_test.go

func TestClosures(t *testing.T) {
```

```
tests := []compilerTestCase{
    // [...]
    {
        input: `
        let global = 55;

        fn() {
            let a = 66;

            fn() {
                let b = 77;

                fn() {
                    let c = 88;

                    global + a + b + c;
                }
            }
        }
        `,
        expectedConstants: []interface{}{
            55,
            66,
            77,
            88,
            []code.Instructions{
                code.Make(code.OpConstant, 3),
                code.Make(code.OpSetLocal, 0),
                code.Make(code.OpGetGlobal, 0),
                code.Make(code.OpGetFree, 0),
                code.Make(code.OpAdd),
                code.Make(code.OpGetFree, 1),
                code.Make(code.OpAdd),
                code.Make(code.OpGetLocal, 0),
                code.Make(code.OpAdd),
                code.Make(code.OpReturnValue),
            },
            []code.Instructions{
                code.Make(code.OpConstant, 2),
                code.Make(code.OpSetLocal, 0),
                code.Make(code.OpGetFree, 0),
                code.Make(code.OpGetLocal, 0),
                code.Make(code.OpClosure, 4, 2),
                code.Make(code.OpReturnValue),
            },
            []code.Instructions{
```

```
                    code.Make(code.OpConstant, 1),
                    code.Make(code.OpSetLocal, 0),
                    code.Make(code.OpGetLocal, 0),
                    code.Make(code.OpClosure, 5, 1),
                    code.Make(code.OpReturnValue),
                },
            },
            expectedInstructions: []code.Instructions{
                code.Make(code.OpConstant, 0),
                code.Make(code.OpSetGlobal, 0),
                code.Make(code.OpClosure, 6, 0),
                code.Make(code.OpPop),
            },
        },
    }

    runCompilerTests(t, tests)
}
```

명령어가 너무 많다고 위축될 필요 없다. 우선 가장 안쪽 함수 명령어를 살펴보자. 첫 번째 []code.Instructions 슬라이스를 보면 된다. 가장 안쪽 함수는 우리가 사용할 수 있는 모든 바인딩을 참조하고 있다. 그리고 명령코드 OpGetLocal, OpGetFree, OpGetGlobal로 각각의 값을 스택에 넣고 있다.

전역 바인딩은 OpGetFree 명령어로 변환되지 않는다. 왜냐하면 전역 바인딩은 그냥 전역일 뿐이기 때문이다. 전역 바인딩은 모든 스코프에서 접근할 수 있다. 전역 바인딩을 자유 변수로 처리할 필요는 없다. 비록 기술적으로는 자유 변수라고 하더라도 말이다.

나머지 코드에서는 바깥쪽 스코프에서 let 문으로 만든 지역 바인딩을 참조했을 때, 바깥쪽 함수 파라미터를 참조하는 것과 같은 명령어로 만들어지는지 확인한다.

파라미터를 지역 바인딩으로 구현했기 때문에, 나머지 코드는 간단한 동작 검사 정도이다. 왜냐하면 첫 번째 테스트 케이스를 통과했다면 별도로 코드를 변경하지 않아도 동작해야 하기 때문이다. 따라서 나머지 코드는 바깥쪽 스코프 지역 바인딩을 자유 변수로 다루고자 하는 우리의 의도를 더욱 명확하게 표현해준다.

이제 테스트 케이스를 몇 개 작성했으니 테스트를 실행해보자. 아래 결과를 보면 첫 번째 테스트 케이스에서 컴파일러가 자유 변수를 어떻게 처리할지 전혀 모르는 상태라고 말해주고 있다.

```
$ go test ./compiler
--- FAIL: TestClosures (0.00s)
 compiler_test.go:1212: testConstants failed: constant 0 -\
   testInstructions failed: wrong instruction at 0.
  want="0000 OpGetFree 0\n0002 OpGetLocal 0\n0004 OpAdd\n0005
   OpReturnValue\n"
  got ="0000 OpGetLocal 0\n0002 OpGetLocal 0\n0004 OpAdd\n0005
   OpReturnValue\n"
FAIL
FAIL    monkey/compiler 0.008s
```

OpGetFree 명령어가 나와야 하는데 OpGetLocal 명령어가 나왔다. 이 결과는 그리 놀랍지 않은 것이, 컴파일러는 현재 모든 비전역 바인딩을 지역 바인딩으로 처리하고 있다. 따라서 컴파일러가 자유 변수 참조를 환원할 때, 자유 변수를 감지해 OpGetFree 명령어를 배출하도록 만들어야 한다.

자유 변수를 감지하고 환원한다고 말하면, 꽤나 엄청난 작업인 것처럼 들린다. 그러나 잘게 쪼개 작은 문제로 나누면, 풀어낼 수 있는 문제로 바뀌게 되므로 하나씩 처리하면 된다. 그리고 심벌 테이블에 작업을 위임하면 작업은 한결 더 간편해진다. 애초에 심벌 테이블은 우리를 대신해 심벌을 찾아주는 용도로 만들어졌다.

그러니 가장 쉽게 처리할 수 있는 코드부터 처리해보자. 먼저 새로운 스코프이다.

```
// compiler/symbol_table.go

const (
    // [...]
    FreeScope    SymbolScope = "FREE"
)
```

위 코드를 추가했으니, 이제 테스트를 작성해서 심벌 테이블이 자유 변수를 처리하는지 확인해보자. 구체적으로, 아래 Monkey 코드에 포함된 모든 심벌을 제대로 환원해야 한다.

```
let a = 1;
let b = 2;

let firstLocal = fn() {
  let c = 3;
  let d = 4;
  a + b + c + d;

  let secondLocal = fn() {
    let e = 5;
    let f = 6;
    a + b + c + d + e + f;
  };
};
```

그럼 위 Monkey 코드를 테스트로 변환해보자. 단, 심벌 테이블 관점에서 변환해야 한다.

```
// compiler/symbol_table_test.go

func TestResolveFree(t *testing.T) {
    global := NewSymbolTable()
    global.Define("a")
    global.Define("b")

    firstLocal := NewEnclosedSymbolTable(global)
    firstLocal.Define("c")
    firstLocal.Define("d")

    secondLocal := NewEnclosedSymbolTable(firstLocal)
    secondLocal.Define("e")
    secondLocal.Define("f")

    tests := []struct {
        table               *SymbolTable
        expectedSymbols     []Symbol
        expectedFreeSymbols []Symbol
    }{
        {
            firstLocal,
            []Symbol{
```

```
                Symbol{Name: "a", Scope: GlobalScope, Index: 0},
                Symbol{Name: "b", Scope: GlobalScope, Index: 1},
                Symbol{Name: "c", Scope: LocalScope, Index: 0},
                Symbol{Name: "d", Scope: LocalScope, Index: 1},
            },
            []Symbol{},
        },
        {
            secondLocal,
            []Symbol{
                Symbol{Name: "a", Scope: GlobalScope, Index: 0},
                Symbol{Name: "b", Scope: GlobalScope, Index: 1},
                Symbol{Name: "c", Scope: FreeScope, Index: 0},
                Symbol{Name: "d", Scope: FreeScope, Index: 1},
                Symbol{Name: "e", Scope: LocalScope, Index: 0},
                Symbol{Name: "f", Scope: LocalScope, Index: 1},
            },
            []Symbol{
                Symbol{Name: "c", Scope: LocalScope, Index: 0},
                Symbol{Name: "d", Scope: LocalScope, Index: 1},
            },
        },
    }

    for _, tt := range tests {
        for _, sym := range tt.expectedSymbols {
            result, ok := tt.table.Resolve(sym.Name)
            if !ok {
                t.Errorf("name %s not resolvable", sym.Name)
                continue
            }
            if result != sym {
                t.Errorf("expected %s to resolve to %+v, got=%+v",
                    sym.Name, sym, result)
            }
        }

        if len(tt.table.FreeSymbols) != len(tt.expectedFreeSymbols) {
            t.Errorf("wrong number of free symbols. got=%d, want=%d",
                len(tt.table.FreeSymbols), len(tt.expectedFreeSymbols))
            continue
        }

        for i, sym := range tt.expectedFreeSymbols {
            result := tt.table.FreeSymbols[i]
            if result != sym {
```

```
                t.Errorf("wrong free symbol. got=%+v, want=%+v",
                    result, sym)
            }
        }
    }
}
```

앞서 본 Monkey 코드와 마찬가지로 global, firstLocal, secondLocal 셋을 정의하고 있다. 각각 서로에게 중첩되어 있으며, secondLocal이 가장 안쪽에 위치한다. 테스트 환경을 구성하는 코드를 보면, 스코프별로 Monkey 코드의 let 문에 대응하는 심벌을 두 개씩 정의하고 있다.

tests를 반복하는 반복문의 첫 번째 for 문에서는 산술 표현식에서 사용된 모든 식별자가 올바르게 환원되는지 확인한다. 다시 말하자면, 각각의 스코프를 살펴보면서 각 심벌 테이블에 미리 정의해놓은 심벌을 환원할 수 있는지 확인해본다.

이미 일부 심벌에 한해서는 환원 여부를 확인할 수 있지만, 이제는 자유 변수도 인식하고, 자유 변수가 갖는 스코프를 FreeScope로 지정할 수도 있어야 한다. 또한 어떤 심벌이 자유 변수로 환원됐는지 추적할 수 있어야 한다. 이 내용은 가장 아래쪽 두 번째 for 문에 작성되어 있다.

expectedFreeSymbols를 순회하며 각각의 기댓값이 심벌 테이블의 FreeSymbols와 일치하는지 확인해본다. 아직 필드가 존재하지 않지만 필드가 생기면 FreeSymbols는, '감싸는' 스코프가 이미 정의한 심벌을 담아야 한다. 예를 들어, secondLocal에 있을 때 심벌 테이블에 c와 d를 환원할 수 있는지 물어본다면, FreeScope에 정의된 심벌을 환원하길 바란다는 뜻이다. 그러나 동시에 c와 d가 정의됐을 때, 만들어진 원래의 심벌이 secondLocal의 FreeSymbols 필드에 추가되어 있어야 한다.

이런 작업이 필요한 이유는 '자유 변수'가 상대적인 용어이기 때문이다. 현재 스코프에서는 자유 변수일지 몰라도 감싸는 스코프에서는 지역 바인딩일 수 있다. 그리고 함수가 컴파일된 다음(OpClosure 명령어를 배출하고 해당 함수 스코프를 떠났을 때)에 자유 변수를 스택에 넣기를 원하기 때문에, 감싸는 스코프에 있는 동안 이런 심벌에 접근할 필요가 있다.

입력이 컴파일러 테스트와 꽤 유사하지 않은가? 다시 말해 우리가 제대로 만들고 있다는 뜻이다. 다만 아직 할 일이 좀 남아 있다. 심벌 테이블이 환원할 수 없는 모든 심벌을 자유 변수로 처리하지 않도록 만들어야 한다. 아래 테스트 코드를 보자.

```
// compiler/symbol_table_test.go

func TestResolveUnresolvableFree(t *testing.T) {
    global := NewSymbolTable()
    global.Define("a")

    firstLocal := NewEnclosedSymbolTable(global)
    firstLocal.Define("c")

    secondLocal := NewEnclosedSymbolTable(firstLocal)
    secondLocal.Define("e")
    secondLocal.Define("f")

    expected := []Symbol{
        Symbol{Name: "a", Scope: GlobalScope, Index: 0},
        Symbol{Name: "c", Scope: FreeScope, Index: 0},
        Symbol{Name: "e", Scope: LocalScope, Index: 0},
        Symbol{Name: "f", Scope: LocalScope, Index: 1},
    }

    for _, sym := range expected {
        result, ok := secondLocal.Resolve(sym.Name)
        if !ok {
            t.Errorf("name %s not resolvable", sym.Name)
            continue
        }
        if result != sym {
            t.Errorf("expected %s to resolve to %+v, got=%+v",
                sym.Name, sym, result)
        }
    }

    expectedUnresolvable := []string{
        "b",
        "d",
    }

    for _, name := range expectedUnresolvable {
        _, ok := secondLocal.Resolve(name)
```

```
        if ok {
            t.Errorf("name %s resolved, but was expected not to", name)
        }
    }
}
```

테스트를 실행해서 결과를 보기에 앞서, FreeSymbols 필드를 Symbol Table에 추가해주자. 그렇지 않으면 컴파일이 되지 않는다.

```
// compiler/symbol_table.go

type SymbolTable struct {
    // [...]

    FreeSymbols []Symbol
}

func NewSymbolTable() *SymbolTable {
    s := make(map[string]Symbol)
    free := []Symbol{}
    return &SymbolTable{store: s, FreeSymbols: free}
}
```

그럼 이제 작성한 테스트를 실행할 수 있으니 실패하는지 확인해보자.

```
$ go test -run 'TestResolve*' ./compiler
--- FAIL: TestResolveFree (0.00s)
 symbol_table_test.go:240: expected c to resolve to\
   {Name:c Scope:FREE Index:0}, got={Name:c Scope:LOCAL Index:0}
 symbol_table_test.go:240: expected d to resolve to\
   {Name:d Scope:FREE Index:1}, got={Name:d Scope:LOCAL Index:1}
 symbol_table_test.go:246: wrong number of free symbols. got=0, want=2
--- FAIL: TestResolveUnresolvableFree (0.00s)
 symbol_table_test.go:286: expected c to resolve to\
   {Name:c Scope:FREE Index:0}, got={Name:c Scope:LOCAL Index:0}
FAIL
FAIL    monkey/compiler 0.008s
```

FREE가 나오길 바랐지만, LOCAL이 나오고 있다. 예상대로다. 그러면 본격적으로 고쳐보자.

가장 먼저 Symbol에 FreeSymbol을 추가해주는 도움 메서드 defineFree를 작성해보자. defineFree는 FreeScope에 정의된 심벌을 반환한다.

```
// compiler/symbol_table.go

func (s *SymbolTable) defineFree(original Symbol) Symbol {
    s.FreeSymbols = append(s.FreeSymbols, original)

    symbol := Symbol{Name: original.Name, Index: len(s.FreeSymbols) - 1}
    symbol.Scope = FreeScope

    s.store[original.Name] = symbol
    return symbol
}
```

이제 defienFree 메서드를 Resolve 메서드에서 사용하면, 앞서 작성한 심벌 테이블 테스트 둘을 통과할 수 있다.

Resolve 메서드에 조건식을 몇 개 추가해야 한다. 먼저 어떤 이름이 현재의 스코프, 현재의 심벌 테이블에 정의된 적이 있는지 확인한다. 아니라면 전역 바인딩인지 내장 함수인지 검사한다. 또한 아니라면, 그 이름은 감싸는 스코프에 정의된 지역 바인딩일 것이다. 따라서 이 경우라면 현재 스코프 관점에서는 자유 변수이므로 자유 변수로 환원되어야 한다.

자유 변수로 환원해야 한다면 defineFree 메서드를 사용해서, Scope 필드에 FreeScope를 넣어 심벌을 반환한다.

실제 코드로는 훨씬 간단하게 표현할 수 있다. 아래 코드를 보자.

```
// compiler/symbol_table.go

func (s *SymbolTable) Resolve(name string) (Symbol, bool) {
    obj, ok := s.store[name]
    if !ok && s.Outer != nil {
        obj, ok = s.Outer.Resolve(name)
        if !ok {
            return obj, ok
        }

        if obj.Scope == GlobalScope || obj.Scope == BuiltinScope {
            return obj, ok
        }

        free := s.defineFree(obj)
```

```
        return free, true
    }
    return obj, ok
}
```

Symbol의 Scope가 GlobalScope인지 BuiltinScope인지 검사하는 코드가 추가됐다. 그리고 새로 추가된 도움 메서드 defineFree를 호출하는 코드도 추가됐다. 나머지는 기존에 작성되어 있던 코드로, 감싸는 심벌 테이블을 재귀적으로 타고 올라간다.

이 정도면 충분하다. 클로저를 구현하는 우리 여정에서 첫 번째 목적지에 도달했다. 자유 변수를 이해하는 심벌 테이블을 구현하는 데 성공했다!

```
$ go test -run 'TestResolve*' ./compiler
ok   monkey/compiler 0.010s
```

그러면 다시 컴파일러 테스트로 돌아가보자.

```
$ go test ./compiler
--- FAIL: TestClosures (0.00s)
 compiler_test.go:927: testConstants failed: constant 0 -\
   testInstructions failed: wrong instructions length.
  want="0000 OpGetFree 0\n0002 OpGetLocal 0\n0004 OpAdd\n0005
   OpReturnValue\n"
  got ="0000 OpGetLocal 0\n0002 OpAdd\n0003 OpReturnValue\n"
FAIL
FAIL    monkey/compiler 0.008s
```

심벌 테이블이 자유 변수를 처리할 수 있게 됐으니, 아래와 같이 컴파일러에 작성된 loadSymbol 메서드에 코드 두 줄을 추가해 실패하는 테스트를 통과하도록 만들자.

```
// compiler/compiler.go

func (c *Compiler) loadSymbol(s Symbol) {
    switch s.Scope {
    case GlobalScope:
        c.emit(code.OpGetGlobal, s.Index)
    case LocalScope:
```

```
        c.emit(code.OpGetLocal, s.Index)
    case BuiltinScope:
        c.emit(code.OpGetBuiltin, s.Index)
    case FreeScope:
        c.emit(code.OpGetFree, s.Index)
    }
}
```

위 코드를 추가하면 '클로저 안'에서는 OpGetFree 명령어가 제대로 배출된다. 그러나 바깥에서는 여전히 동작하지 않는다.

```
$ go test ./compiler
--- FAIL: TestClosures (0.00s)
 compiler_test.go:900: testConstants failed: constant 1 -\
   testInstructions failed: wrong instructions length.
  want="0000 OpGetLocal 0\n0002 OpClosure 0 1\n0006 OpReturnValue\n"
  got ="0000 OpClosure 0 0\n0004 OpReturnValue\n"
FAIL
FAIL    monkey/compiler 0.009s
```

테스트 결과는 함수를 컴파일한 다음에 자유 변수를 스택에 올리지 않았다고 말해준다. 그리고 OpClosure 명령어 두 번째 피연산자가 아직도 하드 코딩된 0 값을 갖고 있다고 말해준다.

함수 몸체를 컴파일한 다음에는 이제 막 떠난 스코프, 즉 이제 막 '빠져나온' 심벌 테이블의 FreeSymbols를 반복하면서 loadSymbol 메서드를 호출해야 한다. 그러면 감싸는 스코프 안에 명령어가 만들어지고, 이 명령어들이 자유 변수를 스택에 올리도록 만들어야 한다.

여기서도 마찬가지지만, 내가 구구절절 설명하는 것보다 코드가 더 많은 것을 말해준다.

```
// compiler/compiler.go

func (c *Compiler) Compile(node ast.Node) error {
    switch node := node.(type) {
    // [...]

    case *ast.FunctionLiteral:
        // [...]
        if !c.lastInstructionIs(code.OpReturnValue) {
```

```
            c.emit(code.OpReturn)
        }

        freeSymbols := c.symbolTable.FreeSymbols
        numLocals := c.symbolTable.numDefinitions
        instructions := c.leaveScope()

        for _, s := range freeSymbols {
            c.loadSymbol(s)
        }

        compiledFn := &object.CompiledFunction{
            Instructions:  instructions,
            NumLocals:     numLocals,
            NumParameters: len(node.Parameters),
        }

        fnIndex := c.addConstant(compiledFn)
        c.emit(code.OpClosure, fnIndex, len(freeSymbols))

    // [...]
    }

    // [...]
}
```

코드를 전부 가져온 이유는 변경 코드의 문맥을 보여주기 위해서다. 실제로는 코드 다섯 줄만 보면 된다.

가장 먼저 봐야 할 행은 freeSymbols에 값을 넣는 할당문이다. 중요한 점은 c.leaveScope를 호출하기 전에 freeSymbols에 값을 넣어둔다는 것이다. 그리고 스코프를 떠나고 나서 freeSymbols를 반복하면서 c.loadSymbol을 호출한다.

다음으로, len(freeSymbols)를 OpClosure 명령어의 두 번째 피연산자로 넣어준다. c.loadSymbol을 호출하면, 자유 변수는 스택에서 대기하고 있다가 *object.Closure로 변환될 때, *object.CompiledFunction과 병합되어 사용된다.

그러면 아래와 같이 테스트를 통과하게 된다.

```
$ go test ./compiler
ok   monkey/compiler 0.008s
```

결과 메시지가 보이는가! 우리가 클로저를 컴파일하는 데 성공했다! 이제 클로저를 컴파일 시점에서는 처리했으니, 런타임에서도 처리하게 만들어보자. 런타임에서야말로 클로저가 부리는 마법을 제대로 볼 수 있으니 말이다!

런타임에서 클로저 만들기

가상 머신은 이미 클로저로 동작하고 있다. 이미 `*object.CompiledFunction`을 실행하는 게 아니라 가상 머신이 `OpClosure` 명령어를 실행할 때, `*object.CompiledFunction`을 `*object.Closure`로 감싸서 호출하고 실행한다.

다만 아직 '진짜' 클로저를 처리하지 못하고 있을 뿐이다. 자유 변수를 클로저에 넣어야 하고, 자유 변수를 스택에 넣어주는 `OpGetFree` 명령어를 실행할 수 있어야 한다. 그동안 우리가 준비를 워낙 철저하게 해놓았기에 이제부터는 쉽게, 아주 조금씩 그리고 천천히 만들면 된다.

그러면 테스트부터 작성해서 가상 머신이 가장 간단한 형태를 갖는 '진짜' 클로저를 처리할 수 있도록 해보자.

```
// vm/vm_test.go

func TestClosures(t *testing.T) {
    tests := []vmTestCase{
        {
            input: `
        let newClosure = fn(a) {
                fn() { a; };
        };
        let closure = newClosure(99);
        closure();
        `,
            expected: 99,
        },
    }

    runVmTests(t, tests)
}
```

테스트 입력을 보면 newClosure 함수가 있고, newClosure는 자신의 파라미터 a를 자유 변수로 감싸는 클로저를 반환한다. 반환된 클로저를 호출하면, 호출 결과로 a를 반환해야 한다. 클로저 하나, 자유 변수 하나, 감싸는 스코프 하나. 어려울 게 없어 보인다.

가장 먼저 OpClosure의 두 번째 피연산자를 사용하도록 만들어보자. 두 번째 피연산자는 가상 머신에게 얼마나 많은 자유 변수를 클로저로 넘겨야 하는지 알려준다. 앞서 우리는 이 값을 복호화만 해두고 무시했었다. 그때는 아직 자유 변수를 구현하지 않았기 때문이다. 그러나 이제 자유 변수가 구현되었으니 이 값을 사용해 동작하도록 바꿔보자.

```
// vm/vm.go

func (vm *VM) Run() error {
    // [...]
        switch op {
        // [...]

        case code.OpClosure:
            constIndex := code.ReadUint16(ins[ip+1:])
            numFree := code.ReadUint8(ins[ip+3:])
            vm.currentFrame().ip += 3

            err := vm.pushClosure(int(constIndex), int(numFree))
            if err != nil {
                return err
            }

        // [...]
        }
    // [...]
}
```

pushClosure 메서드에 인수를 두 개 넘기도록 바꿨다. 첫 번째 인수는 컴파일된 함수가 상수 풀에 위치한 인덱스값이고 두 번째 인수는 스택에 준비되어 있어야 하는 자유 변수의 개수이다. 그러면 아래 pushClosure를 보자.

```
// vm/vm.go
```

```
func (vm *VM) pushClosure(constIndex, numFree int) error {
    constant := vm.constants[constIndex]
    function, ok := constant.(*object.CompiledFunction)
    if !ok {
        return fmt.Errorf("not a function: %+v", constant)
    }

    free := make([]object.Object, numFree)
    for i := 0; i < numFree; i++ {
        free[i] = vm.stack[vm.sp-numFree+i]
    }
    vm.sp = vm.sp - numFree

    closure := &object.Closure{Fn: function, Free: free}
    return vm.push(closure)
}
```

새로 추가된 코드는 가운데쯤에 있다. 두 번째 파라미터인 numFree를 사용해 free라는 슬라이스를 만들어내는 데 사용한다. 그러고 나서 스택에서 가장 작은 인덱스값부터 하나씩 자유 변수를 가져와 free에 복사한다. 다음으로 vm.sp를 직접 감소시켜 스택을 비운다.

free에 자유 변수를 복사하는 순서는 매우 중요하다. 왜냐하면 같은 순서로 클로저의 몸체에서 자유 변수를 참조하고, 스택에도 같은 순서로 들어 있기 때문이다. 만약 우리가 이 순서를 역순으로 한다면, GetFree 명령어에 달린 피연산자가 틀린 게 된다.

그러면 자연스럽게 다음 주제로 넘어가보자. 가상 머신이 OpGetFree를 처리하도록 바꿔보자.

OpGetFree를 구현하는 작업은 OpGet* 명령어를 구현하는 작업과 크게 다르지 않다. 단 값을 가져오는 위치가 조금 다를 뿐이다. OpGetFree는 가상 머신이 현재 실행하고 있는 *object.Closure의 Free 슬라이스에서 값을 가져온다.

```
// vm/vm.go

func (vm *VM) Run() error {
    // [...]
```

```
        switch op {
        // [...]

        case code.OpGetFree:
            freeIndex := code.ReadUint8(ins[ip+1:])
            vm.currentFrame().ip += 1

            currentClosure := vm.currentFrame().cl
            err := vm.push(currentClosure.Free[freeIndex])
            if err != nil {
                return err
            }

        // [...]
        }
    // [...]
}
```

내가 말했듯이 값을 가져오는 위치만 조금 다르다. 피연산자를 복호화해서 Free 슬라이스에서 인덱스값으로 사용한다. 그리고 Free 슬라이스에서 자유 변숫값을 가져와 스택에 넣는다.

이제 잠시 한숨 돌려도 된다. 아래 실행 결과를 보자.

```
$ go test ./vm
ok    monkey/vm   0.036s
```

진짜 클로저를 구현하는 데 성공했다. 정말로 끝났다! 믿지 못하겠는가? 그러면 테스트를 몇 개 더 작성해서 무슨 일이 일어나는지 확인해 보자.

```
// vm/vm_test.go

func TestClosures(t *testing.T) {
    tests := []vmTestCase{
        // [...]
        {
            input: `
        let newAdder = fn(a, b) {
            fn(c) { a + b + c };
        };
        let adder = newAdder(1, 2);
```

```
        adder(8);
        `,
                expected: 11,
        },
        {
            input: `
        let newAdder = fn(a, b) {
            let c = a + b;
            fn(d) { c + d };
        };
        let adder = newAdder(1, 2);
        adder(8);
        `,
            expected: 11,
        },
    }

    runVmTests(t, tests)
}
```

위 테스트에는 다양한 클로저를 입력으로 사용한다. 각각은 자유 변수를 여럿 참조한다. 자유 변수는 감싸는 스코프에 파라미터로 정의되어 있기도 하고, 지역 변수로 정의되어 있기도 하다. 그러면 이제 콘솔 창에 go test ./vm를 입력하고 눈을 감고 엔터 키를 눌러보자.

```
$ go test ./vm
ok   monkey/vm   0.035s
```

훌륭하다! 계속해서 테스트를 몇 개 더 추가해보자.

```
// vm/vm_test.go

func TestClosures(t *testing.T) {
    tests := []vmTestCase{
        // [...]
        {
            input: `
        let newAdderOuter = fn(a, b) {
            let c = a + b;
            fn(d) {
                let e = d + c;
                fn(f) { e + f; };
```

```
            };
        };
        let newAdderInner = newAdderOuter(1, 2)
        let adder = newAdderInner(3);
        adder(8);
        `,
            expected: 14,
        },
        {
            input: `
        let a = 1;
        let newAdderOuter = fn(b) {
            fn(c) {
                fn(d) { a + b + c + d };
            };
        };
        let newAdderInner = newAdderOuter(2)
        let adder = newAdderInner(3);
        adder(8);
        `,
            expected: 14,
        },
        {
            input: `
        let newClosure = fn(a, b) {
            let one = fn() { a; };
            let two = fn() { b; };
            fn() { one() + two(); };
        };
        let closure = newClosure(9, 90);
        closure();
        `,
            expected: 99,
        },
    }

  runVmTests(t, tests)
}
```

이번에도 클로저를 여럿 추가했다. 다른 클로저를 반환하기도 하고, 전역 바인딩, 지역 바인딩을 사용하기도 하고, 다른 클로저 안에서 또 다른 클로저를 호출하는 등 모두 한데 모아놓았는데도 잘 동작한다!

```
$ go test ./vm
ok   monkey/vm   0.039s
```

훌륭하다! 이제 정말 거의 다 만들었다. 그러나 마지막으로 해야 할 일이 하나 남았다. 아직 동작하지 않는 독특한 클로저 사용법이 하나 남았다. 바로 클로저가 자신을 호출하는, 재귀적 클로저이다.

재귀적 클로저

아래, 재귀적 클로저를 정의하고 호출했을 때, 처음으로 맞닥뜨리는 문제를 테스트 케이스로 표현해보았다.

```
// vm/vm_test.go

func TestRecursiveFunctions(t *testing.T) {
    tests := []vmTestCase{
        {
            input: `
        let countDown = fn(x) {
            if (x == 0) {
                return 0;
            } else {
                countDown(x - 1);
            }
        };
        countDown(1);
        `,
            expected: 0,
        },
    }

    runVmTests(t, tests)
}
```

그리 많은 설명이 필요치는 않을 것 같다. countDown은 자신을 호출하는 단순한 함수이다. 그리고 테스트를 실행하면 테스트 결과가 countDown, 즉 자기 자신을 찾을 수 없다고 출력한다.

```
$ go test ./vm -run TestRecursiveFunctions
--- FAIL: TestRecursiveFunctions (0.00s)
```

```
vm_test.go:559: compiler error: undefined variable countDown
FAIL
FAIL    monkey/vm   0.006s
```

어렵지 않은 문제이며 고치기도 쉽다. 컴파일러에서 이를 처리할 수 있게 바꿔주면 된다.

```
// compiler/compiler.go

func (c *Compiler) Compile(node ast.Node) error {
    switch node := node.(type) {
    // [...]

    case *ast.LetStatement:
        err := c.Compile(node.Value)
        if err != nil {
            return err
        }

        symbol := c.symbolTable.Define(node.Name.Value)
        if symbol.Scope == GlobalScope {
            c.emit(code.OpSetGlobal, symbol.Index)
        } else {
            c.emit(code.OpSetLocal, symbol.Index)
        }

    // [...]
    }

    // [...]
}
```

위 코드에서 `symbol := ...` 이 있는 행을 위로 올려서 `case *ast.LetStatement` 바로 밑까지 옮긴다. 다음 코드를 보자.

```
// compiler/compiler.go

func (c *Compiler) Compile(node ast.Node) error {
    switch node := node.(type) {
    // [...]

    case *ast.LetStatement:
        symbol := c.symbolTable.Define(node.Name.Value)
```

```
        err := c.Compile(node.Value)
        if err != nil {
            return err
        }

        if symbol.Scope == GlobalScope {
            c.emit(code.OpSetGlobal, symbol.Index)
        } else {
            c.emit(code.OpSetLocal, symbol.Index)
        }

    // [...]
    }

    // [...]
}
```

위 코드는 심벌 테이블의 함수가 바인딩될 이름을, 함수가 컴파일되기 직전에 정의한다. 그러면 함수 몸체는 함수 이름을 참조할 수 있다. 딱 한 줄 바꿨을 뿐인데, 아래와 같이 테스트 코드를 통과한다.

```
$ go test ./vm
ok   monkey/vm   0.033s
```

테스트를 통과했다. 우리가 재귀 함수 호출을 구현했다는 뜻으로 보인다. 그러면 이제 테스트 케이스를 추가해 재귀 함수가 전역 스코프에서만 동작하는 게 아닌지 확인해보자.

```
// vm/vm_test.go

func TestRecursiveFunctions(t *testing.T) {
    tests := []vmTestCase{
        // [...]
        {
            input: `
        let countDown = fn(x) {
            if (x == 0) {
                return 0;
            } else {
                countDown(x - 1);
            }
        };
```

```
        let wrapper = fn() {
            countDown(1);
        };
        wrapper();
        `,
            expected: 0,
        },
    }

    runVmTests(t, tests)
}
```

실행해보자.

```
$ go test ./vm
ok   monkey/vm   0.030s
```

OK. 이것 역시 잘 동작한다. 그러면 이제 두 테스트 케이스를 '결합'해 재귀 함수를 다른 함수 '안'에 정의해놓고, 또 다른 함수에서 호출해보자.

```
// vm/vm_test.go

func TestRecursiveFunctions(t *testing.T) {
    tests := []vmTestCase{
        // [...]
        {
            input: `
        let wrapper = fn() {
            let countDown = fn(x) {
                if (x == 0) {
                    return 0;
                } else {
                    countDown(x - 1);
                }
            };
            countDown(1);
        };
        wrapper();
        `,
            expected: 0,
        },
    }
```

```
    runVmTests(t, tests)
}
```

나머지 두 테스트 케이스에서 가져온 코드는 그대로이다. 다만 살짝 위치가 바뀌었을 뿐이다. countDown은 여전히 자신을 호출하고 있고, wrapper가 countDown을 호출하는 것도 동일하다. 다만, 이번엔 countDown이 wrapper 안에 정의되어 있다. 결국 모든 Monkey 함수는 클로저이기 때문에, 여기서도 결국 다른 클로저에 정의된 재귀적 클로저일 뿐이다.

우리는 이미 두 기능이 별개로 잘 동작한다는 것을 알고 있다. 다른 함수 안에서 함수를 정의하고 호출하는 동작은 지난 섹션 이후로 계속 작동해왔다. 그리고 몇 문단 앞의 함수 호출 역시 잘 작동했다. 그러면 이 둘을 결합하면 어떨까?

테스트를 돌려서 확인해보자.

```
$ go test ./vm -run TestRecursiveFunctions
--- FAIL: TestRecursiveFunctions (0.00s)
 vm_test.go:591: vm error: calling non-closure and non-builtin
FAIL
FAIL    monkey/vm   0.007s
```

컴파일 에러는 발생하지 않았다. 대신 런타임에 가상 머신 쪽에서 실패했다. 테스트 결과를 보니, 가상 머신이 클로저도 내장 함수도 아닌 무언가를 호출하려 한 것이 분명하다.

테스트가 왜 실패했는지 고민하기에 앞서, 이 테스트를 동작하게 만들어야 하는지 근본적으로 생각해야 한다. 왜냐하면 누가 보아도 예제가 인위적으로 보이기 때문이다. 그렇지 않은가? 이 세상의 어느 누가 재귀적 클로저 안에서 다른 클로저를 호출하겠는가?

그런 사람들이 있다. 바로 우리다! 테스트 케이스는 아래 Monkey 코드 형태를 단순화한 것이다.

```
let map = fn(arr, f) {
  let iter = fn(arr, accumulated) {
```

```
    if (len(arr) == 0) {
      accumulated
    } else {
      iter(rest(arr), push(accumulated, f(first(arr))));
    }
  };

  iter(arr, []);
};
```

앞서 보여준 인위적인 코드와는 다르게 Monkey로 작성된 고차 함수인 map은 우리에게 꼭 필요한 함수이다. 그럼 다시 테스트로 돌아가자.

컴파일러가 메인 함수를 잘못된 바이트코드로 배출해서 실패한 게 아니다. countDown을 구성하는 명령어가 잘못되었기 때문도 아니다. 실패의 원인은 결백해 보이는 wrapper 함수 때문이다.

컴파일러가 wrapper를 어떻게 컴파일했는지 보기 위해 아래와 같은 코드를 runVmTests 함수에 추가해볼 수 있다.

```
// vm/vm_test.go

func runVmTests(t *testing.T, tests []vmTestCase) {
    // [...]

    for _, tt := range tests {
        // [...]

        for i, constant := range comp.Bytecode().Constants { 6
            fmt.Printf("CONSTANT %d %p (%T):\n", i, constant, constant)

            switch constant := constant.(type) {
            case *object.CompiledFunction:
                fmt.Printf(" Instructions:\n%s", constant.Instructions)
            case *object.Integer:
                fmt.Printf(" Value: %d\n", constant.Value)
            }

            fmt.Printf("\n")
```

6 (옮긴이) 추가된 코드는 바이트코드가 어떻게 만들어졌는지 확인할 목적으로 임시로 추가한 코드이다. 따라서 장별 결과 코드에서 찾을 수 없으며, 확인 후에는 테스트 결과의 가독성을 위해 (바이트코드를 매번 확인할 것이 아니라면) 지우는 것이 좋다.

```
        }

        vm := New(comp.Bytecode())
        // [...]
    }
}
```

위 코드는 매우 단순한 '바이트코드 덤퍼(bytecode dumper)'[7]이다. 좀 더 깔끔하게 만들면 좋겠지만, wrapper가 어떤 명령어로 만들어졌는지 보는 데 도움이 된다.

```
$ go test ./vm -run TestRecursiveFunctions
// [...]

CONSTANT 5 0xc0000c8660 (*object.CompiledFunction):
 Instructions:
0000 OpGetLocal 0
0002 OpClosure 3 1
0006 OpSetLocal 0
0008 OpGetLocal 0
0010 OpConstant 4
0013 OpCall 1
0015 OpReturnValue

--- FAIL: TestRecursiveFunctions (0.00s)
 vm_test.go:591: vm error: calling non-closure and non-builtin
FAIL
FAIL    monkey/vm   0.005s
```

얼핏 보았을 때는 빠진 게 없어 보인다. 그리고 여러 번 보더라도 마찬가지다. 괜히 살펴보게 해서 미안하다. 사실 있어야 할 명령어는 모두 잘 들어 있다. 문제는 명령어가 배출된 '순서'다. wrapper 안의 첫 번째 명령어인 OpGetLocal 0이 OpSetLocal 0 '앞에' 위치하고 있다.

무슨 일이 일어났는지 설명해보겠다. countDown 함수 몸체를 컴파일할 때 컴파일러는 countDown에 대한 참조를 처리해야 하므로, 심벌 테이

7 (옮긴이) 덤프(dump): 원래 덤프란 컴퓨터 프로그램의 특정 시점에 작업 중인 메모리에 기록된 상태로 구성된다. 일반적으로 프로그램에 충돌이 발생했거나 비정상적으로 종료됐을 때 생성된다. 따라서 에러를 진단하거나 디버깅하는 용도 등으로 사용된다. 한편 일반 용어로도 덤프를 사용하는데, 디버깅과 분석을 비롯한 여러 가지 목적으로 만들어진 가공되지 않은 데이터를 가리킨다.

블에 countDown을 환원할 수 있는지 물어본다. 심벌 테이블은 현재 스코프에 countDown이라는 이름이 정의된 적이 없다는 것을 확인하고 자유 변수로 표시한다.

그리고 countDown 몸체를 컴파일한 다음 OpClosure 명령어를 배출해 countDown을 클로저로 바꾸기 직전에, 컴파일러는 자유 변수로 표시한 심벌들을 반복하면서 필요한 값을 스택에 올리는 명령어들을 배출한다.

그래서 위와 같이 배열된 것이다. 따라서 가상 머신은 (스택에 값을 올리는 명령어 뒤에 오는) OpClosure 명령어를 실행할 때 자유 변수에 접근하고, 자유 변수를 가져와서 만들 *object.Closure에 전달할 수 있다.

이번 장에서 설계하고 구현한 그대로이다.

가상 머신 테스트가 실패한 이유는 지역 바인딩 인덱스 0이 아직 저장되지 않았기 때문이다. 이를 스택에 올리려 할 때, 가상 머신은 Go 언어의 nil 값을 스택에 올린다. 그래서 가상 머신이 calling non-closure and non-builtin이라는 에러 메시지를 출력한 것이다. 가상 머신은 nil을 호출할 수 없다고 이야기하고 있다.

그러면 왜 local에 아직 저장되지 않았던 걸까? 왜냐하면 0번째 인덱스에 있는 슬롯은 다른 게 아닌 '클로저가 위치할 자리'이기 때문이다.

달리 말해서, countDown 자신이 참조하는 자유 변수 하나(countDown 자신)를 스택에 올리기 위해, 올바른 OpGetLocal 0 명령어를 배출한다. 그러나 이 작업을 countDown이 클로저로 변환되어 OpSetLocal 0으로 저장되기 전에 처리해야 한다. 짧게 요약하면, countDown 참조를 만들고, countDown이 만들어지기 전에 countDown 자체에 저장해야 한다는 뜻이다.

그럼 이제 마지막 몇 문단을 이해가 될 때까지 계속해서 다시 읽어보기 바란다. 읽으면서 머뭇거리는 순간이 생기거나 불분명한 게 생긴다면 그 즉시 멈춰야 한다. 천천히 집중해서 다시 문장을 30초간 읽어보기 바란다.

코드 변경은 아주 직관적이다.

우리가 해야 할 일은 이렇다. 컴파일러에서 자기 참조를 하는 바인딩을 탐지해서 자유 변수 심벌로 표시하고, OpGetFree 명령어를 배출해서 표시해둔 자유 변수를 스택에 올리는 게 아니라, 새로운 명령코드를 하나 배출하도록 만들 것이다.

이 새로운 명령코드를 OpCurrentClosure라고 부르자. 그리고 OpCurrentClosure는 가상 머신에게 현재 실행 중인 클로저를 스택에 올리라고 알려준다. 가상 머신에서 이 내용 그대로 OpCurrentClosure를 구현해보자. 그러면 모든 문제가 말끔하게 해결된다.

가장 먼저 새로운 명령코드를 정의해보자.

```
// code/code.go

const (
    // [...]

    OpCurrentClosure
)

var definitions = map[Opcode]*Definition{
    // [...]

    OpCurrentClosure: {"OpCurrentClosure", []int{}},
}
```

OpCurrentClosure를 추가했으니 컴파일러 테스트를 작성해서 OpCurrentClosure가 적절한 위치에 배출되도록 해보자.

테스트에서 첫 번째 부분은 다른 함수 안에 정의되지 않은 재귀 함수가 OpCurrentClosure를 사용해 자기 자신을 참조하는지 확인한다.

```
// compiler/compiler_test.go

func TestRecursiveFunctions(t *testing.T) {
    tests := []compilerTestCase{
        {
            input: `
            let countDown = fn(x) { countDown(x - 1); };
```

```
            countDown(1);
            `,
            expectedConstants: []interface{}{
                1,
                []code.Instructions{
                    code.Make(code.OpCurrentClosure),
                    code.Make(code.OpGetLocal, 0),
                    code.Make(code.OpConstant, 0),
                    code.Make(code.OpSub),
                    code.Make(code.OpCall, 1),
                    code.Make(code.OpReturnValue),
                },
                1,
            },
            expectedInstructions: []code.Instructions{
                code.Make(code.OpClosure, 1, 0),
                code.Make(code.OpSetGlobal, 0),
                code.Make(code.OpGetGlobal, 0),
                code.Make(code.OpConstant, 2),
                code.Make(code.OpCall, 1),
                code.Make(code.OpPop),
            },
        },
    }

    runCompilerTests(t, tests)
}
```

모든 함수 호출 표현식과 마찬가지로 여기서 countDown(x - 1)은 다음과 같은 호출 규약을 따르는 명령어로 컴파일되어야 한다.

- 호출 대상을 스택에 넣는다.
- 호출 인수를 스택에 넣는다.
- OpCall 명령어를 배출한다.

countDown이 너무 간단하고, 실행을 멈추지 않는다는 사실을 제외하고, 여기서 특별한 점은 호출 대상이 countDown 자기 자신이라는 점이다. 이게 OpCurrentClosure가 호출 대상(countDown)을 스택에 넣어놓아야 하는 이유이다.

또한 또 다른 테스트 케이스를 추가해 우리를 여기까지 오게 만든 문제를 처리해보자. 바로, 다른 함수 안에 정의된 재귀 함수를 처리하는 문제이다.

```
// compiler/compiler_test.go

func TestRecursiveFunctions(t *testing.T) {
    tests := []compilerTestCase{
        // [...]
        {
            input: `
            let wrapper = fn() {
                let countDown = fn(x) { countDown(x - 1); };
                countDown(1);
            };
            wrapper();
            `,
            expectedConstants: []interface{}{
                1,
                []code.Instructions{
                    code.Make(code.OpCurrentClosure),
                    code.Make(code.OpGetLocal, 0),
                    code.Make(code.OpConstant, 0),
                    code.Make(code.OpSub),
                    code.Make(code.OpCall, 1),
                    code.Make(code.OpReturnValue),
                },
                1,
                []code.Instructions{
                    code.Make(code.OpClosure, 1, 0),
                    code.Make(code.OpSetLocal, 0),
                    code.Make(code.OpGetLocal, 0),
                    code.Make(code.OpConstant, 2),
                    code.Make(code.OpCall, 1),
                    code.Make(code.OpReturnValue),
                },
            },
            expectedInstructions: []code.Instructions{
                code.Make(code.OpClosure, 3, 0),
                code.Make(code.OpSetGlobal, 0),
                code.Make(code.OpGetGlobal, 0),
                code.Make(code.OpCall, 0),
                code.Make(code.OpPop),
            },
        },
    }
```

```
    runCompilerTests(t, tests)
}
```

테스트를 구동하면, 두 가지 사실을 확인할 수 있다. 우리가 문제를 제대로 진단했다는 것과 우리가 아직 아무것도 구현하지 않았다는 것을 확인할 수 있다.

```
$ go test ./compiler
--- FAIL: TestRecursiveFunctions (0.00s)
 compiler_test.go:996: testConstants failed:\
   constant 1 - testInstructions failed: wrong instructions length.
  want="0000 OpCurrentClosure\n0001 OpGetLocal 0\n0003 OpConstant 0\n\
    0006 OpSub\n0007 OpCall 1\n0009 OpReturnValue\n"
  got ="0000 OpGetGlobal 0\n0003 OpGetLocal 0\n0005 OpConstant 0\n\
    0008 OpSub\n0009 OpCall 1\n0011 OpReturnValue\n"
FAIL
FAIL    monkey/compiler 0.006s
```

훌륭하다! 그러면 작업을 시작해보자.

테스트를 통과하려면 컴파일러에서 자기 참조를 탐지하게 만들어야 한다. 가장 핵심적인 정보가 하나 필요하다. 바로 현재 컴파일 중인 함수의 이름이다. 지금으로서는 어떤 참조가 자기 참조라는 사실을 알 방법이 없다. 왜냐하면 우리는 어떤 이름에 함수가 바인딩될지 값을 취해둔 적이 없기 때문이다.

그렇지만 방법이 있다. 파서의 `let` 문에서 이름에 함수 리터럴을 바인딩했는지 알려줄 수 있다. 만약 어떤 이름에 함수 리터럴을 바인딩했다면 우리는 이 바인딩의 이름을 함수 리터럴에 저장할 수 있다.

따라서 가장 먼저 `*ast.FunctionLiteral` 정의에 `Name` 필드를 추가해보자.

```
// ast/ast.go

type FunctionLiteral struct {
    // [...]
    Name        string
}
```

```
func (fl *FunctionLiteral) String() string {
    // [...]
    out.WriteString(fl.TokenLiteral())
    if fl.Name != "" {
        out.WriteString(fmt.Sprintf("<%s>", fl.Name))
    }
    out.WriteString("(")
    // [...]
}
```

이제 파서 테스트를 작성할 수 있게 됐다. 이 테스트는 Name 필드가 (채울 수 있다면) 채워져 있는지 확인한다.

```
// parser/parser_test.go

func TestFunctionLiteralWithName(t *testing.T) {
    input := `let myFunction = fn() { };`

    l := lexer.New(input)
    p := New(l)
    program := p.ParseProgram()
    checkParserErrors(t, p)

    if len(program.Statements) != 1 {
        t.Fatalf("program.Body does not contain %d statements. got=%d\n",
            1, len(program.Statements))
    }

    stmt, ok := program.Statements[0].(*ast.LetStatement)
    if !ok {
        t.Fatalf("program.Statements[0] is not ast.LetStatement. got=%T",
            program.Statements[0])
    }

    function, ok := stmt.Value.(*ast.FunctionLiteral)
    if !ok {
        t.Fatalf("stmt.Value is not ast.FunctionLiteral. got=%T",
            stmt.Value)
    }

    if function.Name != "myFunction" {
        t.Fatalf("function literal name wrong. want 'myFunction', got=%q\n",
            function.Name)
    }
}
```

우리가 실수 없이 작업했는지 테스트를 돌려 확인해보자.

```
$ go test ./parser
--- FAIL: TestFunctionLiteralWithName (0.00s)
 parser_test.go:965: function literal name wrong. want 'myFunction', got=""
FAIL
FAIL    monkey/parser   0.005s
```

테스트를 통과하려면, 파서에 작성된 parseLetStatement 메서드를 고쳐야 한다.

```
// parser/parser.go

func (p *Parser) parseLetStatement() *ast.LetStatement {
    // [...]

    stmt.Value = p.parseExpression(LOWEST)

    if fl, ok := stmt.Value.(*ast.FunctionLiteral); ok {
        fl.Name = stmt.Name.Value
    }

    // [...]
}
```

let 문 = 연산자 양쪽을 파싱한 다음, 오른편인 stmt.Value를 검사해서 *ast.FunctionLiteral인지 확인한다. 만약 함수 리터럴이면, 바인딩 이름인 stmt.Name을 *ast.FunctionLiteral에 저장한다. 그리고 테스트를 돌리면 아래와 같이 통과된다.

```
$ go test ./parser
ok   monkey/parser   0.005s
```

이제 자기 참조를 확인할 수 있는 수단을 모두 구현했다. 다만, 너무 서둘러 컴파일러 구현에 들어가면 지저분하게 조건문을 덕지덕지 붙이는 일이 생길 수 있다. 그러지 않도록, 우리를 대신해 이름과 참조를 관리하는 심벌 테이블부터 고쳐보자.

우리는 심벌 테이블에 새로운 스코프인 FunctionScope를 추가하려 한다. 심벌 테이블 하나에 FunctionScope를 갖는 심벌 하나만 정의할 것이다. 즉, 현재 컴파일 중인 함수 이름으로 심벌을 만든다는 뜻이다. 그리고 어떤 이름을 환원해 FunctionScope를 갖는 심벌을 가져왔을 때, 그게 현재 실행 중인 함수 이름과 같다면, 자기 참조인 것이다.

그러면 스코프부터 새로 정의해보자.

```
// compiler/symbol_table.go

const (
    // [...]
    FunctionScope SymbolScope = "FUNCTION"
)
```

스코프를 새로 정의했으니, 테스트를 하나 추가해보자.

```
// compiler/symbol_table_test.go

func TestDefineAndResolveFunctionName(t *testing.T) {
    global := NewSymbolTable()
    global.DefineFunctionName("a")

    expected := Symbol{Name: "a", Scope: FunctionScope, Index: 0}

    result, ok := global.Resolve(expected.Name)
    if !ok {
        t.Fatalf("function name %s not resolvable", expected.Name)
    }

    if result != expected {
        t.Errorf("expected %s to resolve to %+v, got=%+v",
            expected.Name, expected, result)
    }
}
```

위 테스트에서는 뒤에서 작성하게 될 DefineFunctionName 메서드를 호출한다. 그리고 나서 Resolve 메서드에 함수 이름을 넘겨 호출한다. 이때 우리는 Symbol의 Scope가 FunctionScope이길 바란다.

또한 현재 함수 이름을 쉐도잉(shadowing)[8] 하는 동작이 여전히 동작하는지 확인하기를 원한다. 아래와 같이 말이다.

```
let foobar = fn() {
  let foobar = 1;
  foobar;
};
```

두 번째 테스트가 첫 번째 테스트와 거의 비슷하지만, 두 번째 테스트는 DefineFunctionName을 호출한 다음에 한 번 더 Define을 호출한다. 아래 코드를 보자.

```
// compiler/symbol_table_test.go

func TestShadowingFunctionName(t *testing.T) {
    global := NewSymbolTable()
    global.DefineFunctionName("a")
    global.Define("a")

    expected := Symbol{Name: "a", Scope: GlobalScope, Index: 0}

    result, ok := global.Resolve(expected.Name)
    if !ok {
        t.Fatalf("function name %s not resolvable", expected.Name)
    }

    if result != expected {
        t.Errorf("expected %s to resolve to %+v, got=%+v",
            expected.Name, expected, result)
    }
}
```

그러면 테스트를 실행해보자.

```
$ go test -run FunctionName ./compiler
# monkey/compiler [monkey/compiler.test]
compiler/symbol_table_test.go:306:8: global.DefineFunctionName undefined \
  (type *SymbolTable has no field or method DefineFunctionName)
```

8 (옮긴이) 쉐도잉(variable shadowing)은 어떤 스코프에서 선언된 변수 이름이 바깥쪽 스코프에서 선언된 변수 이름과 같을 때 발생한다. 이럴 때 바깥쪽 변수가 안쪽 변수에 의해 가려졌다(shadowed)라고 말한다.

```
compiler/symbol_table_test.go:323:8: global.DefineFunctionName undefined \
  (type *SymbolTable has no field or method DefineFunctionName)
FAIL    monkey/compiler [build failed]
```

이해하지 못하는 게 더 힘들 정도다. 그러면 DefineFunctionName을 정의해보자. 코드는 아주 쉽다. 왜냐하면 앞서 작성한 DefineBuiltin 메서드와 아주 유사하기 때문이다.

```
// compiler/symbol_table.go

func (s *SymbolTable) DefineFunctionName(name string) Symbol {
    symbol := Symbol{Name: name, Index: 0, Scope: FunctionScope}
    s.store[name] = symbol
    return symbol
}
```

FunctionScope를 갖는 심벌을 새로 만들고, 이 심벌을 s.store에 추가한다. 인덱스는 아무런 값이나 넣어도 상관이 없다. 가장 좋아하는 숫자를 넣어주자. 그리고 테스트를 다시 실행해보자.

```
$ go test -run FunctionName ./compiler
ok   monkey/compiler 0.005s
```

그럼 이제 컴파일러로 넘어가자. 보면 알겠지만 테스트를 통과하게 만드는 데 할 일이 그리 많지 않다.

.Name 필드에 값을 가진 *ast.FunctionLiteral을 컴파일할 때 새로운 컴파일 스코프에 들어간 직후, 새로 작성한 DefineFunctionName 메서드를 활용해 함수 이름을 심벌 테이블에 추가한다.

```
// compiler/compiler.go

func (c *Compiler) Compile(node ast.Node) error {
    switch node := node.(type) {
    // [...]

    case *ast.FunctionLiteral:
        c.enterScope()

        if node.Name != "" {
```

```
            c.symbolTable.DefineFunctionName(node.Name)
        }
        // [...]

    // [...]
    }

    // [...]
}
```

그러고 나서 FunctionScope 심벌 하나를 스택에 올리면 OpCurrent Closure 명령코드가 배출되는지 확인해야 한다. 그리고 이는 앞서 구현한 코드를 활용하면 아주 쉽다.

```
// compiler/compiler.go

func (c *Compiler) loadSymbol(s Symbol) {
    switch s.Scope {
    // [...]
    case FunctionScope:
        c.emit(code.OpCurrentClosure)
    }
}
```

컴파일러에 총 다섯 줄을 추가했다. 그리고 이 정도면 테스트를 통과하기에 충분하다.

```
$ go test ./compiler
ok   monkey/compiler 0.006s
```

훌륭하다! 이게 무엇을 의미하는지 알 것이다. 이제 마지막으로 실패하는 가상 머신 테스트를 처리해주자.

```
$ go test ./vm -run TestRecursiveFunctions
--- FAIL: TestRecursiveFunctions (0.00s)
 vm_test.go:591: vm error: calling non-closure and non-builtin
FAIL
FAIL    monkey/vm   0.005s
```

대부분의 작업은 이미 끝냈다. 파서에서도, 심벌 테이블에서도, 컴파일러에서도 말이다. 이제 남은 일은 OpCurrentClosure를 가상 머신에 구현하는 게 전부다. 아래 가상 머신 코드를 보자.

```
// vm/vm.go

func (vm *VM) Run() error {
    // [...]
        switch op {
        // [...]

        case code.OpCurrentClosure:
            currentClosure := vm.currentFrame().cl
            err := vm.push(currentClosure)
            if err != nil {
                return err
            }

        // [...]
        }
    // [...]
}
```

vm.currentFrame().cl로 클로저를 가져와 스택에 집어넣는 게 전부다.

```
$ go test ./vm
ok   monkey/vm   0.033s
```

됐다! 마지막 퍼즐 한 조각을 지금 완성했다. 여러분은 이제 "내가 바이트코드 컴파일러와 바이트코드 가상 머신에 클로저를 구현했다!"라고 당당하게 말해도 좋다. 여러분은 방금 우리 Monkey 구현체에 마지막 방점을 찍었다. 화룡점정(畵龍點睛), 지금 상황에 가장 어울리는 말이다.

10장

W r i t i n g A C o m p i l e r I n G o

갈무리

마침내 우리 여정이 끝에 다다랐다. 우리는 바이트코드 컴파일러와 가상 머신을 성공적으로 만들어냈다!

이항 연산자, 전위 연산자, 조건식을 통한 점프 명령어, 전역 바인딩, 지역 바인딩, 문자열, 배열, 해시, 일급 함수, 고차 함수, 내장 함수를 구현했으며 마지막에는 클로저라는 매우 가치 있는 기능까지도 구현했다.

여러분 자신을 자랑스러워할 때이다. 각고의 노력 끝에 여러분은 만족감과 성취감을 얻었으며, 아래 나올 Monkey 코드를 우리가 만든 컴파일러와 가상 머신이 실행할 수 있게 됐다.

아래는 프로그래밍 언어를 소개할 때 자주 사용되는 예제이다. 다소 진부해 보여도 이 코드는 하나의 이정표이며 나를 미소 짓게 만든다. 아래 코드의 피보나치 수를 계산하는 재귀 함수를 두고 하는 말이다.

```
// vm/vm_test.go

func TestRecursiveFibonacci(t *testing.T) {
    tests := []vmTestCase{
        {
            input: `
        let fibonacci = fn(x) {
            if (x == 0) {
                return 0;
```

```
                } else {
                    if (x == 1) {
                        return 1;
                    } else {
                        fibonacci(x - 1) + fibonacci(x - 2);
                    }
                }
            };
            fibonacci(15);
            `,
                expected: 610,
            },
        }

        runVmTests(t, tests)
    }
```

재귀적이라니, 너무도 아름답지 않은가? 그럼 이제 `go test ./vm`을 콘솔에 입력하고 두 눈을 질끈 감고 엔터 키를 눌러보자.

```
$ go test ./vm
ok    monkey/vm    0.034s
```

훌륭하다! 재귀 함수를 사용한 이유는 단순히 언어 동작을 소개하기 위해서가 아니다. 위 코드를, 언어 성능을 벤치마크(benchmark)[1]하는 데 사용해보겠다는 뜻이다.

어떤 언어가 위와 같은 함수를 얼마나 빠르게 실행할 수 있는지 안다고 해서, 상용 환경에서 실제 작업과 실제 코드로 얼마나 빠르게 수행할지 알 수 있는 것은 아니다. 그리고 우리는 Monkey 언어를 빠르게 어떤 작업을 처리하려고 만든 것도 아니다. 하지만 어쨌든 벤치마크와 벤치마크에서 출력되는 숫자를 보는 것은 또 다른 재미이다. 또한 첫 번째 장에서 내가 약속한 내용이 있다. 우리가 만들 새로운 Monkey 구현체가 기존 인터프리터 구현체보다 세 배나 빠를 것이라고 말이다. 이제 내가 약속을 지켰는지 확인할 때가 됐다.

1 (옮긴이) 컴퓨팅에서 벤치마크(benchmark)란 컴퓨터 프로그램 혹은 어떤 연산의 성능을 평가하기 위한 목적으로 구동해보는 행위를 말한다.

그럼 이제 도구처럼 쓸 코드를 좀 만들어보자. 아래 코드로 《인터프리터 in Go》에서 만든 평가기와 이번에 만든 바이트코드 인터프리터를 비교하려 한다. 그리고 각각 얼마나 빨리 피보나치 수를 계산하는지 측정해보자.

benchmark라는 폴더를 새로 만들고 그 안에 main.go 파일도 새로 하나 만들자.

```
// benchmark/main.go

package main

import (
    "flag"
    "fmt"
    "time"

    "monkey/compiler"
    "monkey/evaluator"
    "monkey/lexer"
    "monkey/object"
    "monkey/parser"
    "monkey/vm"
)

var engine = flag.String("engine", "vm", "use 'vm' or 'eval'")

var input = `
let fibonacci = fn(x) {
  if (x == 0) {
    0
  } else {
    if (x == 1) {
      return 1;
    } else {
      fibonacci(x - 1) + fibonacci(x - 2);
    }
  }
};
fibonacci(35);
`

func main() {
```

```
    flag.Parse()

    var duration time.Duration
    var result object.Object

    l := lexer.New(input)
    p := parser.New(l)
    program := p.ParseProgram()

    if *engine == "vm" {
        comp := compiler.New()
        err := comp.Compile(program)
        if err != nil {
            fmt.Printf("compiler error: %s", err)
            return
        }

        machine := vm.New(comp.Bytecode())

        start := time.Now()

        err = machine.Run()
        if err != nil {
            fmt.Printf("vm error: %s", err)
            return
        }

        duration = time.Since(start)
        result = machine.LastPoppedStackElem()
    } else {
        env := object.NewEnvironment()
        start := time.Now()
        result = evaluator.Eval(program, env)
        duration = time.Since(start)
    }

    fmt.Printf(
        "engine=%s, result=%s, duration=%s\n",
        *engine,
        result.Inspect(),
        duration)
}
```

처음 보는 코드는 없다. `input`에 있는 `fibonacci` 함수는 입력이 35라는 점을 제외하면, 위에서 이미 컴파일하고 실행해본 Monkey 코드이다. 다만 입력이 35라서 인터프리터가 전보다 더 오래 구동될 뿐이다.

`main` 함수에서는 터미널에서 `engine`이라는 이름으로 플래그(flag) 값을 읽어 들이고, `engine`이 갖는 값에 따라서 `fibonacci` 함수를 전편에서 작성한 평가기로 구동할지 이번 편에서 만든 구현체로 컴파일해서 가상 머신으로 실행할지 결정한다. 어느 쪽을 선택하든지 실행하는 데 걸린 시간을 측정하고 벤치마크 결과를 요약해서 출력한다.

트리 순회 인터프리터와 이번 편에서 만든 컴파일러와 가상 머신을 활용하는 구현체를 번갈아 실행해보면 얼마나 성능 향상을 이뤄냈는지 확인할 수 있다. 심지어 우리는 성능을 전혀 고려하지도 않았고, 최적화가 가능한 수많은 것을 그냥 내버려 두고 왔는데도 말이다.

소스코드를 빌드해서 실행 파일로 만들어놓자.[2]

```
$ go build -o fibonacci ./benchmark
```

그리고 첫 번째로 평가기가 보이는 성능을 확인해보자.

```
$ ./fibonacci -engine=eval
engine=eval, result=9227465, duration=27.204277379s
```

27초. 그러면 마지막으로 이번 책의 주인공은 얼마나 빠른지 확인해보자.

```
$ ./fibonacci -engine=vm
engine=vm, result=9227465, duration=8.876222455s
```

8초, 3.3배나 더 빠르다.

참고문헌

책

- Abelson, Harold and Sussman, Gerald Jay with Sussman, Julie. 1996. *Structure and Interpretation of Computer Programs, Second Edition*. MIT Press.[1]
- Appel, Andrew W.. 2004. *Modern Compiler Implementation in C*. Cambridge University Press.
- Appel, Andrew W.. 2004. *Modern Compiler Implementation in ML*. Cambridge University Press.
- Cooper, Keith D. and Torczon Linda. 2011. *Engineering a Compiler, Second Edition*. Morgan Kaufmann.[2]
- Grune, Dick and Jacobs, Ceriel. 1990. *Parsing Techniques. A Practical Guide*. Ellis Horwood Limited.
- Grune, Dick and van Reeuwijk, Kees and Bal Henri E. and Jacobs, Ceriel J.H. Jacobs and Langendoen, Koen. 2012. *Modern Compiler Design, Second Edition*. Springer
- Nisan, Noam and Schocken, Shimon. 2008. *The Elements Of Computing Systems*. MIT Press.[3]
- Parr, Terrence. 2010. *Language Implementation Patterns: Create Your Own Domain–Specific and General Programming Languages*. Pragmatic Programmers.
- Queinnec, Christian. 2003. *Lisp in Small Pieces*. Cambridge University Press.

논문

- Ayock, John. 2003. A Brief History of Just-In-Time. In ACM Computing Surveys, Vol. 35, No. 2, June 2003

1 (옮긴이) 이 책의 한국어판은 《컴퓨터 프로그램의 구조와 해석》(인사이트, 2016)
2 (옮긴이) 《컴파일러 개론》(홍릉과학출판사, 2008)
3 (옮긴이) 《밑바닥부터 만드는 컴퓨팅 시스템》(인사이트, 2019)

- Dybvig, R. Kent. 2006. The Development of Chez Scheme. In ACM ICFP '06
- Dybvig, R. Kent. 1987. Three Implementation Models for Scheme. Dissertation, University of North Carolina at Chapel Hill
- Ertl, M. Anton and Gregg, David. 2003. The Structure and Performance of Efficient Interpreters. In Journal Of Instruction-Level Parallelism 5 (2003)
- Ghuloum, Abdulaziz. 2006. An Incremental Approach To Compiler Construction. In Proceedings of the 2006 Scheme and Functional Programming Workshop.
- Ierusalimschy, Robert and de Figueiredo, Luiz Henrique and Celes Waldemar. The Implementation of Lua 5.0. *https://www.lua.org/doc/jucs05.pdf*
- Pratt, Vaughan R. 1973. Top Down Operator Precedence. Massachusetts Institute of Technology.
- Romer, Theodore H. and Lee, Dennis and Voelker, Geoffrey M. and Wolman, Alec and Wong, Wayne A. and Baer, Jean-Loup and Bershad, Brian N. and Levy, Henry M.. 1996. The Structure and Performance of Interpreters. In ASPLOS VII Proceedings of the seventh international conference on Architectural support for programming languages and operating systems.
- Fang, Ruijie and Liu. A Performance Survey on Stack-based and Register-based Virtual Machines.

웹

- Aaron Patterson - Reducing Memory Usage In Ruby: *https://tenderlovemaking.com/2018/01/23/reducing-memory-usage-in-ruby.html*
- Allison Kaptur - A Python Interpreter Written in Python: *http://aosabook.org/en/500L/a-python-interpreter-written-in-python.html*
- Andy Wingo - a lambda is not (necessarily) a closure: *https://wingolog.org/archives/2016/02/08/a-lambda-is-not-necessarily-a-closure*
- Andy Wingo - a register vm for guile: *https://wingolog.org/archives/2013/11/26/a-register-vm-for-guile*
- Andy Wingo - the half strap: self-hosting and guile: *https://wingolog.org/archives/2016/01/11/the-half-strap-self-hosting-and-guile*
- Eli Bendersky - Adventures in JIT compilation: Part 2 - an x64 JIT: *https://eli.thegreenplace.net/2017/adventures-in-jit-compilation-part-2-an-x64-jit/*

- GNU Guile Documentation - About Closures - *https://www.gnu.org/software/guile/manual/guile.html#About-Closure*
- Jack W. Crenshaw - Let's Build a Compiler! - *http://compilers.iecc.com/crenshaw/tutorfinal.pdf*
- Lua 5.3 Bytecode Reference: *http://the-ravi-programming-language.readthedocs.io/en/latest/lua_bytecode_reference.html*
- LuaJIT 2.0 Bytecode Instructions: *http://wiki.luajit.org/Bytecode-2.0*
- Mathew Zaleski - Dispatch Techniques: *http://www.cs.toronto.edu/~matz/dissertation/matzDissertation-latex2html/node6.html*
- Matt Might - Closure Conversion - "Flat Closures": *http://matt.might.net/articles/closure-conversion/*
- Matt Might - Compiling Scheme to C with closure conversion: *http://matt.might.net/articles/compiling-scheme-to-c/*
- Mozilla SpiderMonkey Internals: *https://developer.mozilla.org/en-US/docs/Mozilla/Projects/SpiderMonkey/Internals*
- Stack Overflow - Implementation of closures in Lua?: *https://stackoverflow.com/questions/7781432/implementation-of-closures-in-lua*
- The Cliffs of Inanity - Emacs JIT Calling Convention: *http://tromey.com/blog/?p=999*
- Vyacheslav Egorov - Explaining JavaScript VMs in JavaScript - Inline Caches: *https://mrale.ph/blog/2012/06/03/explaining-js-vms-in-js-inline-caches.html*
- Peter Michaux - Scheme from Scratch - Introduction: *http://peter.michaux.ca/articles/scheme-from-scratch-introduction*

소스코드

- 8cc - A Small C Compiler - *https://github.com/rui314/8cc*
- GNU Guile 2.2 - *https://www.gnu.org/software/guile/download/*
- MoarVM - A modern VM built for Rakudo Perl 6 - *https://github.com/MoarVM/MoarVM*
- The Lua Programming Language (1.1, 3.1, 5.3.2) - *https://www.lua.org/versions.html*
- The Ruby Programming Language - *https://github.com/ruby/ruby*
- The Wren Programming Language - *https://github.com/munificent/wren*
- c4 - C in four functions - *https://github.com/rswier/c4*
- tcc - Tiny C Compiler - *https://github.com/LuaDist/tcc*